学术引领系列

国家科学思想库

地球科学学科前沿丛书

自然地理学前沿

傅伯杰 赵文武 等 著

科 学 出 版 社

北 京

内 容 简 介

本书立足学科前沿，结合国家战略需求，在论述地理学发展态势与前沿的基础上，系统阐述自然地理学的科学意义与战略价值、发展规律与研究特点、总体发展态势、关键科学问题与发展方向，论述地貌学、气候学、水文学、生物地理学、土壤地理学、综合自然地理学和地理系统模型模拟等自然地理学分支学科的研究任务、研究现状与发展趋势、关键科学问题和优先研究领域。全书紧扣国际前沿科学问题和社会发展的迫切需求，力图从学科发展战略层面展现当代自然地理学的前沿方向，以期服务自然地理学与相关学科的发展。

本书可供自然地理学、地貌学、气候学、水文学、生物地理学、土壤地理学、地理信息系统等相关专业的科研人员和高等院校师生阅读与参考，是科技工作者洞悉学科发展规律、把握前沿领域和重点方向的重要指南。

图书在版编目（CIP）数据

自然地理学前沿 / 傅伯杰等著 . —北京：科学出版社，2021.6
（地球科学学科前沿丛书）
ISBN 978-7-03-068701-2

Ⅰ. ①自…　Ⅱ. ①傅…　Ⅲ. ①自然地理学－研究　Ⅳ. ① P9

中国版本图书馆 CIP 数据核字（2021）第 079036 号

责任编辑：杨婵娟　吴春花 / 责任校对：贾娜娜
责任印制：李　彤 / 封面设计：有道文化

科学出版社 出版
北京东黄城根北街 16 号
邮政编码：100717
http://www.sciencep.com
北京虎彩文化传播有限公司 印刷
科学出版社发行　各地新华书店经销
*
2021 年 6 月第　一　版　开本：720 × 1000　1/16
2022 年 1 月第三次印刷　印张：21
字数：423 000

定价：168.00 元
（如有印装质量问题，我社负责调换）

地球科学学科前沿丛书·自然地理学前沿

项 目 组

组　　长：傅伯杰

咨 询 组（以姓氏拼音为序）：

陈发虎　崔　鹏　冷疏影　刘昌明　秦大河
宋长青　夏　军　姚檀栋　张人禾　赵其国
郑　度　周成虎

工 作 组（以姓氏拼音为序）：

董金玮　傅伯杰　黄永梅　李双成　刘宝元
刘鸿雁　刘　敏　鹿化煜　吕一河　马柱国
缪驰远　潘保田　朴世龙　史志华　汤秋鸿
王志恒　谢　云　徐宗学　杨大文　张甘霖
郑景云　周力平

学术秘书（以姓氏拼音为序）：

龚剑明　蒙吉军　彭　建　王　帅　赵文武

撰 写 组

组　　长：傅伯杰　赵文武

成　　员（以姓氏拼音为序）：

董建权　董金玮　段建平　高建华　胡熠娜
华　廷　黄永梅　李　枫　李双成　李　琰
李一泉　刘宝元　刘鸿雁　刘　敏　刘维明
刘焱序　刘　月　鹿化煜　吕一河　马柱国
毛　祺　蒙吉军　缪驰远　彭　建　彭书时
朴世龙　史志华　史　舟　宋　爽　汤秋鸿
王秋兵　王　帅　王先彦　王志恒　吴克宁
谢　云　徐志伟　徐宗学　杨大文　尹彩春
于　兵　袁乃明　张甘霖　张军泽　张　锐
张志刚　赵　嵩　郑景云　郑子彦　朱阿兴

丛 书 序

随着经济社会及地球科学自身的快速发展，社会发展对地球科学的需求越来越强烈，地球科学研究的组织化、规模化、系统化、数据化程度不断提高，研究越来越依赖于技术手段的更新和研究平台的进步，地球科学的发展日益与经济社会的强烈需求紧密结合。深入开展地球科学的学科发展战略研究与规划，引导地球科学在认识地球的起源和演化及支撑社会经济发展中发挥更大的作用，已成为国际地学界推动地球科学发展的重要途径。

我国地理环境多样、地质条件复杂，地球科学在我国经济社会发展中发挥着日益重要的作用，妥善应对我国经济社会快速发展中面临的能源问题、气候变化问题、环境问题、生态问题、灾害问题、城镇化问题等一系列挑战，无一不需要地球科学的发展来加以解决。大力促进地球科学的创新发展，充分发挥地球科学在解决我国经济社会发展中面临的一系列挑战的作用，是我国地球科学界责无旁贷的义务。而要实现我国从地球科学研究大国向地球科学强国的转变，必须深入研究地球科学的学科发展战略，加强地球科学的发展规划，明确地球科学发展的重点突破与跨越方向，推动地球科学的某些领域率先进入国际一流水平，更好地解决我国经济社会发展中的资源环境和灾害等问题。

中国科学院地学部常委会始终将地球科学的长远发展作为学科战略研究的工作重点。20 世纪 90 年代，地学部即成立了由孙枢、苏纪兰、马宗晋、陈运泰、汪品先和周秀骥等院士组成的“中国地球科学发展战略”研究组，针对我国地球科学整体发展战略定期开展研讨，并在 1998 年 5 月经地学部常委会审议通过了《中国地球科学发展战略的若干问题——从地学大国走向地学强国》

研究报告，报告不仅对我国地球科学相关学科的发展进行了全面系统的梳理和回顾，深入分析了面临的问题和挑战，而且提出了21世纪我国地球科学发展的战略和从“地学大国”走向“地学强国”的目标。

“21世纪是地学最激动人心的世纪”，正如国际地质科学联合会前主席R. Brett在1996年预测的那样，现代基础科学和关键技术的突破极大地推动了地球科学的发展，使得地球科学焕发出新的魅力。不仅人类“上天、入地、下海”的梦想变为现实，而且诸如生命的起源、地球形成与演化等一些长期困扰科学家的问题极有可能得到答案，地球科学各个学科正以前所未有的速度发展。

为了更好地前瞻分析学科中长期发展趋势，提炼学科前沿的重大科学问题，探索学科的未来发展方向，自2010年开始，中国科学院学部在以往开展的学科发展战略研究的基础上，在一些领域和方向上重点部署了若干学科发展战略研究项目，持续深入地开展相关学科发展战略研究。根据总体要求，中国科学院地学部常委会先后研究部署了20余项战略研究项目，内容涉及大气、海洋、地质、地理、水文、地震、环境、土壤、矿产、油气、空间等多个领域，先后出版了《地球生物学》《海洋科学》《海岸海洋科学》《土壤生物学》《大气科学》《环境科学》《板块构造与大陆动力学》等学科发展战略研究报告。这些战略研究报告深刻分析了相关学科的发展态势和发展现状，提出了相应学科领域未来发展的若干重大科学问题，规划了相应学科未来十年的优先发展领域和发展布局，取得了较好的研究成果。

为了进一步加强学科发展战略研究工作，2012年8月，中国科学院地学部十五届常委会二次会议决定，成立由傅伯杰、焦念志、穆穆、杨元喜、翟明国、刘丛强、周忠和等7位院士组成的地学部学术工作研究小组，在地学部常委会领导下，小组定期开展学科研讨，系统梳理学科发展战略研究成果，推动地球科学的研究和发展。根据地学部常委会的工作安排，自2013年起，在继续出版学科发展战略研究报告的同时，每年从常委会自主部署的学科发展战略项目中选择1～2个关注地球科学学科前沿的战略研究成果，以“地球科学学科前沿丛书”形式公开出版。这些公开出版的学科战略研究报告，重点聚焦于一些蓬勃发展的前沿领域，从21世纪国际地球科学发展的大背景和大趋势出发，从我国地球科学发展的国家战略需求着眼，深刻洞察国际上本学科发展的特点与前沿趋势，特别关注相应学科领域和其他学科领域的交叉融合，规划提出学科发展的前沿方向和我国相应学科跨越发展的布局建议，有力推动未来我国相应学科的深入发展。截至2016年底，《土壤生物学前沿》《大气科学和全球气候变化研究进展与前沿》《矿产资源形成之谜与需求挑战》等“地球科学学科前沿丛书”已正式出版，及时将国际最新学科发展前沿态势介绍给国内同行，为国内地球科学研究人员跟踪国际同行研究进展提供了学习和交流平台，得到了地球科学界的一致好评。

2016年8月，在十六届常委会二次会议上，新一届地学部常委会为继续秉承地学部各届常委会的优良传统，持续关注地球科学的发展前沿，进一步加强对地球科学学科发展战略系统研究，成立了由焦念志、陈发虎、陈晓非、龚健雅、刘丛强、沈树忠6位院士组成的学科发展战略工作研究小组和由郭正堂、崔鹏、舒德干、万卫星、王会军、郑永飞6位院士组成的论坛与期刊工作研究小组。两个小组积极开展工作，在学科调研和成果出版方面做出了大量贡献。

地学部常委会期望通过地球科学家们的不断努力，通过学科发展战略研究，对我国地球科学未来10～20年的创新发展方向起到引领作用，推动我国地球科学相关领域跻身于国际前列。同时期望“地球科学学科前沿丛书”的出版，对广大科技工作者触摸和了解科学前沿、认识和把握学科规律、传承和发展科学文化、促进和激发学科创新有所裨益，共同促进我国的科学发展和科技创新。

中国科学院地学部主任　傅伯杰

2017年1月

前　　言

地理学是人类知识宝库的重要组成部分，是现代科学体系中的重要学科，旨在探索自然规律，昭示人文精华。自然地理学作为地理学的基础学科，是地理学的基石。作为一门认知地球表层自然环境变化规律的学科，自然地理学以其独特的认知方式、综合的研究范式，探究地表自然要素及圈层的相互作用，以及人类活动的影响及效应，为全球和区域资源环境治理提供了重要决策依据。近年来，在全球环境变化背景下，面向可持续发展的时代要求，自然地理学始终发挥其学科特色优势，在国土空间优化、资源环境保护、生态文明建设、自然灾害防御等研究中发挥着举足轻重的作用。

21 世纪以来，在当代科学发展与社会需求的驱动下，自然地理学的性质、内容、方法、作用等都发生了显著变化，既继承了传统自然地理学的思想，又吸收了其他学科的先进理念。目前，自然地理学研究主题已从传统的自然地理格局研究向格局与过程耦合、人地系统耦合等议题深化；研究方法走向综合性与定量化，并正在实现微观过程机理与宏观格局相结合，迈向大数据时代的自然地理学，呈现出新的发展态势。自然地理学各分支学科的交叉和融合，既是变化环境下自然地理学发展的重要需求，也是未来自然地理学学科发展的重要趋势。深化自然地理学分支学科的过程研究、推进综合自然地理学的发展、提升陆地表层系统观测和模拟水平，有助于进一步巩固自然地理学在地理科学学科体系中的基础地位，为满足国家重大战略需求和全球可持续发展做出更重要的学科贡献。

2017 年，中国科学院地学部启动“中国学科发展战略研究”项目“自然地理学的机遇与挑战：发展战略研究”。该项目旨在面向国际科学前沿，结合国家战略需求，阐述自然地理学及其分支学科的科学意义与战略价值，分析其发展趋势，研究其发展规律和特点，评估我国自然地理学的发展态势并进行国际比较，提炼重大科学问题，提出未来5～10年学科领域发展的关键科学问题和重要研究方向。

项目研究期间，项目组通过召开学术研讨会、工作组会议，举办自然地理学前沿进展会议专场，出版“自然地理学前沿进展”专辑等多种方式和途径，组织专家学者开展自然地理学学科发展战略研讨。来自北京师范大学、北京大学、清华大学、南京大学、华东师范大学、中国科学院生态环境研究中心、中国科学院大气物理研究所、中国科学院南京土壤研究所、中国科学院地理科学与资源研究所等单位的50余名专家学者参与了本书的撰写。其中，书中部分观点或内容发表于《地理科学进展》2018年第一期的“自然地理学前沿进展”专辑。

全书首先从学科整体出发，论述地理学的基本内涵、发展态势与前沿领域，明确了当代自然地理学的科学意义与战略价值、发展规律与研究特点，揭示当代自然地理学的国内外发展态势与关键科学问题，并提出发展思路、发展方向和政策建议；然后分别就地貌学、气候学、水文学、生物地理学、土壤地理学、综合自然地理学和地理系统模型模拟等自然地理学分支学科，明晰了各分支学科的研究任务、发展趋势、关键科学问题和优先研究领域。全书紧扣国际前沿科学问题和社会发展的迫切需求，力图从学科发展战略层面展现当代自然地理学的前沿方向，以期服务学科发展和人才培养需求。

全书分为十二章，各章撰写人员如下：第一章为傅伯杰，第二章为彭建、胡熠娜、董建权、毛祺，第三章为蒙吉军、李枫，第四章为赵文武、华廷、张锐、刘焱序，第五章为傅伯杰、赵文武、刘焱序、王帅、张军泽，第六章为鹿化煜、王先彦、徐志伟、李一泉、高建华、张志刚、刘维明，第七章为马柱国、郑景云、谢云、段建平、袁乃明、郑子彦，第八章为杨大文、徐宗学、汤秋鸿，第九章为刘鸿雁、黄永梅、王志恒、于兵，第十章为张甘霖、刘宝元、史舟、朱阿兴、王秋兵、吴克宁、史志华，第十一章为刘敏、吕一河、彭建、李双成，第十二章为彭书时、董金玮、缪驰远、朴世龙。全书由傅伯杰和赵文武统稿。此外，刘焱序、张军泽、李琰、宋爽、赵嵩、刘月、尹彩春等参与了书稿资料的整理、校对与绘图工作。

本项目的研究得到了秦大河、赵其国、刘昌明、郑度、姚檀栋、崔鹏、周成虎、陈发虎、夏军、张人禾、宋长青、冷疏影等的指导和关心，在此向各位专家和同行对项目与书稿完成的大力支持表示诚挚的感谢！

自然地理学是一门富有综合性、交叉性和实践性的学科，覆盖知识浩瀚如海，而作者水平有限，书中不足之处敬请读者批评指正。

傅伯杰

2020 年 7 月

摘　要

自然地理学是研究作为人类家园——地球表层的科学，主要通过物质迁移与能量转换、自然要素和人类活动的交互耦合，研究自然地理要素和自然景观的性状成因、演变过程、发展规律、空间差异及区域特征，认识地球自然环境怎样成为人类活动的基础并受人类活动的影响。自然地理学以解决资源、环境、灾害和发展面临的复杂问题为其应用指向，为合理利用自然资源、保护生态环境、防灾减灾、实现人和自然和谐相处提供科学依据。本书通过阐释自然地理学总体发展态势与发展方向，并分别就地貌学、气候学、水文学、生物地理学、土壤地理学、综合自然地理学和地理系统模型模拟等分支学科，分析其发展态势与发展方向，力图总体呈现当代自然地理学的研究前沿，从学科发展战略层面对自然地理学未来重点研究领域进行分析预判。

一、自然地理学的学科特点与研究现状

自然地理学从产生伊始就经历了跌宕起伏的发展历程，但基于人地耦合这一永恒的主题，自然地理学虽然古老但又生机勃勃，在发展过程中不断创新，为人类认识和了解地球表层系统提供了重要的科学支撑。作为一门经世致用的学科，自然地理学一直以其特色的认知方式、综合的研究范式和独特的学科地位，为全球和区域资源环境问题的治理提供了重要决策依据。近年来，在全球变化大背景下，面向可持续发展的时代要求，自然地理学也始终发挥其学科特色，在国土空间优化、资源环境保护、生态文明建设、自然灾害防治等研究中发挥着举足轻重的作用。以空间组织观念为核心、理性主义与经验主义相结合，构成了自然地理学特色的认知方式；重视多要素交叉与多过程综合效应、关注多尺度关联，形成了自然地理学综合的研究范式。自然地理学不仅为生态文明

建设重大议题提供了基础科学支撑，也对可持续发展目标的达成具有重要作用。

自然地理学研究具有整体性、综合性、区域性和交叉性的学科特点，而尺度性、动态性和多样性也在学科发展中具有重要意义。21世纪以来，自然地理学在当代科学发展与社会需求的驱动下，其性质、内容、方法、作用等都发生了显著变化，既继承了传统自然地理学思想，又吸收了其他学科的先进理念。自然地理学研究从早期的整体发展，到内部各个分支学科纷纷脱离母体；从极力融入自然科学的“规范型学科”体系，到当代自然地理学的多元化发展；从研究区域性的自然环境特征，到关注全球性的环境变化与人类福祉，自然地理学发展被时代赋予了新的含义和使命。总体上，自然地理学研究主题已逐渐从传统的自然地理格局研究向格局与过程耦合、人地系统耦合等议题转化，研究方法逐渐走向综合性与定量化，并正在实现微观过程机理与宏观格局的结合，呈现出新的发展态势。在更加综合的地理学研究趋向下，强化自然地理学分支学科的交叉，以及自然地理学与其他学科的交叉，成为解决自然地理学乃至地理科学重要科学问题的关键途径。

二、自然地理学的关键科学问题

近年来，在全球环境变化的驱动下，自然地理学研究形成气候变化、生态系统服务、格局与过程相互作用、人地系统耦合、模型、尺度等研究热点，地貌学、气候学、水文学、生物地理学、土壤地理学、综合自然地理学等自然地理学分支学科在传承中得到新的发展，并出现城市自然地理学、流域与区域综合等新兴方向。其研究进展主要表现在：自然地理过程综合与深化、陆地表层系统集成、陆海相互作用、自然要素与人文要素的互馈和区域生态与环境管理应用等方面。其中，自然地理过程综合与深化为自然地理学综合研究提供了基础支撑，陆地表层系统集成与陆海相互作用是自然地理学格局与过程相互作用的体现，自然要素与人文要素的互馈是人地系统耦合的核心展现，而区域生态与环境管理应用则是自然地理学面向国家和区域重大战略需求和决策应用的重要体现。

综合分析国际自然地理学综合研究、部门自然地理学发展动态，面向我国生态恢复、环境保护、自然资源利用和可持续管理等诸多国家重大需求，我国自然地理学的发展需要重点关注六个科学问题：一是如何深化地表不同尺度格局和过程的耦合；二是如何开展气候变化背景下区域响应的集成研究；三是如何辨析地球表层系统中人与自然的交互作用机制；四是如何从自然地理学视角推动生态系统服务的研究；五是如何促进多源数据融合与地理模型研发；六是如何深化我国典型地理单元的集成研究和拓展全球问题的国际合作。面对上述科学问题，以人地系统为研究对象，以可持续发展为最终目标，自然地理学学科生长点可以分解为以下三项递进的内容：深化自然地理学格局与过程耦合，推进自然地理学从生态系统过程走向生态系统服务，实现自然地理学“格局—过程—服务—可持续性”研究框架。对不同地理类型区资源环境的利用、保护和修复，不同发展战略区的系统优化，以及人类命运共同体的全面构建，成为中国自然地理学学科发展的重要战略目标。

三、自然地理学分支学科研究特点与发展方向

1. 地貌学

地貌学是研究地球表层地形和组成特征及其形成演化的科学，强调空间和时间变化过程，是联系地理学、地质学和气候学等的交叉学科。地貌过程影响着气候、水文、生物、土壤、冰雪等地表环境要素的分布格局，是地理学的重要基础和分支，也是地球表层系统科学的重要组成部分。全球和区域构造地貌演化、河流地貌过程、冰川和冰缘地貌变化、物质重力运移和坡地发育、地表物质风化和土壤形成与侵蚀、风成沉积过程、沙丘动力过程与干旱地貌、岩溶地貌发育与演化、海岸海洋地貌过程与河口沉积动力、火山地貌等，是近年来地貌学研究的重要内容。地貌学优先研究领域包括：地貌及其发育的精细过程和定量表达；人类活动对地貌过程的影响及响应；新技术对地貌学理论的支撑；地貌过程诱发灾害的作用机制；行星地貌学；地球内部过程与地貌演变和物质循环的相互作用机制。

2. 气候学

气候学是自然地理学的重要组成部分，以气候系统（包括大气圈、水圈、冰冻圈、岩石圈和生物圈）为研究对象，以揭示气候变化的原因、动力机制和时空特征，以及与其他自然环境因子和人类活动的相互关系为研究基本任务。客观认识当前气候的状态，并准确预估未来气候的变化趋势及其可能影响，是目前气候学研究的核心科学问题，也是人类应对气候变化的科学基础。面向气候变化的事实和基本特征、气候变化机制及人类信号识别、气候模式的发展及应用等学科生长点，需要解决六个关键科学问题：历史时期的气候变化；极端气候事件发生的特征、成因及预警；东亚气候对全球气候变化的影响、响应和机理；年代际气候变化的机理、可预报性及预报方法；气候系统各圈层之间的

相互作用机制；气候变化的影响及适应。对此，气候学优先研究领域包括：历史气候变化事实及驱动机制；区域尺度极端气候事件发生机理及其预测；东亚气候的变化机制及预测；年代际气候变化的机理及预测；全球和区域地球系统模式的发展；气候变化的影响及适应。

3. 水文学

现代水文学以研究地球表面不同时间和空间尺度的水循环过程为主要内容，包括水循环的物理过程、伴随水循环过程的生物地球化学过程和植被生态过程等。认识全球变化下陆地水循环演变机理与规律，不断提高水文水资源的模拟和预测能力，提出维持社会经济可持续发展的水资源管理科学方案和水安全保障合理措施，是水文学研究的根本任务。当前水文学研究的焦点已经从流域降雨–径流关系，转向在地球表层系统综合分析框架下的以水循环为纽带的多尺度、多过程相互作用和耦合。针对水循环变化特征和机理、水循环变化趋势预估、水循环变化的自然与社会影响三个关键科学问题，水文学优先研究领域包括：水文循环变化与气候变化的相互作用；水文循环与生物圈的相互作用；地表水与地下水的相互作用；冰冻圈水文过程；城市水文过程；极端水文事件变化及其风险评估；水文尺度与水文相似性水体；水体同位素技术；遥感观测技术与水文大数据；社会水文模型研发；准确评估水文循环变化及其影响效应的综合交叉集成研究范式。

4. 生物地理学

生物地理学是自然地理学最早发展的学科分支之一。早期的生物地理学主要研究生物有机体及其组合（植被类型）的空间分布。近几十年来，生物地理学除研究生物有机体的现状空间分布以外，研究内容还进一步拓展到其分布随时间的演化过程及机理。空间尺度的概念也进一步受到重视，对生物有机体分布及其随时间变化的研究也由某些特定尺度拓展到所有可能的尺度。现阶段，生物地理学的主要内容包括两方面：一是生物有机体空间分布对全球气候变化和人类活动的响应，特别是全球气候变化和人类活动如何改变地球生物地理格局，全球气候变化和人类活动对生物地理格局的影响机制，以及生物地理格局变化如何影响生态系统服务和人类福祉；二是生物多样性保护，特别是当前生物多样性格局的形成和维持机制，生物多样性保护热点区的确定，以及全球变化背景下的生物多样性保护对策。当前生物地理学关注的主要科学问题包括：当前全球生物地理格局是如何形成的；物种和生态系统分布如何响应和适应全球变化；未来气候变化将如何改变当前的生物地理格局；生物地理格局变化如何影响区域生态系统服务。生物地理学优先研究领域包括：谱系地理与生物演化；生物属性对生态系统功能的影响；生物地理格局对全球变化的响应；生物多样性大尺度格局。

5. 土壤地理学

土壤地理学是研究土壤时空变化的自然地理学分支，包含土壤的发生和演变、土壤分类、土壤调查、土壤分布、土壤区划和土壤资源评价等重要研究内容。在现代环境条件下，人类活动对现代土壤的发生和演变起着主导作用，土壤的概念已不再局限于“陆地表面能生长绿色植物的疏松表层”，而是发展为“土壤圈”。面向地球表层系统中土壤与环境要素之间的多过程耦合、土壤风化与形成的关键过程与速率、基于多尺度土壤-景观关系与模拟三个关键科学问题，土壤地理学优先研究领域包括：以关键带研究带动土壤发生和演变研究的革新；以基层土壤分类体系为核心的土壤分类研究与应用；多尺度数字土壤制图与时空变化预测；基于多传感器的土壤综合观测原理与技术；多时空属性土壤数据库的构建、共享与应用；土壤退化机理及其功能恢复。

6. 综合自然地理学

综合自然地理学的研究对象是地球表层，其特别关注地球表层的综合特征及其规律，是自然地理学在分支学科发展的基础上，在系统整体观引导下形成的综合性自然地理学科。综合自然地理学研究内容包括自然地理环境的整体性、时间节律和变异性、地域分异、区划、土地类型与土地评价、景观与土地变化、人地耦合系统等。综合自然地理学的重要研究任务包括：不同尺度上自然地理要素的动态作用、变异规律和环境效应；地球表层的格局、过程、相互作用和变化规律；地球表层不同尺度自然综合体的保护、恢复、利用与管理；地球表层人地耦合系统动态规律、生态文明建设与可持续发展。综合自然地理学研究的关键科学问题包括：自然地理要素的关联和相互作用；地球表层自然综合体的变化规律；地球表层自然地理的格局与过程关系及其尺度效应；地球表层人地相互作用与反馈；全球变化的区域响应与适应。综合自然地理学优先研究领域包括：气候变化响应与适应；生态系统服务；土地变化；地球关键带形成与演化；可持续发展与生态文明建设。

7. 地理系统模型模拟

地理系统模型模拟是从地理系统的整体出发，从多个角度对地理系统的结构和功能进行分析，并运用计算机等多种技术手段，对地理系统各要素及其相互作用的定量表达。地理系统模型有助于定量分析地表过程、评估环境变化的影响，归因地表过程变化、量化环境因子的贡献，预测未来气候变化、辅助相关政策的制定。地理系统模型模拟的重要研究任务包括：精准找出地理系统模型的模拟和预测对象；实现地理系统过程从概念模型到定量表达的深化；完善和发展地理系统模型算法、数据同化和实时预测预报技术。囿于当前地理系统模型的局限性，地理系统如何响应与反馈人类活动的正面和负面影响尚未得到全面评估。如何完善模型对地表系统自然过程的刻画、如何准确模拟人地耦合过程、如何融合多源观测数据提高模型模拟能力和精度是地理系统模型模拟领域的关键科学问题。地理系统模型模拟优先研究领域包括：生物地球化学循环、生物地球物理过程、人类管理活动对地表系统的影响、多学科交叉综合服务于可持续发展等模型研发和应用。

四、自然地理学的重要研究方向与政策建议

面对更加深入的学科交叉趋势和新时代国家发展战略需求，自然地理学及其分支学科的发展需要面向全球环境变化和人类需求，探索应用新技术、新方法，开展多要素、多过程集成研究，发展并完善地理模型，模拟和预测环境变化与可持续发展，进而服务于国家重大需求和政府决策。自然地理学的重要研究方向包括以下六个方面：第一，深化各自然地理分支过程研究，加强多重过程的关联；第二，精确刻画复杂地理环境的关键过程；第三，识别地球系统对社会发展的承载能力；第四，辨析人地系统双向耦合机制；第五，深化生态系统服务对人地系统的桥接作用；第六，为全球可持续发展提供学科支撑。

秉承以任务带学科的历史传统，面向服务国家重大战略的现实需求，生态文明建设进程需要自然地理学在科学认知与发现方面给予强大的学科支持。为有效推进自然地理学研究从科学到决策的全面深化，自然地理学学科发展的政策支持建议包括以下三个方面：第一，引导支持自然与人文交叉融合的综合研究项目，推动发展综合研究的理论、方法与模型；第二，面向国家重大需求，深化重点流域、区域人地系统耦合与区域环境变化效应研究；第三，推动加强全球性问题的研究，拓展国际合作研究项目，逐步发起国际重大研究计划。

总之，本书通过系统分析近年来国内外自然地理学发展历程，总结自然地理学科战略价值、研究特点、发展态势，指出自然地理学科及分支学科发展的重要科学问题，前瞻性地提出自然地理学分支学科发展的优先研究领域和自然地理学总体发展方向，以期对我国自然地理学未来 10～20 年的创新发展发挥引领作用，并为广大自然地理学相关科技工作者了解科学前沿、把握科学规律、传承科学文化、激发学科创新提供帮助。

Abstract

Physical geography is the science of studying the earth' s surface as the home of mankind. Through the analysis of the material migration and energy conversion, as well as the interactive coupling processes between the natural elements and human activities, physical geography mainly studies the causes, evolutionary processes, development rules, spatial differences, and regional characteristics of physical geographic elements and natural landscapes. It aims to solve complex problems arising from resources, environment, disasters and development, and it provides a scientific basis for rational use of natural resources, protection of the ecological environment, disaster prevention and reduction, and realization of harmony between human and nature. By reviewing the overall development trend and direction of physical geography and its branch disciplines, including geomorphology, climatology, hydrology, biogeography, soil geography, integrated physical geography, and geographic system model and simulation, this book strives to present the research frontiers of contemporary physical geography in general and key future research areas from the level of discipline development strategy.

1. The Disciplinary Features and Research Status of Physical Geography

Physical geography has experienced ups and downs since its inception. Yet, based on an eternal theme, that is, the coupling of human-earth system, physical geography is old but vibrant. Physical geography continues to innovate through its development process and has provided important scientific support for mankind to understand the earth' s surface system. As a practical subject, physical geography provides an important decision-making basis for the governance of global and regional resource and environmental issues due to its distinct cognitive style, comprehensive research paradigm, and unique discipline status. Recently, facing the background of global changes and the requirements of sustainable development, physical geography has always given full play to its disciplinary features and played a pivotal role in research on national territory spatial optimization, resource environmental protection, ecological civilization construction, and natural disaster prevention, etc. With the concept of spatial organization as the core, the combination of rationalism and empiricism constitutes the cognitive method of physical geography. Paying attention to the comprehensive effects of multi-element intersection, multi-process, and multi-scale associations, physical geography has formed a comprehensive research paradigm. It not only provides basic scientific support for major issues of ecological civilization construction, but also plays an important role in achieving the United Nations Sustainable Development Goals.

The research of physical geography is featured of holistic, comprehensive, regional and interdisciplinary subjects, while the scale, dynamics, and diversity also have important significance in the development of the subject. Since the 21st century, driven by contemporary scientific development and social needs, physical geography has undergone significant changes in its nature, content, methods, and functions. It not only inherits the ideas of traditional physical geography, but also absorbs advanced concepts from other disciplines. The study of physical geography has evolved from the early overall development to the independent development of various internal branches; from the system of "paradigm disciplines" that is fully integrated into the natural sciences to the diversified development of contemporary physical geography; from the study of regional natural environmental characteristics to the global environmental changes and human welfare. The development of physical geography has been given new meanings and missions by the times. Generally, the subject of physical geography research has gradually transformed from the pattern research of traditional physical geography to the coupling of pattern and process and coupling of human and earth. Research methods of physical geography are gradually becoming more comprehensive and quantitative, and the new development trend is the combination of micro process mechanism and macro pattern. In the trend of more comprehensive geography research, strengthening the intersection of the branches of physical geography and the intersection of physical geography and other disciplines, has become a key way to solve important scientific problems in physical geography and geographic science.

2. Key Scientific Issues of Physical Geography

Recently, driven by the global environmental changes, the study of physical geography has formed a series of research hotspots, including climate change, ecosystem services, pattern and process interaction, human-earth coupling, models, and scales, etc. Geomorphology, climatology, hydrology, biogeography, integrated physical geography, and other branches of physical geography have been developed, while new directions such as urban physical geography, watershed and regional integration have emerged. The research progress of physical geography is mainly manifested in: the integration of natural geographic processes, the integration of land surface systems, the interaction of land and ocean, the mutual feedbacks between natural and human elements, and the application of regional ecology and environmental management. Among them, the integration and deepening of physical geography processes provides basic support for the comprehensive research of physical geography; the study of land surface system integration and land-ocean interaction reflects the interaction of physical geography pattern and process; the mutual feedbacks between natural elements and humanistic elements are the core manifestation of human-earth coupling; the application of regional ecology and environmental management demonstrates the application of physical geography to major national and regional strategic needs and decision-making.

By analyzing the international research of physical geography, the development trends of departmental physical geography, and China's major national needs in ecological restoration, environmental protection, natural resource utilization and sustainable management, the development of Chinese physical geography needs to focus on the following six scientific issues. First, how to deepen the coupling of patterns and processes at different scales on the land surface? Second, how to carry out integrated research on the regional responses to climate change? Third, how to identify the interaction mechanisms between human and nature in the earth' s surface system? Fourth, how to promote the research of ecosystem services from the perspective of physical geography? Fifth, how to promote multi-source data fusion and geographic model development? Sixth, how to deepen the integrated research of China' s typical geographic units and expand international cooperation on global issues? Facing the above-mentioned scientific questions, focusing on the human-earth coupling system, and taking sustainable development as the ultimate goal, the growth points of physical geography can be broken down into the following three progressive contents. First, deepening the study of pattern and process coupling in physical geography. Second, promoting physical geography from ecosystem process to ecosystem service. Third, realizing the cascade framework of "pattern-process-service-sustainability" for physical geography research. The important strategic goals for the development of Chinese physical geography thus include the utilization, protection and restoration of the resources and environment in different geographical areas, the system optimization of different development strategic areas, and the overall construction of a community with a shared future for mankind.

3. The Research Characteristics and Development Directions of the Branches of Physical Geography

3.1 Geomorphology

Geomorphology is a science that studies the topography and composition characteristics of the earth' s surface and its formation and evolution. It emphasizes the process of spatial and temporal changes and is an interdisciplinary subject that links geography, geology, and climatology. The geomorphological processes affect the distribution pattern of surface environmental elements such as climate, hydrology, biology, soil, ice and snow. It is an important foundation and branch of geography, as well as an important part of the earth' s surface system science. The law and driving mechanisms of different geomorphological processes, including global and regional tectonic landform evolution, river landform process, glacier and periglacial landform change, material gravity migration and slope development, land-surface material weathering and soil formation and erosion, aeolian deposition process, sand dune dynamic process and dry landform, karst landform development and evolution, coastal oceanic landform process and estuary sedimentary dynamics, volcanic landform, and glacial landform, are the important contents of geomorphology research in recent years. The main priority research areas of geomorphology can be summarized as: the fine process and quantitative expression of geomorphology and its development; the influence and response of human activities on the geomorphology process; the support of new technologies for geomorphology theory; the mechanism of disasters induced by the geomorphology process; planetary geomorphology; the interaction mechanism between the earth' s internal processes and the evolution of geomorphology and material circulation.

3.2 Climatology

Climatology is an important part of physical geography. It takes the climate system (including the atmosphere, hydrosphere, cryosphere, lithosphere, and biosphere) as the research object. The basic task of climatological research is to reveal the causes, dynamic mechanism and temporal and spatial characteristics of climate change, as well as its relationship with other natural environmental factors and human activities. Understanding the current climate status, and accurately predicting the changes of future climate and its possible impacts are the core scientific issue of current climatology research, and it is also the scientific basis for mankind to respond to climate change. Considering the facts and basic characteristics of climate change, the mechanism of climate change and human signal detection, the development and application of climate models, and other growing points of this discipline, the following six key scientific issues need to be addressed for climatology research. First, research on climate change in historical periods. Second, research on the characteristics, causes and early warning of extreme climate events. Third, the influence, response and mechanism of East Asian climate on global climate change. Fourth, the mechanism, predictability and forecasting methods of interdecadal climate change. Fifth, the interaction mechanism between the various layers of the climate system. Sixth, impact of climate change and climate adaptation. In this regard, the priority research areas of climatology should include: historical climate change and driving mechanisms; regional-scale extreme climate events and their predictions; East Asian climate change mechanisms and predictions; interdecadal climate change mechanisms and prediction studies; the development of global and regional earth system models; the impact and adaptation of climate change.

3.3 Hydrology

Modern hydrology focuses on studying the water cycle processes on the earth' s surface at different time and space scales, including the physical processes of the water cycle, the biogeochemical processes that accompany the water cycle, and the ecological processes of vegetation. Understanding the evolution mechanism and laws of the terrestrial water cycle under global change, continuously improving the simulation and prediction capabilities of hydrology and water resources, and proposing a scientific plan for water resources management and reasonable measures for water security are the fundamental tasks of hydrological research. The focus of current hydrological research has shifted from the rainfall-runoff relationship in the basin to multi-scale, multi-process interaction and coupling of water cycle under the framework of earth' s surface system. In view of the following three scientific issues, including the characteristics and mechanism of the water cycle change, the prediction of the water cycle change trend, and the natural and social impact of the water cycle change, the priority research areas of hydrology include the interaction of hydrological cycle changes and climate change; the interaction between the hydrological cycle and the biosphere; the interaction of surface water and groundwater; cryosphere hydrological processes; urban hydrological processes; extreme hydrological event changes and their risk assessment; hydrological scale and hydrological similarity water bodies; water body isotope technology; remote sensing observation technology and hydrological big data; the research and development of social hydrological models; and the comprehensive, interdisciplinary, and integrated research paradigm of natural and social sciences that could accurately assess the changes and effects of the hydrological cycle.

3.4 Biogeography

Biogeography is the earliest branch of physical geography. Early biogeography mainly studied the spatial distribution of biological organisms and their combinations (vegetation types). In recent decades, in addition to studying the current spatial distribution of biological organisms, biogeography has further expanded to the evolution process and mechanism of its distribution over time. The concept of spatial scale has also received further attention, and the research on the distribution of biological organisms and their changes over time has also been extended from certain specific scales to all possible scales. The main content of biogeography at current stage includes two aspects. The first is the response of the spatial distribution of biological organisms to global changes, especially how global changes affect the biogeographic pattern of the earth, the mechanism of global changes on the biogeographic pattern, and how changes in the biogeographic pattern affect ecosystem services and human well-being. The second is biodiversity protection, especially the current formation and maintenance mechanism of biodiversity pattern, identification of hot spots for biodiversity protection, and biodiversity protection countermeasures under the background of global change. The main scientific issues of current biogeography include the following aspects. How is the current global biogeographic pattern formed? How does the distribution of species and ecosystems respond to and adapt to global changes? How will climate change alert the current biogeographic pattern in the future? How do changes in biogeographic patterns affect regional ecosystem services? The priority areas of biogeography research include phylogeography and biological evolution, impact of biological attributes on ecosystem function, responses of biogeographic patterns to global change, and large-scale patterns of biodiversity.

3.5 Soil Geography

Soil geography is a branch of physical geography that studies the temporal and spatial changes of soil, including a series of important research contents such as the occurrence and evolution of soil, soil classification, soil investigation, soil distribution, soil division and soil resource evaluation. Under modern environmental conditions, human activities play a leading role in the occurrence and evolution of modern soil. The concept of soil is no longer limited to "the loose surface on which green plants can grow on the surface of the land" , but has developed into a "soil circle" . Facing the following three key scientific issues, the multi-process coupling between soil and environmental elements in the earth' s surface system, the key process and rate of soil weathering and formation, soil-landscape relationship and simulation on the basis of multi-scale, the priority areas of soil geography research include the research on key zones to drive the innovation of soil formation and evolution; the research and application of soil classification based on the grassroots soil classification system; multi-scale digital soil mapping and spatiotemporal change prediction; multi-sensor-based comprehensive soil observation principles and technologies; construction, sharing and application of spatiotemporal soil database; and soil degradation mechanism and functional restoration.

3.6 Integrated Physical Geography

The research object of integrated physical geography is the surface of the earth, and especially the integrated characteristics and laws of the surface of the earth. It is a comprehensive physical geography discipline formed on subdisciplines' development and guided by a systematic holistic view. The research content of integrated physical geography includes the integrity of the natural geographical environment, time rhythm and variability, regional differentiation, zoning, land type and land evaluation, landscape and land change, and human-earth coupling system. The important research tasks of integrated physical geography include the dynamic effects, variation laws and environmental effects of physical geographic elements at different scales; the pattern, process, interaction and change laws of the earth' s surface; the protection, restoration, utilization and management of natural complexes at different scales on the earth' s surface; the dynamic law of the human-land coupling system on the earth' s surface, the construction of ecological civilization and sustainable development. The key scientific issues in integrated physical geography research include the correlation and interaction of physical geography elements, the changing laws of the natural complex on the earth' s surface, the relationship between process and pattern of the physical geography and its scale effect, the interaction and feedback of the earth' s surface between human and earth, and the regional response and adaptation of global change. The priority areas of integrated physical geography research include climate change response and adaptation, ecosystem services, land change, critical zone, sustainable development, and ecological civilization construction.

3.7 Geographic System Model and Simulation

Geographic system model and simulation analyzes the structure and function of the geographic system from multiple perspectives, and uses a variety of techniques such as computers to quantitatively express the elements of the geographic system and their interactions. Geographical system models are helpful for quantitatively analyzing surface processes, assessing the impact of environmental changes, attributing surface process changes, quantifying the contribution of environmental factors, predicting future climate changes, and assisting the formulation of related policies. Its important research tasks include: accurately identifying the simulation and prediction objects of geographic system models; realizing the deepening of geographic system processes from conceptual models to quantitative expressions; and improving and developing geographic system model algorithms, data assimilation, and real-time prediction and forecasting technologies. Due to the limitations of the current geographic system model, how the geographic system responds to and feedbacks on the positive and negative impacts of human activities have not yet been fully assessed. How to improve the model' s description of the natural process of the land surface system, how to accurately model the human-earth coupling process, and how to integrate multi-source observation data to enhance model simulation capabilities and accuracy are key scientific issues in the field of geographic system model and simulation. Hence, the priority research areas of geographical system model simulation include biogeochemical cycles, biogeophysical processes, the impact of human management activities on the land surface system, and the development and application of models for sustainable development through interdisciplinary research.

4. Important Research Directions of Physical Geography and Policy Recommendations

Facing the trends toward in-depth interdisciplinary research and national development strategy needs in the new era, the development of physical geography and its branch disciplines needs to address global environmental changes and human needs, explore new technologies and methods, carry out the integrated research of multi-elements and multi-processes, develop and improve geographic models, simulate and predict environmental changes and sustainable development to satisfy the national needs and support government decision-making. Important research directions for the development of physical geography include the following six aspects. First, deepening the research on the processes of various branches of physical geography and strengthening the linkage of multiple processes. Second, accurately charactering the key processes of complex geographic environment. Third, quantifying the carrying capacity of the earth system for social development. Fourth, clarifying the bidirectional coupling mechanism of human and earth. Fifth, deepening the bridging effect of ecosystem services on the human-earth system. Sixth, providing disciplinary support for global sustainable development.

Adhering to the historical tradition of task-driven disciplinary development to serve the actual needs of China' s major strategies, the process of ecological civilization construction requires strong disciplinary support from physical geography in scientific cognition and discovery. In order to effectively promote physical geography research from science to decision-making, the policy support recommendations for the development of physical geography include three aspects. First, guiding and supporting comprehensive research projects that focused the intersection of human and nature, and promoting the development of comprehensive research theories, methods, and models. Second, promoting research on human-earth system coupling and regional environmental change effects at river basin and region scales. Third, strengthening research on global issues and expanding international cooperative research projects, and gradually launching major international research plans.

In brief, by systematically analyzing the development course of physical geography at home and abroad in recent years, this book summarizes the strategic value, research characteristics and development trends of the discipline, and points out the important scientific problems in the development of the discipline and its branches. In addition, this book also proactively proposes the priority areas for the development of branch disciplines and the overall development direction of physical geography, which is expected to play a leading role in the innovation and development of China' s physical geography in the next 10-20 years. This book provides references for the physical geography-related scientific and technological researchers to help understand the frontiers of science, grasp the laws of science and scientific culture, and stimulate discipline innovation.

目　　录

第一章
地理学发展态势与前沿

地理学是人类知识宝库的重要组成部分，旨在探索自然规律，昭示人文精华。经过长期尤其是近几十年的发展，地理学的理论、技术、方法不断创新，研究范式正在悄然发生改变，地理学已经进入现代科学技术体系。目前，地理学面临良好的发展机遇，正处于向地理科学华丽转身的历史进程，并在服务政府决策与国家需求中得到持续发展和提升。自然地理学是地理学的重要基础学科。本章分别论述地理学的基本知识、地理学的发展动态、地理学与决策，并探讨中国地理学的发展方向和重点领域，旨在把握我国自然地理学的宏观学科背景，为分析自然地理学学科发展战略提供支撑。

第一节　地理学的基本知识

一、地理学的内涵与特点

地理学是一门既古老又现代的科学，《易经·系辞》中就有“仰以观于天文，俯以察于地理，是故知幽明之故”的表述。现代地理学中，“地”是指地球或者是地球表面，或者是地球表层，或者是指一个区域。“理”是指事、规律，或者是事理规律性的内在联系。地理是指地球表层的地理现象或事物的分布、时间演变和相互作用规律等。因此，地理学就是研究地理要素或者是地理综合体的空间分布规律、时间演变过程和区域特征的一门学科（傅伯杰等，2015）。地理要素通常分为五种，包括水、土壤、大气、生物和人类活动，简称水土气生人。地理综合体由地理要素组成。在自然界中，一个生态系统可以看作一个地理综合体，一个自然地带也是一个地理综合体。在人类社会中，地理综合体既可以是一个城市，也可以是一个城市的街区。在空间分布规律研究中，从云南的西双版纳到黑龙江的漠河，是一个热带到寒带的跨越。这样的自然地带分布，就是地理综合体的空间分异。时间演变过程主要是对历史时期的研究，且包括一部分地质历史时期。例如，第四纪研究需要分析从过去到现在的地理过程，再预测未来的发展，这就是时间演变过程。地理学还需要研究地理要素、地理综合体的区域特征。例如，在京津冀协同发展研究中分析其区域特征，考虑城市之间的互补性、功能定位、交通网络构成等，辨析城市之间的相互作用过程，进而为区域协调可持续发展服务。

地理学是一门研究人地关系的科学（陆大道和郭来喜，1998），具有综合性、交叉性和区域性的特点。地理学从建立之初就强调自然科学和人文科学的交叉。地理学初期的综合性来源于学科的多样化，但随着分支学科的深入发展，地理学越来越呈现出一种空心化的趋势。要防止地理学空心化现象，目前最主要的是加强地理学基本理论和方法的研究，也就是加强综合研究，强调人地相互关系的耦合机制，充分体现地理学综合性的特点。中国现代地理学的开拓者之一黄秉维先生提出，综合是地理学存在的依据，综合研究地理环境是辩证地认识地理环境形成与发展的根本途径（黄秉维，1960）。也就是说，只有坚持综合的方向才是地理学发展的核心方向，综合研究地理环境是辩证地认识地理环境形成与发展的根本途径。

作为一门经世致用的学科，地理学的综合性体现在地理学研究具有多维的、动态的视角。以人地关系作为主线来开展地理学综合研究，其综合性和动态性主要包括三个方面：第一是以地表环境、地球环境动态变化为主的动态研究，即环境动态研究；第二是以人类社会发展为主体的人类社会动态研究，聚焦环境和社会动态之间的关系；第三是对区域、流域等研究区域的综合分析。例如，在城市化研究中，需要明晰中心城市和卫星城市之间在产业布局、交通网络布局、人口分布方面的相互作用和相互依赖情形。同时，地理学综合研究不仅需要发展综合地理学的研究理论和方法，还要关注尺度间的相互依赖。地理学研究对象有尺度大小之分，小尺度可以到生态系统，大尺度可以到全球。研究区域特征和区际依赖是地理学综合研究的重要主题。地理学的空间表达也是多元化、多样化的。除语言、数字等基本表达方式外，图形也是地理学表达的主要形式，如通过研究地图可以分析地理的空间分布，对比不同时期的地图可以为地理空间演变研究提供直观支持。

二、地理学的研究对象和学科门类

地理学的研究对象是地球表层，即地球陆海表面。它是由岩石圈、水圈、大气圈、生物圈和人类智慧圈等相互作用、相互渗透形成的自然－社会综合体。地理学不仅要研究地球的自然性，还要研究其社会性和经济性。在以地质历史时期为代表的地质年代，地球已经进入“人类世”的新纪元（Crutzen and Stoermer，2000）。人类主导社会经济，改变着地球的表面环境，影响着地球系统的演化与发展。地理学研究空间的上界面是大气圈对流层顶部，下界面是岩石圈的上部。地球表层是地球上最复杂的一个界面，是物质三态相互作用、有机与无机相互转化的场所，又是地球内外营力相互作用的场所。地球内营力、地球内部活动构造作用对地球表层有显著影响，地球外营力对地球表层的改变也非常明显。火山爆发、地震、板块运动等内营力造成了高原隆升，是地球的内部动力；流水侵蚀、风力剥蚀等外营力塑造了地表千姿万态的自然界形态。尤为重要的是，地球表层系统是人类赖以生存的环境，维持人类的可持续发展必须要保护地球表层系统。因此，地理学的研究不仅涉及物质和能量在垂直方向上的迁移转化，还涉及物质和能量在水平方向上的分异与动态；既包括对自然过程的刻画，还涵盖对人文和社会经济过程的辨析，更包括人地系统耦合（Liu et al.，2007）。面对资源、生态、环境等众多复杂的综合性问题，地理学需要找到一条综合性的途径来应对众多挑战，为人类可持续发展奠定学科基础。

地理学是一个门类多样的学科，自然地理学、人文地理学、地理信息科学均不同程度地与其他学科有所关联。例如，在自然地理学中，地貌学和地质学交叉、气候学和气象学交叉、生物地理学和生物学交叉、土壤地理学和土壤学交叉、水文地理学和水文学交叉；人文地理学包括人口地理学、城市地理学、经济地理学、政治地理学、社会文化地理学，它们分别和人口学、城市学、经济学、政治学、社会学交叉；地理信息科学包括地理信息系统、地图学、数量地理学、遥感，它们分别和计算机、大地测量学、统计数学、工程学交叉。

地理学研究中的自然环境和人类活动特征均表现为空间异质性。异质环境下的区域地理过程和效应是地理学研究的前沿。空间差异实质上是地理学研究的一个本源。例如，在城市化研究中，通过城市中心到城市周边的剖面或样带，可以剖析其城市化的整个过程，体现了城市化过程中的空间异质性。地理学的区域性通过地理分异以“格局”来表现，“地理过程”则显示出地理现象的时空演变，所以“格局与过程”耦合是地理学综合研究的重要途径和方法

（傅伯杰，2014）。无论是自然地理、人文地理，还是环境方面的研究，往往可以先划分不同的格局，然后分析不同格局对过程的影响效应，在此基础上探讨过程如何影响格局。其原因在于无论是自然环境还是人类活动，都具有空间差异性，该空间差异性往往对地理过程产生重要影响。

第二节　地理学的发展态势

地理学是地球科学的重要领域之一，地理学的综合性和系统理念引领了当代地球科学的发展趋势，地球科学已进入地球系统科学研究的新阶段（黄秉维，1996）。同时，日益复杂的人地关系所孕育的重大社会需求为地理学发展提供了新的发展空间，亟须地理学解决资源、环境和发展面临的众多复杂问题（陆大道，2015）。地理学正在进入新的历史发展阶段。

一、地理学研究主题的变化

地理学研究主题正在不断发生变化，其总体变化特征是从“多元”走向“系统”，强调以地球表层的变化为起点，运用地理学的系统视角与科学工具分析和理解当今人类社会面临的重大问题。例如，陆地表层是英国自然环境研究委员会（Natural Environment Research Council，NERC）的重点资助领域，也是增长最快的研究领域。尽管英国自然环境研究委员会资助项目涉及的范围越来越广泛，但对气候变化、生物地球化学循环等重点研究方向保持着较大的支持力度。美国地理研究也是以土地利用、气候、水资源、人类活动为主，强调多学科的交叉。综合气候、陆地（土地利用与生态系统）、水资源和人类活动的大尺度地表变化过程研究是美国国家科学基金会（National Science Foundation，NSF）近年来资助的重点研究方向。其资助的研究强调对地理科学、地球科学、生命科学、社会科学和工程学研究视角与方法的综合应用。此外，美国国家科学基金会对与可持续发展相关的研究支持力度越来越大，人和自然系统的耦合研究、人地关系一直是支持的重点方向；同时，也特别关注地理信息技术在公共健康问题中的应用、气候变化研究、长期生态研究等。德国科学基金会、德国联邦教育与科研部资助的地理学研究项目以社会与经济、能源、全球变化、资源与可持续、地球系统和未来城市为主题，其项目更加强调与德国的国情紧密结合，以解决德国的国内问题为重要导向。

在地理学科研究方面，我国国家自然科学基金密切关注地理学研究的热点和前沿领域，如气候变化、环境变化、温室气体、生态系统、城市化、人地关系、土地利用等；同时，注重加强研究方法和手段的综合研究，包括遥感（remote sensing，RS）、地理信息系统（geographic information system，GIS）、空间分析、数字模拟等技术（冷疏影，2016）。其中，自然地理学领域以水、气候变化、水土可持续利用为主题词，在国际上发表的文章越来越多。人文地理和经济地理研究则更聚焦中国经济在全球经济一体化中的作用。我国在亚太地区乃至全球的地位越来越高，也影响着我国经济地理、社会文化地理、政治地理学科的发展。相应地，地理学也需要加强地缘政治、地缘经济和全球区域经济一体化进程的研究。

国内外地理学研究内容相比而言，自然地理学的中外研究热点大体一致，我国研究的区域性特点更加明显，美英研究的热点比较相似。对于人文地理学，虽然国内外同样关注城市、增长、网络结构这些主题，但国内研究更专注人口、土地利用、城市化、旅游等主题，而国外研究更注重政治、健康、知识、休闲、创新、性别等主题。这表明，国外更关注政治地理、文化地理及社会地理学，而国内更侧重经济地理学。当前，地理学已经进入地理科学的时代。在这个大科学的时代背景下，以可持续发展面临的问题为导向，地理学研究议题将变得更为综合和多元，地理学视角也在其他领域得到越来越多的应用和重视。地理学研究主题变化在我国国家自然科学基金地理科学申请代码历史沿革中表现得尤为明显。例如，2021 版申请代码中已经正式将一级代码名称由“地理学（D01）”改为“地理科学（D01）”；为体现学科的交叉融合，新代码体系中仅设二级申请代码，取消了三级申请代码；针对学科发展与经济社会发展需求，增加了“灾害地理”、“土地科学”、“地理大数据与空间智能”和“地理观测与模拟技术”等新兴学科与领域代码（熊巨华等，2020）。地球表层的快速变化为地理科学的发展提供了重要的机遇，而“未来地球”（Future Earth）研究计划、联合国可持续发展目标等则为地理学的综合研究提供了更为广阔的天地。地理学的研究主题正在经历着从地表格局到地表过程，再到人地系统耦合与可持续发展的深化过程。

二、地理学研究范式的变迁

将地理空间分布看作格局，地理时空演变看作过程，地理学综合研究的重要任务是耦合格局和过程、发展地理学的综合特征。目前，地理学的理论、方法、技术已经成为解决人类社会面临的可持续发展问题的学科基础。随着对岩石圈、水圈、生物圈、大气圈与人类智慧圈交互作用过程的理解不断深化，地理学研究范式也经历着不断的发展：第一个研究范式，是对地理学知识的描述；第二个研究范式，是格局与过程的耦合；第三个研究范式，是对复杂人地系统的模拟和预测（图 1-1）。早期的地理学研究范式是描述性的，是以传播人类文明的地理知识为主体，主要介绍河流、山川、工矿、城市、铁路的分布。当前的现实学科需求是把格局和过程耦合起来进入地理学的第二个研究范式。第三个研究范式是指未来地理学将要研究复杂人地系统和可持续发展系统的模拟，从而为决策提供科学依据。地理信息系统、遥感和计算机等相关技术的发展为上述范式变迁的实现提供了重要技术保障。此外，地理学研究需要深刻认识社会和文化现象在地表环境变化中的耦合作用及驱动机制，未来的地理学研究势必更加综合、更加前瞻和更加定量（傅伯杰，2017）。

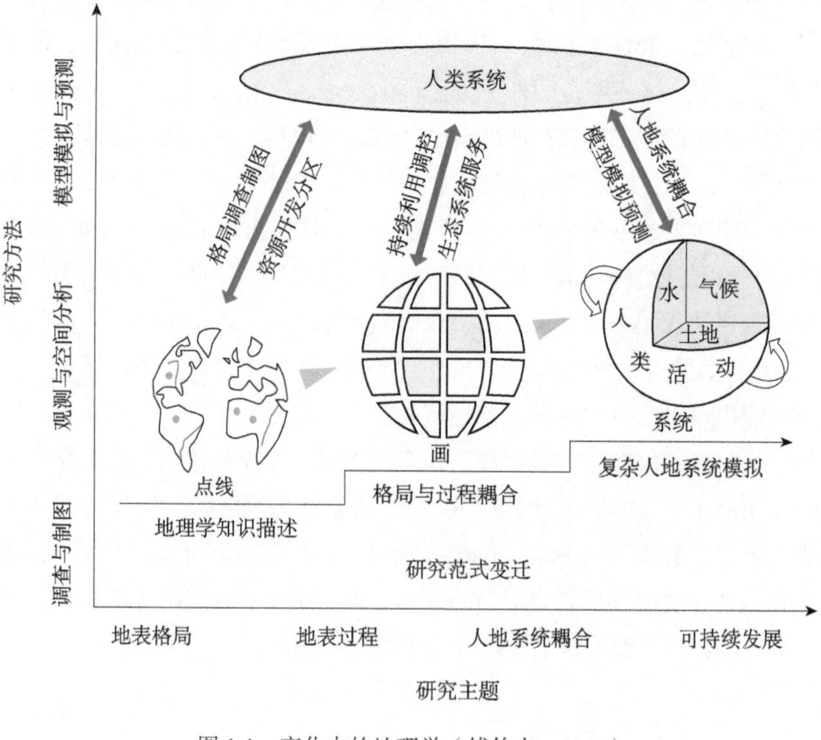

图 1-1 变化中的地理学（傅伯杰，2017）

在地理学研究范式发展变迁过程中，人地系统耦合正在成为新时代地理学研究的重要内容。人地系统耦合强调自然过程与人文过程的有机结合，注重知识—科学—决策的有效连接，通过不同尺度监测调查、模型模拟、情景分析和优化调控，开展多要素、多尺度、多学科、多模型和多源数据集成，探讨系统的脆弱性、恢复力、适应性、承载边界等。目前，人地系统耦合研究经历着快速发展，正在从直接相互作用转化为间接相互作用，从邻域效应发展为远程耦合，从局地尺度拓展到全球尺度，从简单过程演化为复杂模式。近年来，学界提出了人地系统耦合研究框架，发展了人地系统耦合模型，发起了人地系统耦合研究网络或科学计划，开展了人地系统耦合分析和综合评价。然而，现有人地系统耦合研究往往侧重探讨人类活动对自然生态环境的影响，难以刻画人地系统双向反馈作用机制。人地系统耦合研究有待于在格局与过程作用机制的基础上，进行生态系统服务权衡与协同分析，辨析生态系统服务动态变化与人类需求、可持续发展的作用关系，发展人地系统耦合的方法与模型，揭示人地系统耦合双向反馈机制，深化全球人地系统演变动态，探究国家和区域可持续发展的路径（赵文武等，2020）。

在全球尺度，环境与资源利用和可持续发展问题，正在成为人类社会发展面临的重大挑战。“未来地球”研究计划是新时期地理学发展的一个代表，旨在实现科学和决策的紧密融合，以及自然科学与社会科学的有机结合，推动全球向可持续发展模式转变（Future Earth Transition Team，2013）。“未来地球”研究计划主题主要包括动态的星球、全球发展、向可持续性转型三个方面，同时有多个研究重点：第一，预测地球系统变化，其中包括气候、碳、生物多样性、生态系统服务和人类社会、经济活动等；第二，探讨地球生命承载能力极限和临界点，对全球环境变化下人类对食物、水、健康和能源的需求满足状态进行早期预警；第三，通过对政策、行为和技术选择的潜在影响等进行研究，有效连接科学知识和政策实践；第四，多学科交叉、多部门参与，建设高质量的研究合作机制和行动，共同设计、共同执行、共同应用；第五，在人才培养方面，培养新一代研究者，支持跨学科研究以探索面向可持续发展的综合方法。立足从知识、科学到决策的学科指向，“未来地球”研究计划为地理学的创新发展提供了宽广的学科发展空间。

三、地理学向地理科学发展

地理学研究的目标不仅在于解释过去，更重要的是服务现在、预测未来。以定性描述为主的地理学正在向具有独特研究方法的定量化的地理科学进行华丽转身，主要体现在以下三个方面。

第一，地理学研究方法的变革。传统的地理学方法主要有勘查、观测、记录、制图、区划与规划等。早期划定的分区对于决策支持而言，在宏观方面有引导性，但在微观方面有待于进一步细化。现在地理学发展除了继承原有的优势，依然要加强野外的考察、观测；同时，在此基础上更注重应用空间统计、对地观测、地理信息系统、各种遥感手段等，建立模拟系统、模型和决策支持系统，为现实决策服务。

第二，地理学的研究方法与技术，已经从概念模型走向定量表达。从早期的地理地带性概念、柯本气候分类到现在的气候系统模式，从早期的地理信息空间叠加到现在的地球系统多圈层要素耦合模式，地理学相关模型的模拟精度正在不断提升。从计算机制图到空间分析，现在的地理信息系统向着具有不同分辨率、海量数据、多维显示的数字地球系统发展（陈述彭，1999）。从早期航空遥感走向多卫星组网的多分辨率、全天候、全波段、多要素地球立体观测，遥感观测的时空分辨率大幅提升。从早期的指南针、罗盘，到组网卫星，再到现在的移动终端，全球定位系统已经实现了从定位走向基于移动网络的位置服务，使野外观测更加精细化、多尺度。随着对地球表层系统监测体系的逐步建立，从航空航天遥感到地下探测，再到地表土壤、植被、水等多要素的观测，为研究地理过程提供了丰富的数据，深化了对地理现象、过程和机制的认识。地理学研究已经从统计模型走向模式模拟，从原来的线性分析发展为非线性数理统计，从模型建立走向模型系统，面向多圈层、多要素耦合的地球系统预测模式已成为可能。

第三，大数据、可视化和虚拟化为研究复杂的地理学问题提供了重要工具。大数据可以比较精细地刻画社会经济时空现象。例如，在人文现象分析中，通过人口在空间上的传播识别热点地区，进而为公共设施布局、交通网络构筑等提供科学依据；通过室内模拟和室外观测相结合，将室外观测的地理过程数据与数字化的降雨量、植被覆盖、城市交通网络布局等要素相结合，可以在计算机上进行智能化、可视化的模拟，为决策提供服务。早期土地覆被、土地利用、土壤制图研究等往往通过野外调查人工绘制，建立调查样地代表不同图斑特征；现在，通过遥感图像解译地物类型，依托地理信息系统对其他空间数据进行整合管理，可以实现地理学核心的人地关系研究，如土地覆被空间格局变化、城市化过程及其驱动机制等，并为生物多样性保护、城乡规划、应对全球变化等可持续发展相关问题服务。随着地理学圈层相互作用模式越来越注重多要素耦合，综合性和整体性已经成为地理学理念的“数值化表达”，3S 技术贯穿于地理学研究的各个环节。例如，在气候模式演变研究中，20 世纪 70 年代的气候模式，主要是考虑大气和地球表层、海洋；一直到 90 年代末期，联合国政府间气候变化专门委员会（Intergovernmental Panel on Climate Change，IPCC）第二次评估报告时才考虑了气溶胶的影响。后来，逐步考虑植被动态变化、大气化学特征、冰冻圈变化等，未来也必将增加城市化、社会经济变化、产业变化对气候系统的影响等。总之，地理学圈层相互作用模式越来越综合，容纳了越来越多的自然环境特征和社会经济特征。

第三节　地理学与决策

一、地理学发展的战略需求

地理学无论是在服务国家的战略需求方面，还是在服务国际化的全球战略中，都有着越来越重要的作用。在国际背景方面，随着 2015～2030 年联合国可持续发展目标的正式提出，以及针对 2020 年后全球应对气候变化的《巴黎协定》生效和 2060 年前我国实现碳中和目标，我国需要履行更多的国际责任。同时，全球地缘政治结构发生变化。在全球经济一体化进程中，自由贸易受到了一定约束，产生了一些地区化和逆全球化趋势，对全球化产生了很多不确定性的影响。2020 年肆虐全球的新冠肺炎疫情更加剧了全球发展的不确定性。同时，全球地缘政治也在发生着深刻变化，如美国亚太再平衡战略、朝鲜核试验、南海争端、亚洲基础设施投资银行成立、“一带一路”倡议等。我国国内可持续发展战略也面临着一系列挑战和重大需求，如新型城镇化推进、精准扶贫、生态文明建设、城乡一体化与乡村振兴、国土空间规划、优化国土资源利用等，都需要地理学给予理论、方法和技术支撑。科学的关键使命就是要预测未来、预测未知。决策之所以成为科学的决策，是因为它洞察变化的未来，所以决策必须要依靠科学，科学与决策之间的桥梁就是对未来变化的预见。因此，提高预测能力，架起科学和决策之间的桥梁，将成为地理学学科发展中的最高境界（傅伯杰，2017）。

二、我国基本国情与地理问题

我国的基本国情是人口总量大，人均资源占有量少、资源利用率低。2019 年，我国人口已经达到 140 005 万人（国家统计局，2020）；到 2030 年，我国人口还会继续增加。人均资源消耗量增加和资源短缺严重制约着我国转型发展。同时，我国生态环境比较脆弱，环境压力大。我国一半以上的国土位于干旱、半干旱地区（Huang et al.，2019），既有水土流失、石漠化严重区域，也有脆弱生态系统区域等。

近几十年来快速的城镇化发展，导致了多种经济 - 社会 - 生态系统复合问题，如城市病、交通拥堵、空气污染、灾害增多等。地理学在解决这些问题方面，能够发挥重大作用。例如，城市规划要考虑城市地貌特点，在进行城市建设和规划时要充分保留城市的河流、湿地等自然环境要素，从而保障天然的洪水消纳能力。城市规划也要考虑和其他城市之间的关联。再如，天津原本是北方重要的制造业中心，但是北京对制造业的强调一度使两个城市在企业、产业的布局中出现重复设置现象。京津冀一体化协调不同城市的功能定位即体现了地理学研究的决策作用。在城市规划中也需要具有生态学的视角，即先保留城市的基础生态设施，如城市自然的森林、自然的湿地等，而非一味通过城市绿化进行生态建设。在城市中只考虑美化的功能，而不考虑涵养水源、抑制污染等生态功能显然并不合理。所以，在城市建设中亟须地理学思想、理论、观点从宏观上进行指导。

无论是我国的中西部差异，还是国际上的东西方差异，地理学研究内容均可以为决策提供服务。我国区域发展不均衡，西部资源储量较大，但又面临生态退化、开发粗放的问题。胡焕庸线不仅是反映人口现象的人口线，也是反映中国自然环境特点的生态线（陆大道等，2016）。我国环境污染问题日益加剧，表现出旧账、新账叠加现象。例如，西方发达国家在 20 世纪初已经解决了粪便污染的问题，40 年代解决了微生物的有机污染问题，80 年代之前解决了氮磷的污染问题，而光化学烟雾、雾霾等问题多在六七十年代就已解决。与之对比，我国现在面临着黑碳、气溶胶温室气体、有色金属、二噁英这些持久性污染物的影响，这些西方国家在一百多年前就已面对过。非点源污染现象也较为突出，如在我国滇池的污染，主要还是氮磷污染。氮磷污染源主要有生活污染和农业面源污染。昆明花卉生产这种高投入、高产出的集约式农业施以大量的氮肥、磷肥，土壤难以全部吸收，多余部分就随着径流进入湖泊。随着劳动力成本的增加，当前的劳动密集型产业开始往东南亚转移。我国必须通过科技创新进行产业结构调整，提升产品附加值，降低能耗、减少环境污染，提高资源利用率。此外，全球化导致的区际经济联系与协作，已经成为地理学相关研究的重要议题。无论是全球化、区域响应，经济全球化的深入与发展，还是产业转移、资源流动、要素分工发展，全球化背景下的区际竞争与地缘战略等，地理学都必须与决策紧密结合。

三、地理学在决策中的应用

中国快速发展中所面临的众多资源环境生态与可持续发展中的问题，都亟待地理学研究解决。中国地理学的发展需要聚焦国家重大需求，为政府决策提供科学支撑，在应用中得到持续发展，逐渐形成具有鲜明特色的中国地理学派。目前，地理学不仅在国际地缘政治中拥有良好的应用发展前景，更有在国内决策中的众多应用案例，如新型城镇化、生态过程与生态系统服务、流域水资源管理等。在这些案例应用中，综合研究是地理学目前在科学和决策方面发挥作用非常重要的途径。

（1）新型城镇化。新型城镇化需要综合考虑城镇化的人文要素、水土资源对城镇化的保障水平、资源环境的承受能力等（姚士谋等，2014）。首先，城镇化的核心是人的城镇化，城镇化研究首先需要分析人文要素，识别人如何在城市聚集，因为没有人的聚拢集中很难产生城镇化。城镇化的人文要素研究，包括人口如何向城镇聚集、通过什么样的引力来聚集，这涉及城镇经济结构、就业结构、产业结构和城镇居民点如何布局等。这就是研究城镇化的人文过程。其次，城镇化发展过程要和资源相互作用，探究土地资源、水资源是否能够支撑城镇化的进程。对于资源型城市，矿产资源的开采潜力、城市未来转型方向和途径等尤其值得考虑。在城镇化与环境的关系中，需要关注盛行风向即大气污染物的来源等，而位于水源地或湖区周边的城镇，需要考虑水污染、土壤污染和生态环境破坏的程度。此外，城市地理学还研究城镇化的空间分异与发展模式，包括东部沿海地区的城镇化发展、西部脆弱生态区的城镇化方式、中部崛起地区的城镇化模式等。

（2）生态过程与生态系统服务。气候变化和人类活动深刻改变着生态系统的结构与功能。以往研究往往集中于不同尺度景观格局与过程的影响，而生态过程与生态系统服务的作用机理亟待深化。生态过程与生态系统服务研究往往针对不同的尺度（傅伯杰和张立伟，2014）。在小尺度上研究森林的侵蚀控制、森林中的径流如何产生，可以通过定位监测来研究它的机理。但是在区域尺度，除了森林，农田、草地、城市等多种景观类型需要通过调查和遥感综合的研究方法来分析其时空格局变化，还需要探索如何对这些生态系统进行综合评估、预测未来变化情景、完成布局优化等。在生态过程与生态系统服务研究中，还需要注重生态环境保护与区域经济的协同发展，使生态系统服务能够可持续地改善人类福祉。在将科学研究结果应用于政府决策时，需要将结构、过程和服务之间的关联机理与决策内容结合起来，综合多尺度研究结果，整合到政府具有可操作性的管理尺度（如市、县或乡镇），进而服务于区域可持续发展。

（3）流域水资源管理。流域水资源管理往往需要协调流域上、中、下游的水资源分配问题。例如，上游以生态保护为主，进行水源涵养；中游以农田开发为主；而下游往往以城镇建设为中心。中、下游的生态经济活动和上游生态恢复都需要水资源，为进行水资源在流域中的综合调配与保护，不仅需要研究生态过程、地表水过程、地下水过程、冰冻过程等自然过程，还需要关注水的市场价值、水资源调配等社会经济过程，以及自然过程和社会过程的相互影响、相互约束和权衡协同关系等。流域水资源综合管理，往往需要建立一个决策支持系统，预测未来变化，而其中的模型往往涉及水文、生态、经济等不同类型。例如，国家自然科学基金重大研究计划“黑河流域生态 - 水文过程集成研究”就是要把水文模型、生态模型、经济模型进行耦合，建立决策支持系统，对未来变化进行模拟预测（程国栋等，2014）。流域耦合需要从多个方面开展研究。在数据方面，需要有植被、土地、气候、社会经济等基础数据，并在研究单元中进行数据耦合；在模型方面，有必要在模型中进行要素耦合，如水和经济之间的关系、水和生态之间的关系、水文过程之间的关系等。在此基础上，建立决策支持系统，针对不同产业、不同生态过程和不同时空尺度进行模拟测算与水资源调配。

第四节　地理学发展展望

当前地理学发展的态势可以归纳为以下四点：第一，从格局研究走向过程研究的转变，印证了地理学从原有的知识性走向了科学（Day，2017）。第二，从要素研究到系统研究的提升。综合作为下一个阶段研究的根本，不仅要研究自然要素综合、社会要素综合，更主要的是研究自然和社会综合。第三，从理论研究到应用研究的链接。地理学是经世致用的，既要在理论上发展，又要在服务与决策上发展。第四，从知识创造到社会决策的贯通。最终目标应是使地理学从知识、科学走向决策支撑。

2015 年，联合国正式提出 17 项可持续发展目标（Sustainable Development Goals，SDGs），旨在到 2030 年以综合方式努力解决社会、经济和环境三个维度的发展问题，从而走上可持续发展道路。可持续发展目标的提出，为当代地理学的发展提供了重要发展机遇（傅伯杰，2020）。面向可持续发展目标的要求，新时代地理学家肩负着新的历史使命，有必要对地理过程耦合的动力机制加大研究，以便为国家决策提供支持（Fu et al.，2020）。应主要聚焦以下五方面的研究：①水、土、气、生多要素、多过程集成研究。新时代地理学家要重视水－土－气相互作用过程及其生态效应的研究，关注气候变化和人类活动影响下的生物地球化学过程及环境效应，探索全球变化的区域响应与反馈。②生态系统结构－功能－服务级联研究。新时代地理学家要关注生态系统结构功能稳态转化与环境效应，探索生态系统服务维持机制及其与人类福祉的关系，维护生态系统服务与区域生态安全。③自然－社会系统互馈过程机理研究。新时代地理学家要关注社会－生态系统的弹性、脆弱性和承载边界，探索自然和人文因素耦合影响及双向反馈机制，阐明自然－社会系统结构功能匹配与近远程效应。④可持续发展集成模型与决策支持系统研究。新时代地理学家要重点关注可持续发展数据的同化，加深可持续发展大数据关联分析方法与机器学习，建成可持续发展集成模型与决策支持系统。⑤区域可持续发展机理与途径研究。新时代地理学家要重点关注区域水土资源利用与环境质量协同演化问题，明确区域可持续发展目标的关联关系，探明区域可持续发展途径与政策实现（Fu，2020）。

在具体的发展过程中，地理学研究需要从综合的角度加深对人地复杂系统的理解，需要加强中国科学家对国际重大研究计划的引领和参与，并加强全球性问题的研究，以推动地理科学的发展。从地理学大国走向地理学强国，中国地理学者要全面提升中国地理学的国际化水平。2016 年 8 月，中国地理学会成功主办第 33 届国际地理学大会。作为四年一次的大会，这是国际地理联合会（International Geographical Union，IGU）成立以来第一次在中国举办联合大会，也是国际地理学大会历史上规模最大的一次，显示出中国地理学在国际上的影响力和地位。国际地理联合会是世界各国地理学术团体联合组成的国际地理学界最高学术性组织，我国地理学家吴传钧院士、刘昌明院士、秦大河院士、周成虎院士、傅伯杰院士先后担任国际地理联合会执行委员会副主席，我国学者在国际地理联合会下组织领导了 IGU“面向未来地球的地理学”委员会（IGU Commission on Geography of Future Earth，IGU-GFE）、IGU“农业地理与土地工程”委员会（IGU Commission on Agricultural Geography and Land Engineering，IGU-AGLE）、IGU“地学遗产”委员会（IGU Commission on Geoheritage，IGU-COG），展现了中国地理学者在国际地理学界的领导力。但是，我国地理学研究与发达国家还有一定的差距，中国地理学研究的国际化水平仍需要提升。在未来的研究中，亟待通过先进技术方法的攻关，提高解析复杂地理现象的能力，更加有效地实现我国地理学服务于科学决策的价值。

中国地理学的发展要深深扎根于国家的重大需求。一方面，中国地理疆域辽阔，地理要素的复杂性在世界上独一无二，宽广的疆域为地理科学研究提供了良好的研究对象和实验场所；另一方面，中国是世界上人口最多的国家，也是近 20 年来经济高速发展的国家；人口激增、经济发展、全球化等带来的众多资源环境问题，为中国地理学的发展提供了前所未有的挑战和机遇。因此，中国地理学工作者不仅要加强地理科学前沿方面的研究，创新发展综合性的理论、方法和技术途径；更需要面向国家重大需求，为国家社会经济可持续发展提供科学决策，服务于国家社会经济与资源环境的协调可持续发展，逐步形成具有鲜明中国特色、深远国际影响的中国地理科学体系。

本章参考文献

陈述彭 . 1999.“数字地球”战略及其制高点 . 遥感学报 , 4(3): 247-253.

程国栋 , 肖洪浪 , 傅伯杰 , 等 . 2014. 黑河流域生态-水文过程集成研究进展 . 地球科学进展 , 29(4): 431-437.

傅伯杰 . 2014. 地理学综合研究的途径与方法：格局与过程耦合 . 地理学报 , 69(8): 1052-1059.

傅伯杰 . 2017. 地理学：从知识、科学到决策 . 地理学报 , 72(11): 1923-1932.

傅伯杰 . 2020. 联合国可持续发展目标与地理科学的历史任务 . 科技导报 , 38(13): 19-24.

傅伯杰 , 冷疏影 , 宋长青 . 2015. 新时期地理学的特征与任务 . 地理科学 , 35(8): 939-945.

傅伯杰，张立伟 . 2014. 土地利用变化与生态系统服务：概念、方法与进展 . 地理科学进展，33(4): 441-446.

国家统计局 . 2020. 中国统计年鉴 2020. 北京：中国统计出版社 .

黄秉维 . 1960. 地理学一些最主要的趋势 . 地理学报，26(3): 149-154.

黄秉维 . 1996. 论地球系统科学与可持续发展战略科学基础 (I). 地理学报，51(4): 350-354.

冷疏影 . 2016. 地理科学三十年：从经典到前沿 . 北京：商务印书馆 .

陆大道 . 2015. 地理科学的价值与地理学者的情怀 . 地理学报，70(10): 1539-1551.

陆大道，郭来喜 . 1998. 地理学的研究核心——人地关系地域系统——论吴传钧院士的地理学思想与学术贡献 . 地理学报，53(2): 97-105.

陆大道，王铮，封志明，等 . 2016. 关于"胡焕庸线能否突破"的学术争鸣 . 地理研究，35(5): 805-824.

钱学森 . 1991. 谈地理科学的内容及研究方法 . 地理学报，46(3): 257-265.

熊巨华，王佳，史云飞 . 2020. 国家自然科学基金地理科学申请代码的调整优化 . 地理学报，75(11)：2283-2297.

姚士谋，张平宇，余成，等 . 2014. 中国新型城镇化理论与实践问题 . 地理科学，34(6): 641-647.

赵文武，侯焱臻，刘焱序 . 2020. 人地系统耦合与可持续发展：框架与进展 . 科技导报，38(13): 25-31.

Crutzen P J, Stoermer E F. 2000.The "Anthropocene" . Global Change Newsletter, 41: 1-20.

Day T. 2017. Core themes in textbook definitions of physical geography. The Canadian Geographer, 61(1): 28-40.

Fu B J. 2020. Promoting geography for sustainability. Geography and Sustainability, 1(1): 1-7.

Fu B J, Zhang J, Wang S, et al. 2020. Classification-coordination-collaboration: a systems approach for advancing sustainable development goals. National Science Review, 7(5): 838-840.

Future Earth Transition Team. 2013. Future Earth initial design. Paris: International Council for Science (ICSU).

Huang J P, Ma J R, Guang X D, et al. 2019. Progress in semi-arid climate change studies in China. Advances in Atmospheric Sciences, 36(9): 922-937.

Liu J, Dietz T, Carpenter S, et al. 2007. Complexity of coupled human and natural systems. Science, 317: 1513-1516.

Waters C N, Zalasiewicz J, Summerhayes C, et al. 2016. The anthropocene is functionally and stratigraphically distinct from the Holocene. Science, 351(6269): aad2622.

第二章 自然地理学科学意义与战略价值

第一节 自然地理学研究的科学意义

作为地理学的重要分支，自然地理学是研究自然地理环境的特征、结构及其地域分异规律的形成和演化的学科（蔡运龙，2010）。自然地理学聚焦地球表层系统，关注自然地理环境的组分、结构、功能、变化动态及其空间分异规律（中国大百科全书地理学编辑委员会，1990），为认识地球的自然环境如何影响人类活动及对人类活动的响应提供依据（Gregory，2000；傅伯杰，2018）。可以说，自然地理学起到了支撑地理学的作用（傅伯杰，2018）。

自然地理学起源于早期人类在求生存的开拓过程中对种种陌生自然现象的探索（邓宏兵，2003）。20 世纪中叶，洪堡（Humboldt）和李特尔（Ritter）逐渐提出和完善了一系列自然地理学理论，为自然地理学乃至地理学的发展做出了不可磨灭的贡献。随着人类生产生活对环境的适应和改造，人类关注自然环境的范围不断拓宽和深入，相对应的自然地理学研究内容和视角也不断丰富。根据自然地理学的研究对象和研究领域，目前通常将自然地理学划分为部门自然地理学、类型自然地理学、区域自然地理学和综合自然地理学四类，在此基础上可进一步细分。其中，按地理要素划分的部门自然地理学包括地貌学、气候学、水文地理学、土壤地理学、生物地理学等；按地理类型划分的类型自然地理学包括冰川自然地理学、沙漠自然地理学、城市自然地理学等；按区域划分的区域自然地理学包括世界自然地理学、大洲自然地理学、中国自然地理学等；综合自然地理学按地理过程可划分为物理地理学（热量水分平衡）、化学地理学（化学元素迁移与平衡）、生物地理学（生物地理学群落与生态平衡）等。

虽然自然地理学从产生伊始就经历了跌宕起伏的发展历程，但基于人地耦合这一永恒的主题，自然地理学却又生机勃勃（蔡运龙，2010），在发展过程中不断创新，为人类认识和了解地球表层系统提供重要科学支撑。作为一门经世致用的学科，自然地理学一直以其特色的认知方式、综合的研究范式和独特的学科地位，为全球和区域资源环境问题的治理提供重要决策支持。

一、特色的认知方式

自然地理学研究作为一种认识活动，离不开世界观与方法论的指导。自近代地理学诞生以来就形成了以空间组织观念为核心，兼具经验主义与理性主义特点的认知方式（Peng et al.，2020）。这种极具学科特色的认知方式在现代科学体系中独树一帜，为科学认识论的创新发展提供了重要参考。

1. 以空间组织观念为核心

空间组织观念是将知识按照空间排列并研究其规律与影响，是自然地理学区别于其他科学的最重要特征（Hartshorne，1958），也是自然地理学对现代科学体系的重大贡献之一。目前普遍认为这一观念来源于康德（Kant）。根据Martin（2005）的描述，康德强调知识具有系统性的结构，每个单独的事实都应嵌入更大的框架中进行理解。康德在柯尼斯堡（Königsberg）授课时指出，事物有两种根本的分类或分组方式——时间和空间，以此形成了两门系统性科学，按照时间对事物的描述或者归类是历史学，而按照空间进行分类就是地理学。

康德的思想对其后科学地理学的建立产生了深远的影响。洪堡在《宇宙》的脚注中明确将空间分布的研究定义为地理学与其他科学间的重要区别（Martin，2005）。哈特向（Hartshorne）指出洪堡在叙述地理学的特征时采用了与康德相似的术语，一定程度上证明了他对康德思想的吸收（Hartshorne，1958）。赫特纳（Hettner）在论述地理学方法论时也提出了类似的观点（Hartshorne，1939）。空间组织观念是一项重要的地理学思想，并深刻影响了后续科学理论与方法的建立。例如，18 世纪之前，传统的植物学研究根据植物的种子、花等进行植物类型划分，以此为最根本的研究手段（Worster，1994）。然而，洪堡推崇另外一种对自然的理解方式（Wulf，2015），其不仅关注将植物分入某个特定的分类学单元，同时强调按照分布地带和区域对植被进行分组，试图呈现植物、气候与地理环境之间的联系。

2. 理性主义与经验主义相结合

西方近代认识论的两个主要流派是理性主义与经验主义。14～18 世纪的科学革命使二者发生了进一步的碰撞（周晓亮，2003）。二者争论的核心问题就是如何有效地获取知识。理性主义主张将理性（思维过程）视作知识和判断的源泉，并且认为真理的标准应当是从一系列原理或公理中演绎和推论而来的（演绎法）。经验主义主张一切知识都来自经验，普遍必然的知识必须在经验的基础上进行归纳得到（归纳法）。面对理性主义与经验主义之争，洪堡主张灵活应用归纳法与演绎法研究自然与物质世界（李旭旦和陆诚，1983）：一方面，洪堡强调科学考察与观测对地理学发展的重要性（竺可桢，1959）；另一方面，他也强调理论研究的重要性。洪堡眼中的地理学研究，不应当只是区域知识或者特定案例的描述，更应当由此建立更加普遍的原理（Wulf，2015）。

自然地理学强调理性主义与经验主义结合的认知方式，即在研究中既强调科学考察观测，又强调建立一般性理论。这种将归纳法和演绎法巧妙交织在一起的认知方式，为一系列重大理论问题和实际问题提供了解决方案。例如，自然地理学家通过对气温、降水、植被等自然要素分布的总结，成功归纳出纬度、经度与垂直地带性等规律；而戴维斯（Davis）通过理论推演得到侵蚀循环理论，其后该理论又不断被现实证据所证明或修正（Peng et al.，2020）。

二、综合的研究范式

自然地理学以地球表层系统为研究对象，研究着眼点不仅在于单一要素、过程的性质与规律，也强调多尺度要素、过程之间的交叉及其综合效应（图 2-1）。这种综合研究范式使自然地理学在重大科学问题上具备统领、整合等重要支撑地位（陆大道，2015）。

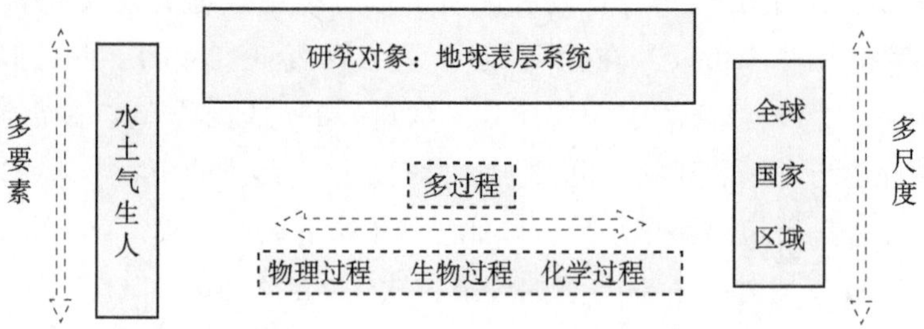

图 2-1　多要素－多过程－多尺度综合的自然地理学研究

1. 重视多要素交叉与多过程综合效应

自然地理学研究涉及多种自然要素和社会经济要素，不仅要研究不同要素自身的属性与变化规律，更强调不同自然、社会要素间的综合效应，尤其是人地耦合作用。这主要源于地球表层系统的整体性和复杂性。一方面，水、土、气、生、人等要素联系紧密并相互影响，某一类自然要素的变化必然会导致其他要素甚至整体格局的变化（郑度等，2016）；另一方面，在全球化背景下，自然要素、人文要素与其对应的自然过程（如地貌过程、水文过程）、社会过程（如人口流动、商品贸易）相辅相成、相互影响。因此，自然地理学在地球表层系统的研究中既要考虑各组成要素自身的属性，也要兼顾要素间的耦合与联动关系，从而为解决区域复杂问题提供综合的视角与路径。

近年来，气候变化、碳循环、自然灾害、环境污染等多要素复杂问题逐渐成为资源环境领域的主流话题。这些复杂综合的全球与区域性问题的解决需要综合多种自然与社会要素，自然地理学综合集成多要素与多过程的研究方法是探索这一系列重大理论与实践问题的科学基础（彭建等，2018）。

2. 关注多尺度关联

由于自然与社会经济过程互馈作用的复杂机制及其在不同时空尺度上存在的不确定性，自然地理学关注自然、人文要素在不同时空尺度下的特征属性，以及不同尺度间的耦合关联（刘焱序等，2018）。尺度特征是自然现象和过程在时间、空间上的表征，是复杂系统的重要特征。尺度存在的根源在于地球表层系统的等级组织和系统复杂性，随着观测时空分辨率的不同，可以观测事物的状态也并不相同。因此，对于不同的研究对象而言，均存在研究所对应的时空尺度，偏离了最佳尺度就可能难以有效揭示问题与规律（傅伯杰，2014）。

关注与研究尺度问题，发现研究对象特有的尺度特征，使观测尺度与地理现象和过程的本征尺度相匹配，是自然地理学研究现象与过程的重要内容。大到全球，小到单一生态系统都有可能成为自然地理学的研究尺度。在具体研究过程中，自然地理学往往不局限于单一尺度，而是将不同地理要素和过程放在不同尺度下进行综合研究，尝试发现不同尺度的特征和尺度间的依赖关系（傅伯杰，2018）。随着现代信息观测、处理、表达手段的多样化，综合不同时空分辨率的数据源与多样化的空间表达方式，自然地理学多尺度关联的研究特色将进一步为厘清地球表层系统这一复杂系统的变化规律提供坚实的科学支撑。

全球、国家与区域尺度的环境与资源利用和可持续发展问题逐渐成为人类社会发展面临的重大挑战。自然地理学研究通过关注不同尺度下自然与社会过程的约束体系及其关联关系，研究全球、国家、区域、局地等不同尺度面临生态环境问题的差异性与关联性，耦合格局、过程、服务及其多尺度关联，为实现全球可持续发展提供关键空间途径（Peng et al.，2020）。

三、独特的学科地位

1. 地球表层系统的核心学科

自然地理学是地理学的基本学科之一，是地理学综合研究的基石（傅伯杰，2018）。长期以来，西方国家将地理学以“二分法”分成自然地理学与人文地理学；陈传康等（1993）将地理科学以“三分法”分为人文地理学、经济地理学和自然地理学。在对地理学学科的分类讨论中，自然地理学始终是地理学的主要组成部分。

自然地理学是研究地球表层系统的核心学科。自然地理学不仅关注大气圈、水圈、岩石圈、生物圈的动态演化，还关注不同圈层之间的相互影响（王建等，2008）。尽管在自然地理学的发展过程中，分支学科的专门化和综合集成过程交织进行（李双成等，2017），但是自然地理学始终是关注地球表层系统的组分、结构、功能、空间分异及其变化动态的重要学科，为深化认识地球的自然环境如何影响人类活动及对人类活动的响应提供科学依据。

2. 多学科交叉的综合学科

自然地理学以地球表层系统为研究对象，而地球表层系统是一个由大气圈、水圈、岩石圈、生物圈组成的复杂系统。因此，自然地理学研究通常依托大气科学、水文学、地质学与生物学等展开。与此同时，自然地理学也常常与这些学科产生交叉从而延伸出部门自然地理学（全石琳，1988）。例如，自然地理学与地质学、气象学、生物学和水文学等交叉，分别延伸出地貌学、气候学、生物地理学和水文地理学。部门自然地理学通常偏重研究地球表层某一圈层，而各个圈层之间通常又是相互联系的，从而又延伸出综合自然地理学。综合自然地理学是在多学科支撑下的、建立在部门自然地理学基础上的自然地域系统功能的综合与分析（蒙吉军，2011）。

自然地理学在依托其他学科的同时，也服务于其他学科。灾害学、环境科学、农学、资源科学等学科的发展均离不开自然地理学的支撑。同时，作为地理学综合研究的基石，自然地理学广泛参与了资源环境管理，在国土空间优化、资源环境保护、灾害防治等生态文明建设方面均给予了强大的学科支持（傅伯杰，2018）。在全球变化大背景下，自然地理学也将为人地系统的关联分析和情景模拟（傅伯杰，2017）、系统承载力（Liu et al.，2015）、风险应对（Helbing，2013）、资源可持续利用（Gao and Bryan，2017）、人类健康（Lelieveld et al.，2015）等前沿议题做出贡献，为全球和区域资源环境问题的系统治理提供重要的决策依据。

3. 可持续性科学的支撑学科

可持续性科学是研究人与自然之间动态关系的学科，是从资源环境与人类社会发展之间的矛盾中衍生出来的。可持续性科学是具有三个主要特征的全新跨学科范式（邬建国等，2014）：①多维度的、穿越传统的自然科学和社会科学界线的、集理论和实践为一体的科学；②具有时间、空间及组织结构上的多尺度和等级特征；③强调地区特点和解决实际问题，其研究对象应该“具有特殊社会、文化、生态和经济特征”（Wu，2006，2013）。这种多尺度、强调地区特点和解决区域可持续问题的研究与自然地理学研究的对象、内容、学科属性，以及关注的核心问题紧密关联。

自然地理学所关注的地表格局形成和演化过程集中反映人口、资源、环境与发展的复杂冲突，对应着当前对资源环境问题的全球性关注，以及区域可持续发展严峻挑战的高度重视，是可持续性科学的重要支撑。目前，可持续性科学基于自然地理学的要素—格局—过程演化研究，开展了大量人与自然的耦合研究，自然地理学已成为可持续性科学的主要贡献者（Bettencourt and Kaur，2011）。与此同时，自然地理学所关注的自然地理要素及其关联的时空演变也为生态系统服务研究提供了研究基础。面向生态系统管理的复杂性，生态系统服务研究充分将自然生态过程与人类福祉相关联，体现了自然地理研究综合性与实践性的特征，能够为面向人类福祉提升的社会－生态系统优化提供重要依据（邬建国等，2014)。可以说，生态系统服务是自然地理学和可持续性科学的重要连接纽带（图 2-2）。

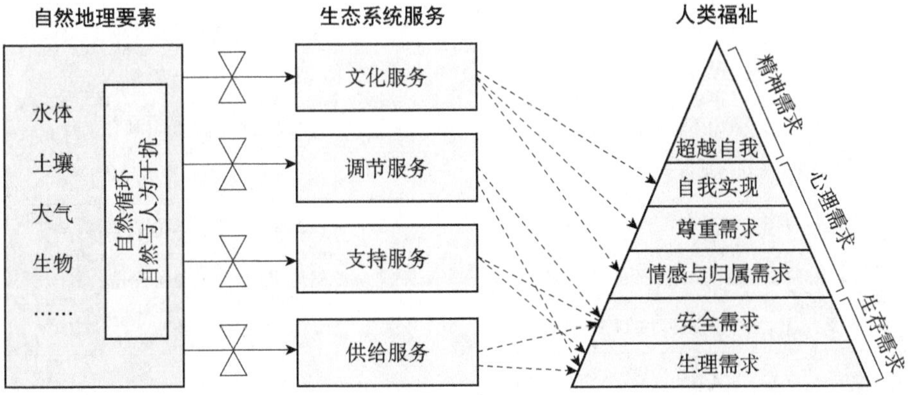

图 2-2　自然地理要素、生态系统服务、人类福祉的关联（根据邬建国等，2014，略有修改）

第二节　自然地理学的学科战略价值

在研究自然地理要素的时空特征与变化和要素—格局—过程—功能之间的相互作用与联系的基础上，自然地理学的应用也是自然地理学研究的重要内容。面对工业革命以来世界人口、资源、环境与经济社会可持续发展之间愈加激烈的矛盾，自然地理学需要秉持其学科特色，从理论和实践上解决人类发展面临的问题，为中国的生态文明建设和人类社会可持续发展服务。

一、开展生态文明建设的核心支柱——国内需求

近年来我国经济社会快速发展，人地矛盾日益突出，资源利用紧张、生态环境恶化等问题日益凸显，可持续发展逐渐成为社会发展的重中之重。生态文明建设是我国经济社会发展过程中的重要理论创新，是可持续发展理念的区域化成果，是中国社会可持续发展的必然选择。自从党的十七大首次提出建设“生态文明”以来，生态文明的理念逐渐被重视、不断被强调。生态文明建设强调人地和谐共生，以人为本推进社会－经济－自然复合生态系统的全面、协调、可持续发展。自然地理学的诸多核心研究领域为我国新时代生态文明建设提供了重要的科学支撑（表 2-1）。

表 2-1　自然地理学核心研究领域对生态文明建设重大议题的科学支撑

生态文明建设重大议题	自然地理学核心研究领域
山水林田湖草是生命共同体	人类－自然耦合系统
绿水青山就是金山银山	生态系统服务权衡与协同
良好生态环境是最普惠的民生福祉	自然灾害形成机制与综合防范
用最严格制度最严密法治保护生态环境	自然区划与生态空间管治
生态兴则文明兴，生态衰则文明衰	自然地理要素关联与区域集成
全力遏制海洋生态环境不断恶化趋势	陆海交互及统筹

对于以上多个生态文明建设重大议题，自然地理学均为更具体的发展目标做出了相应贡献。2015 年发布的《中共中央　国务院关于加快推进生态文明建

设的意见》明确提出生态文明建设的四个主要目标：国土空间开发格局进一步优化；资源利用更加高效；生态环境质量总体改善；生态文明重大制度基本确立。针对各主要目标，自然地理学能够发挥如下支撑作用（Peng et al.，2020）。①国土空间开发格局进一步优化。该目标的实现能够为生态文明建设提供空间保障。自然地理学研究可支撑生态保护红线、基本农田控制线及城市开发边界等刚性控制政策的制定，同时关注重点生态功能区和其他主体功能区的划定，为优化区域空间开发格局提供认知基础。②资源利用更加高效。该目标的实现能够为生态文明建设提供资源保障。自然地理学研究能够在提高水资源利用效率、加强土地资源利用管控、强化水土资源时空匹配、合理开发可再生资源等方面发挥学科优势。③生态环境质量总体改善。该目标的实现能够为生态文明建设提供生态环境保障。自然地理学研究可以通过监测区域生态退化、环境污染及其社会经济发展关联，核算生态系统服务及其流的变化，明晰生物多样性保护优先区等，从而为该目标的实现提供学科支撑。④生态文明重大制度基本确立。该目标的实现能够为生态文明建设提供制度保障。其中，与自然地理学密切相关的制度有生态补偿机制、灾害预警机制及污染防治协作机制等。

二、实现可持续发展目标的支撑学科——国际需求

随着全球城市化进程的快速推进，资源环境问题逐渐成为全球性挑战，与可持续发展之间的矛盾日益突出。“联合国千年发展目标”、《变革我们的世界：2030 年可持续发展议程》和“未来地球”研究计划等议题随之提出，为实现全球可持续发展提供了重要方向。面向可持续发展的国际需求，自然地理学在与其他学科密切协作的基础上，逐渐从知识、科学走向决策，积极主动地参与地球系统科学国际计划，深切关注全球资源环境约束问题，深入揭示社会－生态过程及其动态变化的机理机制，为实现区域和全球的可持续发展以及人类社会迈入生态文明提供决策支持服务（Peng et al.，2020）。

2015 年，联合国可持续发展峰会通过了《变革我们的世界：2030 年可持续发展议程》，从社会、经济和环境三个维度提出了 17 个可持续发展目标（SDGs）和 169 个子目标（Nerini et al.，2018），以保证不同国家有针对性地制定符合本国国情的可持续发展政策。自此，诸多学者运用定性和定量方法剖析 SDGs 之间的协同与权衡关系（Singh et al.，2018；Pradhan et al.，2017），探讨 SDGs 实现的关键自然和社会要素（Ilieva，2017；Nechifor and Winning，2017；

Diz et al., 2017)。自然地理学作为研究地球表层系统的核心学科，能够满足 SDGs 的迫切需求并发挥举足轻重的作用（Peng et al., 2020）。

SDG 1（无贫穷）：在全世界消除一切形式的贫困。该目标强调要促进人们体面就业、增强社会保障、加强人群抗灾害能力。贫困地区人群对灾害认知不足，防灾减灾能力较差，无法及时应对灾害发生，从而进一步加剧贫困（丁文广等，2013）。自然地理学特别是灾害地理学、资源地理学和气候学的研究，能够通过探究环境与贫困的关系，识别高灾害风险区域，分析致灾的影响因素，制定灾害应急预案，加强区域抗灾减灾能力，评估区域资源禀赋（如全国生态系统评估），从而帮助减少贫困。

SDG 2（零饥饿）：消除饥饿，实现粮食安全，改善营养状况。该目标强调要促进可持续农业、保障粮食安全。粮食生产投入结构和耕地保护模式影响着区域的粮食安全（宋小青和欧阳竹，2012）。自然地理学特别是生物地理学、资源地理学和灾害地理学的研究，能够评估区域农业生产水平，识别农业适宜生产区域，加强农田基本建设，严格控制耕地资源流失，优化土地利用格局，预警干旱和洪涝灾害，从而保障粮食安全。

SDG 3（良好健康与福祉）：确保健康的生活，促进各年龄段人群的福祉。该目标强调要减少疾病危害、加强卫生保健、防治区域污染。快速城市化与工业化进程在促进城市经济发展的同时，产生了诸多生态环境问题（如大气污染、水污染等），人群身体健康受到巨大威胁。自然地理学特别是灾害地理学、环境地理学、水文地理学及气候学的研究，能够分析区域污染或疾病的时空动态并探究其环境影响因素、扩散机理、防治预案，以确保人群健康。

SDG 4（优质教育）：确保包容和公平的优质教育，让全民终身享有学习机会。该目标强调要降低适龄儿童失学率、保障校园基础设施建设。自然地理学对该目标实现的作用较弱，但城市地理学、社会地理学等其他地理学分支学科能为促进优质教育做出贡献。

SDG 5（性别平等）：实现性别平等，增强所有妇女和女童的权能。该目标强调要增强妇女和女童权能、优化男女职业分工。自然地理学对该目标实现的作用较弱，但女权主义地理学、社会地理学等其他地理学分支学科能为实现性别平等做出贡献。

SDG 6（清洁饮水与卫生设施）：为所有人提供水和卫生的环境并对其进行可持续管理。该目标强调要加强水资源管理、保障优质卫生设施建设。过度开采水资源会导致地面沉降及地下水位下降，同时水资源利用效率低下、水环境污染等问题也值得关注（张利平等，2009）。自然地理学特别是水文地理学、环境地理学及资源地理学的研究，能够监测水环境的时空动态，分析水环境影响因素，提高水资源利用效率，开展水生态功能分区，调节水资源空间配置（如我国南水北调工程），优化水资源保护机制，以确保水资源的可持续管理。

SDG 7（经济适用的清洁能源）：确保人人获得可负担、可靠和可持续的现代能源。该目标强调要提高电力覆盖率、使用可再生资源。2017 年，全球依旧有 8.4 亿人口未拥有电力服务，超过 29 亿人口缺乏清洁烹饪燃料和技术（World Bank，2019），急需可再生能源的技术创新和政策支撑。自然地理学特别是资源地理学和环境地理学的研究，能够评估与识别可再生能源禀赋，减少传统能源消耗的环境影响，调节能源配置（如我国西气东输工程），以促进可再生能源的合理开发。

SDG 8（体面工作与经济增长）：促进持久、包容性和可持续的经济增长，充分的生产性就业和人人获得体面工作。该目标强调要扩大就业机会、提高劳动生产率。自然地理学对该目标实现的作用较弱，但社会地理学、人口地理学等其他地理学分支学科能够为促进充分就业和扩大生产性就业做出贡献。

SDG 9（产业、创新和基础设施）：建设具有适应力的基础设施，促进包容性和可持续的工业化，推动创新。该目标强调要完善基础设施、促进可持续工业化、加强研发投资。自然地理学特别是环境地理学和资源地理学的研究，能够评估区域资源禀赋和环境承载力，有效识别良好工业区位，创建产业准入负面清单，以促进可持续工业化的进程。

SDG 10（减少不平等）：减少国家内部和国家之间的不平等。该目标强调要缩小国家内部收入差距、提高发展中国家的地位。自然地理学特别是资源地理学和综合自然地理学的研究，能够基于空间认知视角，探究区域收入差距，优化区域开发格局，阐明局域耦合和远程耦合的影响，合理构建生态补偿机制，从而减少不平等现象。

SDG 11（可持续城市和社区）：建设包容、安全、有抵御灾害能力和可持续的城市和人类社区。该目标强调要控制城市扩张、保护城市环境、促进城市协同规划。城市化带来的人口激增和交通扩张威胁着区域生态安全，同时环境恶化降低了城市或社区对灾害的抵御能力。自然地理学特别是综合自然地理学、灾害地理学和生物地理学的研究，能够监测城市扩张、评估城市化生态效应、优化城市空间格局（如建设弹性城市和海绵城市），集成多尺度空间治理，提出城市化管控策略，如城市增长边界、生态红线等（黄金川和方创琳，

2003），以促进可持续的城市和人类社区的建设。

SDG 12（负责任的消费与生产）：确保采用可持续的消费和生产模式。可持续的生产和消费是实现循环经济的重要环节，旨在付出最小的成本来获取最大的生态环境效益并保证一定的经济效率，强调有效开发利用资源和降低生态环境污染（解振华，2003），为此许多地区也制定了可持续的生产和消费政策，如《欧盟第六个环境行动计划（2002-2012）》[*The EU Sixth Environment Action Programme (2002-2012)*]、拉丁美洲的《中非合作论坛——约翰内斯堡行动计划（2016-2018）》等（李霞等，2014）。自然地理学特别是资源地理学和环境地理学的研究，通过提高资源使用效率、评估区域生态承载力、测算区域生态足迹等为实现该目标提供科学支撑。

SDG 13（气候行动）：采取紧急行动应对气候变化及其影响。该目标强调要适应气候变化、降低灾害风险。气候变化是全球变化的重要表现之一，IPCC 第五次评估报告指出气候变化风险由气候系统与社会经济发展过程共同驱动，也有研究表明人为热排放已经成为全球气候变暖的主要原因（秦大河，2014）。自然地理学特别是气候学、灾害地理学和生物地理学的研究，能够监测全球气候变化时空特征，评估人类活动的气候影响，分析自然要素及生态系统的气候变化响应，制定适应气候变化的发展路线，以减缓气候变化带来的风险。

SDG 14（水下生物）：保护和可持续利用海洋和海洋资源，以促进可持续发展。该目标强调要建立海洋保护区、避免过度捕捞、保护海洋生态系统。海洋生态系统是全球最大的生态系统，CO_2 大量排放、过度捕捞等行为造成了海洋酸化与污染及鱼类资源骤减等问题。自然地理学特别是海洋地理学、资源地理学和生物地理学的研究，能够测度陆源污染对海洋的影响，评估海洋资源环境承载力，监测海洋生态系统健康，制定海洋资源保护策略，以促进海洋生态系统的可持续发展。

SDG 15（陆地生物）：保护、恢复和促进可持续利用陆地生态系统，可持续管理森林，防治荒漠化，制止和扭转土地退化，遏制生物多样性丧失趋势。该目标强调要确定关键生物多样性保护区、提高森林覆盖率、保护野生动植物。陆地生态系统作为与人类生存密切关联的生态系统，其承载的生态系统服务至关重要，包括粮食供给、水土保持及生物多样性维持等。自然地理学特别是综合自然地理学和生物地理学的研究，能够识别优先保护区，构建生态网络或生态安全格局，划定生态保护红线，开展生态修复（如中国“三北”防护林工程和黄土高原退耕还林工程），以促进陆地生态系统的可持续发展。

SDG 16（和平、正义与强大机构）：创建和平、包容的社会以促进可持续发展，让所有人都能诉诸司法，在各级建立有效、负责和包容的机构。该目标强调要完善建设法律与相关机构。自然地理学对该目标实现的作用较弱，但社会地理学、文化地理学等其他地理学分支学科能为该目标的实现做出贡献。

SDG 17（促进目标实现的伙伴关系）：加强执行手段，重振可持续发展全球伙伴关系。该目标强调要完善发展援助、加强执行手段、保持政策连通。自然地理学对该目标实现的作用较弱，但政治地理学、地理信息科学等其他地理学分支学科能为该目标的实现做出贡献。

通过梳理不同 SDGs 的需求及自然地理学的潜在作用，将 17 个 SDGs 划分为四类：人类基础需求目标、社会发展与福祉提升目标、资源利用与环境保护目标、管理与执行目标，并分析自然地理学对各目标实现的不同贡献（图 2-3）（Peng et al.，2020）：自然地理学能够发挥核心支撑作用的目标有 SDG 2（零饥饿）、SDG 6（清洁饮水与卫生设施）、SDG 7（经济适用的清洁能源）、SDG 10（减少不平等）、SDG 11（可持续城市和社区）、SDG 13（气候行动）、SDG 14（水下生物）、SDG15（陆地生物）；地理学其他分支学科能够发挥核心支

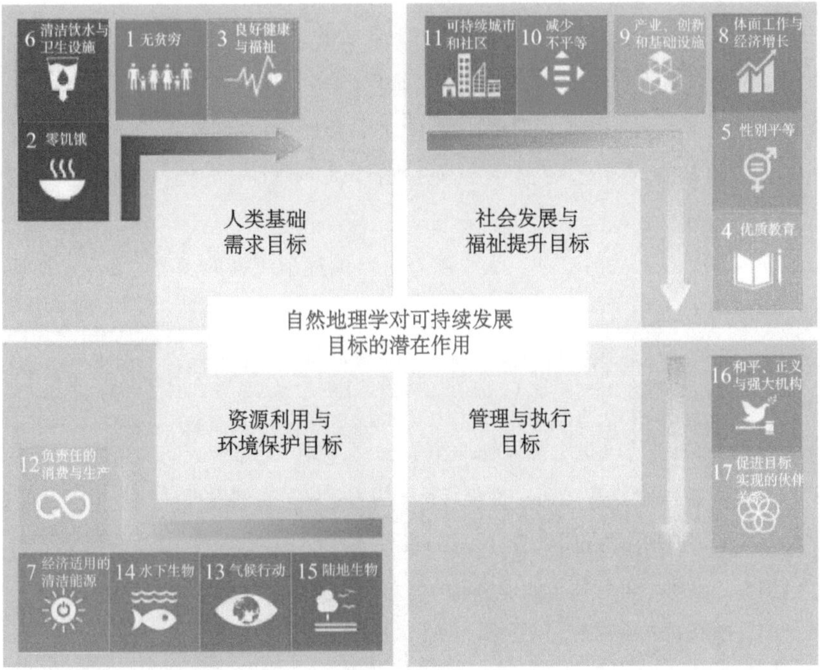

图 2-3　自然地理学对可持续发展目标的潜在贡献（Peng et al.，2020）

同一颜色，颜色越深，自然地理学对该目标实现的贡献程度越大；灰色表示贡献较弱

撑作用的目标有 SDG 1（无贫穷）、SDG 3（良好健康与福祉）、SDG 9（产业、创新和基础设施）、SDG 12（负责任的消费与生产）；对于 SDG 4（优质教育）、SDG 5（性别平等）、SDG 8（体面工作与经济增长）、SDG 16（和平、正义与强大机构）、SDG 17（促进目标实现的伙伴关系），地理学支撑作用相对较弱。

本章参考文献

蔡运龙 . 2010. 当代自然地理学态势 . 地理研究 , 29(1): 1-12.

陈传康 , 伍光和 , 李昌文 . 1993. 综合自然地理学 . 北京 : 高等教育出版社 .

邓宏兵 . 2003. 自然地理学发展的历史与动态初探 . 华中师范大学学报（自然科学版）, 37(2): 269-272.

丁文广 , 冶伟峰 , 米璇 , 等 . 2013. 甘肃省不同地理区域灾害与贫困耦合关系量化研究 . 经济地理 , 33(3): 28-35.

傅伯杰 . 2014. 地理学综合研究的途径与方法：格局与过程耦合 . 地理学报 , 69(8): 1052-1059.

傅伯杰 . 2017. 地理学：从知识、科学到决策 . 地理学报 , 72(11): 1923-1932.

傅伯杰 . 2018. 新时代自然地理学发展的思考 . 地理科学进展 , 37(1): 1-7.

傅伯杰 , 冷疏影 , 宋长青 . 2015. 新时期地理学的特征与任务 . 地理科学 , 35(8): 939-945.

黄金川 , 方创琳 . 2003. 城市化与生态环境交互耦合机制与规律性分析 . 地理研究 , 22(2): 211-220.

李双成 , 蒙吉军 , 彭建 . 2017. 北京大学综合自然地理学研究的发展与贡献 . 地理学报 , 72(11): 1937-1951.

李霞 , 彭宁 , 周晔 . 2014. 国际可持续消费实践与政策启示 . 中国人口·资源与环境 , 24(5): 46-50.

李旭旦 , 陆诚 . 1983. 论十九世纪德国地理学的统一性观点 . 地理研究 , 2(3): 1-7.

刘焱序 , 杨思琪 , 赵文武 , 等 . 2018. 变化背景下的当代中国自然地理学——2017 全国自然地理学大会述评 . 地理科学进展 , 37(1): 163-171.

陆大道 . 2015. 地理科学的价值与地理学者的情怀 . 地理学报 , 70(10): 1539-1551.

蒙吉军 . 2011. 综合自然地理学 . 第 2 版 . 北京：北京大学出版社 .

彭建 , 毛祺 , 杜悦悦 , 等 . 2018. 中国自然地域分区研究前沿与挑战 . 地理科学进展 , 37(1): 121-129.

秦大河 . 2014. 气候变化科学与人类可持续发展 . 地理科学进展 , 33(7): 874-883.
全石琳 . 1988. 综合自然地理学导论 . 郑州：河南大学出版社 .
宋小青 , 欧阳竹 . 2012. 1999-2007 年中国粮食安全的关键影响因素 . 地理学报 , 67(6): 793-803.
王建 , 张茂恒 , 白世彪 . 2008. 圈层相互作用与自然地理学 . 地理教育 , (4): 4-7.
邬建国 , 郭晓川 , 杨稢 . 2014. 什么是可持续性科学 ? 应用生态学报 , 25(1): 1-11.
解振华 . 2003. 走循环经济之路 实现可持续生产与消费 . 环境保护 , (3): 3-4.
张利平 , 夏军 , 胡志芳 . 2009. 中国水资源状况与水资源安全问题分析 . 长江流域资源与环境 , 18(2): 116-120.
郑度 , 吴绍洪 , 尹云鹤 , 等 . 2016. 全球变化背景下中国自然地域系统研究前沿 . 地理学报 , 71(9): 1475-1483.
中国大百科全书地理学编辑委员会 . 1990. 中国大百科全书 : 地理学 . 北京 : 中国大百科全书出版社 .
周晓亮 . 2003. 西方近代认识论论纲：理性主义与经验主义 . 哲学研究 , 10: 48-53,97.
竺可桢 . 1959. 纪念德国地理学家和博物学家亚历山大・洪堡逝世 100 周年 . 地理学报 , 25(3): 169-172.
Bettencourt L M A, Kaur J. 2011. From the cover: evolution and structure of sustainability science. Proceedings of the National Academy of Sciences of the United States of America, 108(49): 19540-19545.
Diz D, Johnson D, Riddell M, et al. 2017. Mainstreaming marine biodiversity into the SDGs: the role of other effective area-based conservation measures (SDG 14.5). Marine Policy, 11(8): 251-261.
Gao L, Bryan B A. 2017. Finding pathways to national-scale land-sector sustainability. Nature, 544: 217-222.
Gregory K J. 2000. The Changing Nature of Physical Geography. London: Arnold.
Hartshorne R. 1939. The nature of geography: a critical survey of current thought in the light of the past. Annals of the Association of American Geographers, 29(3): 173-412.
Hartshorne R. 1958. The concept of geography as a science of space, from Kant and Humboldt to Hettner. Annals of the Association of American Geographers, 48(2): 97-108.
Helbing D. 2013. Globally networked risks and how to respond. Nature, 497: 51-59.
Ilieva R T. 2017. Urban food systems strategies: a promising tool for implementing the SDGs in practice. Sustainability, 9(10): 1707.

Lelieveld J, Evans J S, Fnais M, et al. 2015. The contribution of outdoor air pollution sources to premature mortality on a global scale. Nature, 525: 367-371.

Liu J, Mooney H, Hull V, et al. 2015. Systems integration for global sustainability. Science, 347(6225): 1258832.

Martin G J. 2005. All Possible Worlds: A History of Geographical Ideas. New York: Oxford University Press.

Nechifor V, Winning M. 2017. Projecting irrigation water requirements across multiple socio-economic development futures——a global CGE assessment. Water Resources and Economics, 20: 16-30.

Nerini F F, Tomei J, To L S, et al. 2018. Mapping synergies and trade-offs between energy and the sustainable development goals. Nature Energy, 3: 10-15.

Peng J, Hu Y, Dong J, et al. 2020. Linking spatial differentiation with sustainability management: academic contributions and research directions of physical geography in China. Progress in Physical Geography, 44(1): 14-30.

Pradhan P, Costa L, Rybski D, et al. 2017. A systematic study of sustainable development goal (SDG) interactions. Earth' s Future, 5(11): 1169-1179.

Singh G G, Cisneros-Montemayor A M, Swartz W, et al. 2018. A rapid assessment of co-benefits and trade-offs among sustainable development goals. Marine Policy, 93: 223-231.

World Bank. 2019. Tracking SDG7: The Energy Progress Report.

Worster D. 1994. Nature' s Economy: A history of Ecological Ideas (Second Edition). New York: Cambridge University Press.

Wu J. 2006. Landscape ecology, cross-disciplinarity, and sustainability science. Landscape Ecology, 21: 1-4.

Wu J. 2013. Landscape sustainability science: ecosystem services and human well-being in changing landscapes. Landscape Ecology, 28: 999-1023.

Wulf A. 2015. The Invention of Nature: The Adventures of Alexander von Humboldt, the Lost Hero of Science. London: John Murray.

第三章 自然地理学发展规律与研究特点

第一节 自然地理学的学科内涵

一、自然地理学的定义

自然地理学是研究作为人类家园的地球表层的科学，主要通过物质迁移与能量转换、自然要素和人类活动的交互耦合，研究自然地理要素和自然景观的性状成因、演变过程、发展规律、空间差异及区域特征，认识地球自然环境怎样成为人类活动的基础并受人类活动的影响（中国大百科全书编辑委员会，1999；Gregory，2000；蔡运龙，2000）。自然地理学围绕探索自然规律、昭示人文精华的研究宗旨（傅伯杰，2017），以解决资源、环境、发展面临的复杂问题为其应用指向，为合理利用自然资源、保护生态环境、防灾减灾、实现人和自然和谐相处提供科学依据。

二、自然地理学关注的领域与分支

自然地理学关注的科学领域十分广泛，涉及与人类生存、发展相关的众多议题。这些科学领域和议题，也可以看作自然地理学的分支（表 3-1）。

表 3-1　自然地理学关注的领域和论题

关注的领域	包含的论题举例
地貌学	构造地貌演化、河流地貌过程、冰川和冰缘地貌变化、物质重力运移、坡地发育、土壤形成与土壤侵蚀、地表物质风化、风积和沙丘过程、干旱地貌、岩溶地貌发育与演化、海岸海洋地貌过程、火山地貌、灾害与应用地貌、行星地貌等
气候学	各种代用资料的准确定年和解释、不确定性的定量分析、全球框架下区域尺度的气候重建、气候变化与人类活动的相互作用、气候模式的优化、重建与模拟结果的对比，以及年代至百年尺度的气候变化机制、当代气候增暖的影响与适应、气候变化风险评估等

续表

关注的领域	包含的论题举例
水文学	观测与模拟、水文过程、沉积和水质、河道形态和过程、河道分类和变化、生态用水、水文循环及其效应、城市雨洪、社会水文学等
生物地理学	孢粉学、植被变化、气候变化和酸化、动物和植物地理学、森林和湿地生态系统、普通生态学、土壤动物与微生物等
土壤地理学	土壤的发生和演变、土壤分类、土壤调查、土壤分布、土壤区划、土壤资源评价、数字土壤制图等
综合自然地理学	空间地理规律、综合自然区划、土地类型学、景观生态学、土地变化科学、生态系统服务和生态系统综合评价、资源环境承载力等
地理系统模型模拟	植被 - 土壤动态模型、水文模拟、人类系统模型、人类 - 自然系统耦合模拟、数据 - 模型融合等

注：地貌学据鹿化煜（2018）；气候学据郑景云等（2018）、吴绍洪等（2018）；水文学据 Gregory（2000）、杨大文等（2018）、田富强等（2018）；生物地理学据 Gregory（2000）；土壤地理学据张甘霖等（2018）；综合自然地理学据蒙吉军（2020）、戴尔阜和马良（2018）、彭建等（2018）、赵文武等（2018）、吕一河等（2018）；地理系统模型模拟据彭书时等（2018）

根据关注领域的不同，自然地理学可分为部门自然地理学、综合自然地理学和区域自然地理学三个分支（陈传康等，1993；蒙吉军，2020）。部门自然地理学侧重研究构成自然地理环境的某个组成要素，研究该要素的组成结构、成因特点、时空变异、地域分布规律及在整个地球表层中的作用，包括地貌学、气候学、水文地理学、土壤地理学、植物地理学和动物地理学等。综合自然地理学从整体上来研究自然地理环境的综合特征、各组成要素的相互关系、自然综合体的地域分异规律、动态发展演变规律、自然条件（资源）综合评价及人类活动的影响。区域自然地理学研究一定区域自然地理环境的某个组成要素和自然地理环境的综合特征，无论是部门自然地理学，还是综合自然地理学，除进行基本理论研究外，还要结合实际进行区域性的自然地理研究，使其得到验证。

三、自然地理学研究的层次

自然地理学研究的内容可借用如下数学方程来表达（Gregory，2000）：

$$F=f(P, M, E)\,dt \tag{3-1}$$

自然地理学所关注的自然地理环境形态或结果（F），是自然地理环境演变的过程（P）、过程在时间 t 赖以进行的物质（M）和能量（E）交换的函数。简言之，自然地理学研究时间 t 内自然地理过程依赖物质运动和能量交换而产生的结果。此方程式蕴含着自然地理学研究的五个层次（蔡运龙，2010）。

第一层次：研究该方程式的组成部分。分别研究组成陆地表层系统的各个要素（如地貌、气候、土壤、生物等），或分别研究特殊的自然地理环境和自然地理现象（如沙漠、冰川、灾害等），以及这些要素或自然地理环境和现象的空间过程与区域差异。此类研究具有独立性，但也是其他层次研究的基础。

第二层次：平衡该方程式。研究不同尺度自然地理环境和自然地理学不同分支中过程、物质能量和结果相平衡的方式。研究聚焦于过程、物质能量与结果或系统条件之间的相互作用。

第三层次：对该方程式进行微分。分析该方程式随时间变化，即某种平衡状态被打破并被另一种平衡状态所取代过程中的各种关系。例如，气候变化的影响和人类活动的影响，有赖于对不同时间尺度数据的拟合分析。

第四层次：应用该方程式。将自然地理学的研究成果应用于解决实际问题。预测是应用的基础，包括从已知的过去和现在预知未来，将一定时间或空间尺度上获得的结果推演到其他尺度。

第五层次：鉴赏该方程式。辨识和鉴赏自然地理过程和结果对文化的影响、人类对自然环境和景观的反作用，以及自然地理过程影响环境管理和规划设计的方式。

第二节 自然地理学的发展规律

一、自然地理学的历史发展

自然地理学是一门古老的学科，但至今仍然生机勃勃（蔡运龙，2000）。在漫长的发展过程中，自然地理学经历了巨大的变化。

（1）描述地理学，文学性大于科学性。18 世纪中期以前，中外自然地理学都以定性的描述性记录为主，地理学的文学性大于科学性。古代中国典籍从《易经 · 系辞》、《尚书 · 禹贡》、《管子 · 地员》、《管子 · 地数》和《管子 · 度地》、《史记 · 平准书》到《水经注》、《徐霞客游记》和《天下郡国利病书》等，以及浩如烟海的地方志，各种经验性的记述留下了丰富的地理信息，也形成了“经世致用”和“究天人之际”的地理学研究传统。在国外，古巴比伦、古埃及、古希腊和古罗马等文明古国也积累了大量描述性的文献和资料，如埃拉托色尼（Eratoslhenes）著的《地理学》、斯特拉波（Strabo）著的《地理》。15世纪兴起的地理大发现，大大促进了欧美地理学的发展，航海探险活动留下了大量描述性记录，使人类的地理视野得到大大扩展，印证了大地球形说和统一的世界大洋的正确性，记录了洋流和南北半球的信风带。地理大发现收集的资料，为17世纪下半叶探讨海陆起源、植物和动物的分类等理论问题，以及综合研究地球表面自然现象建立了基础。

（2）解释地理学，自然地理学整体发展。18世纪中期至19世纪中期，地理学处于向整理材料即理性认识阶段过渡的历史转折，是一个具有关键意义的阶段，通常称为“古典地理学”时期。其特点在于地理学已不是单纯地记述地表的地理事物，而是进一步对地理事物加以分析说明，故又称为解释地理学，以区别于过去的描述地理学。19世纪初，自然地理学开始成为一门独立的分支学科，自然地理学由单一的、表象的、静态的自然地理成分和现象的研究走向将自然地理环境作为一个整体进行综合的、内在的和动态的研究。德国的亚历山大·冯·洪堡和卡尔·李特尔是古典地理学的集大成者，被誉为近代地理学的开拓者和奠基人。亚历山大·冯·洪堡涉猎广泛，在近代气候学、植物地理、地球物理等方面都做出了开拓性贡献。卡尔·李特尔强调人地关系的综合性和统一性，提出了运用实地观测和比较的方法研究区域地理要素的作用关系。

（3）学科分化，融入自然科学体系。1871年，第一次国际地理学大会的召开，标志着地理学走向现代科学的发展阶段。地球表面大体得到考察，地理学有了理论概括的基础，地理学成为研究“人与环境关系”的科学。尤其是随着科学技术的飞速发展和新学科的不断出现，科学分化的进程加速，自然地理学极力融入自然科学的“规范型学科”体系，自然地理学也逐渐分化为一系列独立的部门自然地理学。至19世纪末，自然地理学的分支已经包括了洪堡创立的植物地理学、彭克和戴维斯创立的地貌学、柯本创立的气候学、道库恰耶夫创立的土壤地理学等。地理学综合研究出现了几个学派：①区域学派，主要研究地表的空间分异，或以区域为研究的核心；②人地关系学派，主要研究人类与环境的关系问题，也可视为人类生态学；③景观学派，主要研究地表个别区域或地段的特征，包括从小地段的识别到自然区的划分，以及地球表面的区域差异。20世纪初到50年代末，道库恰耶夫的自然综合体思想在苏联得到迅速发展，并逐渐出现了两个研究方向，形成两大学派，即景观学派和普通自然地理学派。地理学的发展从早期自然地理学一支独大，到后来形成自然地理与人文地理共同繁荣的局面。

（4）多元化发展，关注全球环境变化。第二次世界大战以后，受全球化、信息化、后工业化等影响，特别是观测手段、数理分析、实验分析、空间分析、信息技术、模拟技术等的迅速发展，地理学研究发生了重要变化：地理学方法论发生了转型与多元化发展，突破了以往经验性、描述性的自然地理研究传统，在方法上更重视纵向知识的横向对比（吴绍洪等，2015）；区域性研究的重要性相对下降，全球性的环境变化与人类福祉受到关注。布迪科（Будыко）将热量平衡引入自然地理过程，来揭示地球表层所有自然地理过程综合的因果规律，提出了地球表层能量转换的基本原理。彼列尔曼（Перельман）从化学元素迁移角度阐明了存在于地球表层的大气、水、岩石、土壤和有机体之间的联系，为研究自然地理过程提供了地球化学过程联系的基本原理。随着由全球气候变化引起的全球环境问题的产生，国际科学界先后发起并组织实施了以全球环境变化为研究对象的诸多研究计划，直接促进了全球变化科学（global change science) 的产生。由于其强调地球系统的整体观，强调对物理、化学、生物三大基本过程相互作用的研究，以及对人类活动影响地球环境的特别关注，全球变化科学成为自然地理学研究的前沿。1997 年，美国出版的《重新发现地理学：与科学和社会的新关联》（*Rediscovering Geography: New Relevance for Science and Society*），指出了地理学的新视角：用许多方法进行空间表述、常常进行环境动态研究、着重于现实中现象和过程间的关系与相互依赖。2000 年，格雷戈里（Gregory）在《变化中的自然地理学性质》（*The Changing Nature of Physical Geography*）中指出，自然地理学已经发生了显著变化，越来越重视环境过程、景观演变、年代学、人类活动的重要性和学科应用。2010 年，美国国家科学院国家研究理事会在《理解正在变化的星球 地理科学的战略方向》（*Understanding the Changing Planet Strategic Directions for the Geographical Sciences*）中指出，地理科学是数据、技术和思维方法嫁接到地理学基石上一个成功繁殖的结果。

可以看出，在自然地理学的发展过程中，虽然经历了巨大的变化，但自然地理学研究始终围绕自然地理环境与人类生存发展的关系展开，人地关系一直是其研究的论题（蔡运龙，2000）。从早期自然地理学一支独大，到后来自然地理与人文地理共同繁荣；从自然地理学整体发展，到内部各个分支学科纷纷脱离母体；从极力融入自然科学的“规范型学科”体系，到当代自然地理学的多元化发展；从研究区域性的自然环境特征，到关注全球性的环境变化与人类福祉（李双成等，2011），这些变化的过程是人类逐步探索地球表层，认识、建立和改善人地关系的过程。

二、自然地理学的近今发展

近 30 年来，围绕全球变化研究，自然地理学发展广泛而深刻。根据冷疏影（2016）基于文献计量学对 1986～2015 年自然地理学领域 SCI/SSCI 主流期刊论文和 CSCD 中文核心期刊论文的分析，所反映的自然地理学国际研究主题和中国研究主题，近 30 年来自然地理学的发展可划分为以下三个阶段（表 3-2）。

表 3-2　近 30 年来自然地理学研究主题在不同时段的变化

时段	SCI/SSCI 研究主题关键词	中文核心期刊研究主题关键词
1986～1995 年	全球变化与气候、植被、碳、CO_2、生物与生态、地貌及古环境、环境演变、数据分析方法与技术、欧洲、北美洲、大洋洲、南极洲	气候变化、CO_2、自然灾害、古气候、晚更新世、黄土、孢粉、水资源与农业、太湖、鄱阳湖
1996～2005 年	气候变化、全新世、古气候与古生态、模型模拟、土壤、植被、沉积物、生物多样性、湖泊、同位素指标、景观格局、土地利用、群落多样性、孢粉/硅藻、水土流失、晚冰期、季风、海冰、青藏高原	全球变暖、气候变化、古气候与古生态、环境演变、冻土和人类活动、末次冰盛期、土地利用、自然灾害、景观格局、生态过程、赤潮、青藏高原、黄土高原、黄河流域
2006～2015 年	气候变化和全新世、气候变化影响、适应、脆弱性、不确定性、恢复力、生物多样性和生物地理学、干旱、土地利用变化、生态系统服务、碳通量、碳循环、生产力、地理数据分析与模拟	全球变化和全新世、生态系统碳循环观测、水循环关键过程、土壤生态过程、冻土、青藏铁路、植被恢复、干旱、降水、土地利用变化、滑坡、泥石流、汶川地震、风险区划、三峡水库、黄土高原、南海

注：基于冷疏影（2016）整理

（1）以单要素为主、关注全球变化研究的萌芽阶段（1986～1995 年）。自然地理学以土壤、气候、地貌、水、植被等自然地理单要素研究为主，基于沉积物记录的环境演变研究有增加趋势，开始出现了全球变化研究的萌芽。国际上关注的热点包括全球变化与气候、植被、碳、CO_2、生物与生态、地貌及古环境、环境演变、数据分析方法与技术等；我国学者关注的热点包括气候变化、CO_2、自然灾害、沉积与地貌（古气候、晚更新世、黄土）、水资源与农业等。区域研究中对欧洲、北美洲、大洋洲和南极洲的关注较多。

（2）围绕全球变化的自然地理过程研究阶段（1996～2005 年）。自然地理学围绕全球变化的自然地理过程展开研究。国际上关注的热点包括气候变化

（尤其是全新世、古气候与古生态、同位素指标）、孢粉 / 硅藻等环境变化生物代用指标、生物多样性、模型模拟、景观格局与土地利用等；我国学者关注的热点颇具中国特色，如古气候与古生态、土地利用、冻土和人类活动，青藏高原、黄土高原、黄河流域等是研究的热点区域。此阶段同位素指标、遥感等技术日益受到关注。

（3）全球变化主导下的自然地理过程和动态综合研究阶段（2006～2015年）。自然地理学围绕全球变化主导下的自然地理过程和动态展开综合研究。国际上关注的热点包括气候变化和全新世、干旱、气候变化影响、适应、恢复力、脆弱性、生物多样性和生物地理学、土地利用变化、生态系统服务、地理数据分析与模拟等；我国学者关注的热点包括全球变化和全新世、生态系统碳循环观测、水循环关键过程、土壤生态过程、冻土、降水、干旱、土地利用变化、滑坡、泥石流、汶川地震等，对青藏铁路、黄土高原、南海等关注较多。

可以看出，在全球变化主导下，新时期的自然地理学研究主题更加强调陆地表层系统的综合研究，研究更加注重过程、机理的揭示并与传统的格局研究相结合。同时，随着地理信息技术发展与研究方法变革，科学思维、科学方法和科学工具方面的革新层出不穷，系统思维、复杂性和非线性方法、高科技手段等被广泛引入和使用（傅伯杰，2017）。

三、自然地理学的主要成就

19 世纪以来，自然地理学在发展中取得了许多重大突破。这些成果有力促进了对自然科学的认识和对全球变化的科学研究，提高了自然地理学的科学地位及其解决实际问题的能力（中国科学技术协会和中国地理学会，2009）。

近代自然地理学创始人洪堡总结出自然地理学和方志学研究的一般原理，探讨了地形、气候与植物的关系，创立了植物地理学；首创世界等温线图，研究了气候的形成和分布；得出了自然地理现象的地带规律性。洪堡开拓的综合、辩证、比较的自然要素“编整”，被恩格斯誉为“打破十九世纪保守自然观的六大缺口之一”（恩格斯，1971）。瓦伦纽斯（Varenius）将自然地理学分为通论和专论地理学，并第一次注意到了大气环流（王恩涌和许学工，2008）。道库恰耶夫创立的自然地带学说，将地理学对自然现象的描述传统变成对空间分异和地域结构规律的探讨。马什（Marsh）第一个指出和分析了人类活动对自然环境的干预。戴维斯将进化论引入地理学，创建了地貌轮回理论及其分析方法等。

当代西方著名地理学家哈维（Harvey）的《地理学中的解释》（大卫·哈维，1996），从方法论高度总结了实证主义地理学，被誉为“地理学圣经”。怀特（White）关于自然资源、自然灾害和人类环境的综合研究，开启了环境管理的先河（Kates and Burton，1986）。中国自然地理学家提出了水热平衡、化学元素地表迁移和生物地理群落等自然地理学新方向（黄秉维，1960，2003），提出了“综合”的思想和方法。其中，自然区划、土地类型、区域自然地理研究成果为国家建设和经济发展做出了独特的贡献（蔡运龙，2000）。地理学家提出的区域分异理论、区域综合研究思想、人地关系理论、人类干预的地球系统、地图学理论与方法、对地观测与地理信息技术、自然地理过程理论、空间结构理论（包括景观生态学与区位论）、空间过程理论、地缘政治与地缘经济理论，被认为是“改变世界的十大地理学思想”（Hanson，1997）。

近年来，自然地理学在全球环境变化驱动下，在自然地理过程综合、陆地表层系统集成、陆海相互作用、区域生态与环境管理应用等方面的研究取得了重要进展。自然地理学在可持续的人地系统要素关联、人地系统承载力预警、全球综合风险的系统应对、食物－能源－水综合可持续利用、全球环境污染与人类健康等人地系统前沿研究中做出了基础性贡献（刘焱序等，2018），成为自然地理学面向全球、国家和区域重大战略需求和决策应用中的重要体现（傅伯杰，2018）。

第三节　自然地理学的学科发展动力

影响自然地理学发展的主要因素包括学科自身性质、社会需求和其他学科（蔡运龙等，2009a）。

一、国际研究计划推动了自然地理学的发展

当今世界面临诸多新的危机和冲突，资源环境问题及其与可持续发展的冲突成为全球性关注热点（蔡运龙等，2009b）。全球环境变化（特别是气候变化）是当前科学界和决策界的关注热点。自然地理学强调整体性视角、关注格局与过程综合研究的特点，以及解决人地关系的学科目标，使其成为全球

变化科学研究的中坚力量，甚至被认为应处于地球系统科学的核心（Pitman，2005）。国际科学界展开的围绕全球变化研究的一系列重大科学计划（图 3-1），对推动自然地理学的发展发挥了重要作用。

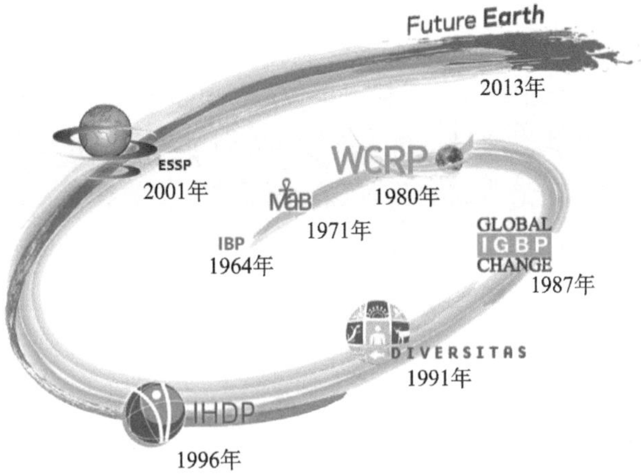

图 3-1　与自然地理学相关的国际重大研究计划（根据 Bondre et al.，2015，部分修改）

1. IBP / MAB 研究计划

1964～1974 年，由联合国教科文组织提出、97 个国家参与的国际生物学计划（International Biological Programme，IBP）成为人类大规模研究自然生态系统的开端。该计划包括陆地生产力、淡水生产力、海洋生产力和资源利用管理等领域，主要研究自然生态系统的结构、功能和生物生产力等，取得了重要进展。人与生物圈计划（Man and the Biosphere Programme，MAB）是 1971 年开始实施的国际性的、政府间合作研究生态学和生态保护的综合性大型计划。该计划着重对人和环境关系进行生态学研究，对生物圈不同区域的结构和功能进行了系统研究，并预测人类活动引起的生物圈及其资源的变化，以及这种变化对人类本身的影响。该计划旨在合理利用和保护生物圈的资源，保存遗传基因的多样性，改善人类与环境的关系，以寻找有效解决人口、资源、环境等问题的途径。两大计划对自然地理学的发展产生了较大影响，促进了对自然生态系统及自然保护的研究。

2. WCRP/ DIVERSITAS 研究计划

世界气候研究计划（World Climate Research Programme，WCRP）由世界气象组织（World Meteorological Organization，WMO）与国际科学理事会（International Council of Scientific Unions，ICSU）联合主持，是世界气候

计划（World Climate Programme，WCP）中最重要的一个子计划，始于 1980 年，是全球变化研究中开展较早的一个计划。WCRP 以物理气候系统为主要研究对象，在 1965 年启动的全球大气研究计划（Global Atmospheric Research Program，GARP）获得的大量观测资料的基础上，在对物理气候系统的定量理解、确定气候可预测的程度，以及人类对气候影响的程度研究中取得了重要进展。国际生物多样性计划（An International Programme of Biodiversity Science，DIVERSITAS）是由国际科学理事会环境问题科学委员会和联合国教科文组织共同主持的研究地球上生物多样性的国际全球变化研究计划。该计划的科学目标是将生物多样性的各种研究方法，从生物多样性在生态系统中的作用，到生态系统运行的社会经济方面，统一到一个连贯的国际框架中。自 1991 年国际生物多样性计划提出以来，生物多样性问题在全球范围内受到关注，从科学上不断推动生物多样性研究在全球范围内开展；与全球变化相联系，使生物多样性研究成为全球变化研究的一部分。

3. IGBP/ IHDP 研究计划

国际地圈-生物圈计划（International Geosphere-Biosphere Programme，IGBP）由国际科学理事会于 1988 年正式提出，1990 年进入执行阶段。IGBP 直接快速推动了 20 世纪 90 年代以来自然地理学的全面发展。该计划的科学目标是描述和理解控制整个地球系统相互作用的物理、化学和生物过程，支持生命的地球系统环境，地球系统发生着的变化，以及受人类活动影响的方式。IGBP 推动了自然地理过程研究、地表圈层相互作用研究及人地关系研究。在 IGBP 的核心计划中，1991 年设立的过去全球变化研究计划（Past Global Changes，PAGES）促进了自然地理学对环境演变的研究。晚第四纪、末次冰盛期和全新世等重点时段是 PAGES 关注的主要时段。国际全球环境变化人文因素计划（International Human Dimension Programme on Global Environmental Change，IHDP）最初由国际社会科学理事会（The International Social Science Council，ISSC）于 1990 年发起，时称人文因素计划（Human Dimensions Program，HDP）。1996 年，国际科学理事会联同国际社会科学理事会成为项目的共同发起者，项目名称则改为 IHDP。IHDP 的研究关注人类 - 自然耦合系统，其科学目标是探索个体与社会群体如何驱动局地、区域和全球尺度上发生的环境变化，这些变化所产生的影响，以及如何减缓和响应这些变化。

在 IGBP 和 IHDP 两大研究计划的推动下，以土地利用与土地覆被变化（land use and land cover change，LUCC）所代表的地表格局变化研究得到明显加强。LUCC 研究一方面强调与生态过程的紧密联系，另一方面对人文因素的关注程度也不断提高。2002 年，IGBP/IHDP 强调 LUCC 和全球变化与陆地生态系统（Global Change and Terrestrial Ecosystem，GCTE）研究计划的整合，将研究对象扩展到陆地人类 - 环境系统，更加强调生态系统功能与人类社会动态的紧密联系，并提出了土地变化科学（land change science）的研究范式。2004 年，GCTE 与 LUCC 整合形成的全球土地研究计划（Global Land Project，GLP），将量测、模拟和理解人类 - 环境耦合系统作为核心目标，进一步推动自然地理学研究向更加综合的方向发展。

4. 地球系统科学联盟

地球系统科学联盟（Earth System Science Partnership，ESSP）是由全球环境变化计划的四大姊妹计划（WCRP、DIVERSITAS、IGBP、IHDP）组建的合作组织，是来自不同领域、不同地区的研究者集合在一起对地球系统进行集成研究的联合体。由于日益严重的全球环境变化，由人类活动和自然过程相互交织的系统驱动，造成一系列陆地、海洋与大气的生物物理变化。ESSP 的科学目标是促进地球系统的集成研究，揭示正在发生的地球系统的变化，以及全球变化对可持续性影响的研究。在 2001 年的《阿姆斯特丹宣言》中，ESSP 将全球碳计划、全球水系统计划、全球环境变化与食物系统计划、全球环境变化与人类健康计划四项关乎人类生计与生存的关键可持续性问题确定为“联合计划”，并强调要采取综合集成、跨学科交叉的研究方法。

5.“未来地球”研究计划

2014 年，由 ICSU 和 ISSC 发起，联合国教科文组织、联合国环境规划署、联合国大学等组织共同牵头的“未来地球”研究计划（2014～2023 年）开始实施，旨在应对全球环境变化给各区域、国家和社会带来的挑战，加强自然科学与社会科学的沟通与合作，为全球可持续发展提供必要的理论知识、研究手段和方法。“未来地球”研究计划综合研究动态星球、全球可持续发展和可持续发展的转变，试图揭示：全球环境变化的原因和机制，人类发展对物种多样性、粮食安全、生态安全、水资源安全等的影响，增强环境恢复力以降低环境变化风险、保障未来地球繁荣发展的转变思路等科学问题。同时，“未来地球”研究计划还建议增强关键交叉领域的能力建设。

相继展开的一系列国际重大研究计划，对自然地理学的发展产生了广泛而深刻的影响。这些国际重大研究计划与相关研究，有助于描述和理解地球系统的运行机制、变化规律，以及人类活动对地球环境的影响，从而提高对未来环境变化及其对人类社会发展影响的预测和评估能力，为全球环境问题的宏观决策提供了重要科学依据。

二、国家战略需求加快了自然地理学的发展

地理学是经世致用的科学，也是“出思想”的重要学科领域。由于学科性质和特征，自然地理学在综合自然区划、自然资源综合考察、区域可持续发展、应对自然环境灾害及重大工程建设决策方面发挥了重要作用（翟金良，2012；傅伯杰，2017）。满足社会需求和占领科学前沿是任何学科都追求的目标（蔡运龙等，2009b）。社会需求是自然地理学发展的重要动力。面对国家战略需求，近年来中国支持了一系列重大研究项目和科学研究项目，培养了大批的自然地理学家，建立了全面的自然地理专业培养基地，集聚和加强了自然地理学的研究能力（蔡运龙，2010）。

1. 国家战略需求

中国不同时期的国家战略需求为自然地理学发展提供了天然土壤。20 世纪 50 年代开展的国情和自然调查推动了综合自然区划的快速发展。60 年代，在恢复发展农业生产过程中，逐步拓展了水热平衡、化学元素地表迁移、生物地理群落等研究方向。70 年代末，中国开始试点土地资源详查并于 80 年代全面启动了第一次全国土地资源调查，形成了土地类型图等系列成果，推动了综合自然地理的发展。80 年代，伴随着中国改革开放和经济快速发展，环境污染呈现显著加剧之势；相应地，自然地理学的分支学科环境地理学得到了逐步发展。2000 年以来，中国资源与环境问题频发，生态保护与灾害防治成为自然地理学研究新的重任。

目前，中国是世界上经济发展最快的国家之一，也是环境影响和资源利用最强烈的国家（傅伯杰等，2015）。中国面临着人口、资源、环境与发展的巨大压力，社会经济发展进程中所提出的资源环境基础科学问题越来越复杂。在走向可持续发展道路的征程中，需要自然地理学做出应有的积极贡献。

2006 年发布的《国家中长期科学和技术发展规划纲要（2006—2020 年）》提出了一系列与自然地理学相关的科学前沿议题：地球系统过程与资源、环境和灾害效应；人类活动对地球系统的影响机制；全球变化与区域响应。该纲要还设置了若干重点领域及其优先主题：水资源优化配置与综合开发利用、综合资源区划、生态脆弱区域生态系统功能的恢复重建、全球环境变化监测与对

策、城镇区域规划与动态监测、城市生态居住环境质量保障、重大自然灾害监测与防御。该纲要实施以来，中国自然地理学基础研究的整体水平、综合实力和国际影响力不断提高。

“十三五”期间，自然地理学服务于中国国家重大战略的方向有：气候及其他环境变化的区域响应与适应，新型城镇化过程及资源环境承载力预警，水、土资源可持续利用与食物供给安全，城市密集地区的环境污染与人类健康，生物多样性及生态系统服务与管理，大数据时代的地理学分析及可视化方法，资源环境大数据处理方法与地学知识新发现（傅伯杰等，2015）。2016 年启动的国家重点研发计划重点专项，与自然地理学相关的有：水资源高效开发利用、典型脆弱生态修复与保护研究、全球变化及应对、地球观测与导航等。

可以看出，自然地理学在解决国家资源利用、环境保护、生态建设、灾害管理等问题中，发挥了重要的作用。“生态文明”建设、“一带一路”倡议及“未来地球”研究计划的实施，又为自然地理学的发展提供了难得的机遇。

2. 国家研究项目支持

中国自然地理学家主持了一系列重大研究项目，不仅在提出和解决国家面临的一系列科学问题和实践问题上起到了重要作用，也集聚和加强了自然地理学的研究能力。近年来，中国实施的若干全球环境变化方面的大型研究计划，尤其是关于亚洲季风、黄土高原、青藏高原等有特色的研究，使得中国在区域自然地理学的研究中一枝独秀（冷疏影，2016）。

《国家自然科学基金“十三五”发展规划》中，与自然地理学有关的“地球科学”优先发展领域有：地球观测与信息提取的新理论、技术和方法，地表环境变化过程及其效应，土、水资源演变与可持续利用，地球关键带过程与功能，天气、气候与大气环境过程、变化及其机制，全球环境变化与地球圈层相互作用，人类活动对环境和灾害的影响。与自然地理学有关的“资源与环境科学”领域则将“进一步聚焦陆地表层系统多要素多尺度相互作用，理解水文过程、土壤过程和生态过程、区域气候过程及其耦合，转型期城市 / 区域人文 - 资源 - 环境过程与机理，空间对地观测系统等前沿方向；扶持土地变化科学、数据集成模型方法等薄弱研究方向；建立对环境综合观测及长期定位研究的稳定支持机制，促进学科稳定发展”作为战略任务[①]。

2001～2017 年，国家自然科学基金（National Natural Science Foundation of

① 国家自然科学基金“十三五”发展规划. http://www.nsfc.gov.cn/nsfc/cen/bzgh_135/10.html[2021-02-02].

China，NSFC）资助自然地理的项目中，面上项目、青年基金、地区基金资助增加速度均较快（图 3-2），重点项目、杰青基金和优青基金项目较为稳定。国家自然科学基金对中国自然地理学研究发挥了重要作用。1986～2015 年，发表中文核心期刊论文数量 TOP100 的作者中，86% 受到 NSFC 地理科学项目的资助，发表 SCI/SSCI 主流期刊论文数量 TOP100 的作者中，77% 受到 NSFC 地理科学项目的资助（冷疏影，2016）。

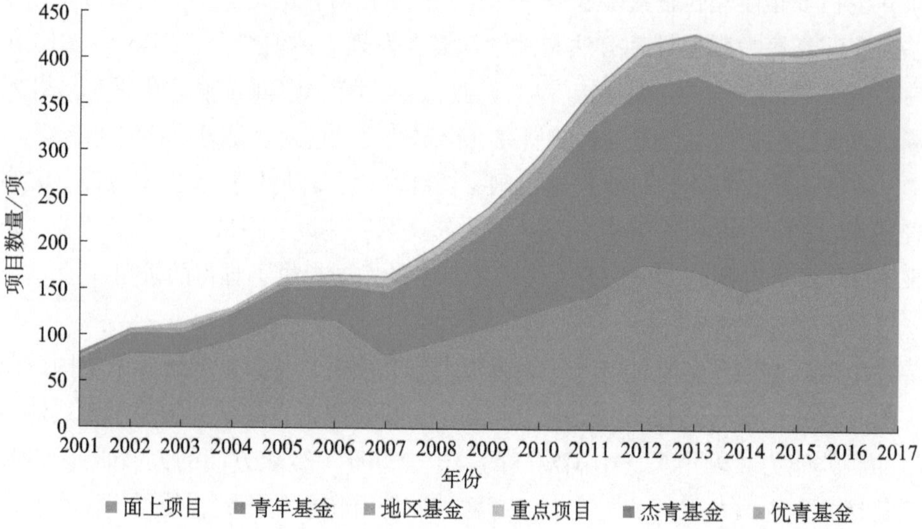

图 3-2 2001～2017 年 NSFC 资助自然地理学研究项目

3. 研究队伍建设

近年来，国家自然科学基金持续、稳定的资助，对中国自然地理学研究的推动及人才队伍的不断扩大发挥了重要作用。目前，国家自然科学基金人才系列资助项目中，自然地理学领域每年有 5～6 项的杰青基金项目和优青基金项目，发挥了高端引领、凝聚海内外人才的带动示范作用，也形成了创新拔尖人才的品牌效应。

从国家自然科学基金反映出的研究队伍建设来看，自然地理学领域的申请机构数量和 SCI/SSCI 主流期刊发文机构数量均呈现增加态势，说明中国从事自然地理学基础研究的机构在增加，且国际化水平正在逐步提高（冷疏影，2016）。自然地理学领域的项目申请数量由 2001 年的 346 项增加到 2017 年的 1527 项，获得资助的项目数量由 2001 年的 82 项增加到 2017 年的 442 项。青年科学基金项目申请数量由 2001 年的 39 项增加到 2017 年的 618 项，资助率约为 33%。青年科学基金的选题关键词体现了青年地理学者的研究主题，也体现了青年地理学者对地学新技术、新方法较强的接受能力和学习能力，较面上项目更能反映学科的创新点和爆发点（范闻捷等，2018）。

科研院所和高校是自然地理学研究和人才培养的主力队伍。近年来，除了传统的地理学研究的科研院所和高校外，一些地理学以外的地学研究单位（如地质、矿业、大气、水利、海洋院校）纷纷设立了与资源环境研究有关的专业，一些非地学单位（如农、林、财经院校等）也开始关注区域发展和人与环境问题。在高校学科和体制调整及中国科学院等研究单位创新基地建设的过程中，中国建立了若干新的自然地理学研究基地（一流高校）和重点学科（一流学科），加强了自然地理学作为基础学科的地位。

三、学科交叉与融合促进了自然地理学的发展

地理学从建立之初就强调自然科学和人文科学的交叉（傅伯杰，2017）。在自然地理学的发展过程中，其他相邻学科的发展，促进了自然地理学的发展。自然地理学积极参与全球变化研究，与全球环境变化研究涉及的其他学科广泛合作，相邻学科之间的交叉、渗透与融合越来越密切，自然地理学在空间格局及空间影响分析方面具有独特的作用，不仅在空间影响及其管理方式方面对全球变化研究和对策做出了重要贡献，也大大推动了相邻学科之间理论和方法借鉴、渗透与融合，发现了新的学科生长点，进一步发展了自然地理学的理论。

1. 自然地理学与生态学的交叉与融合

作为地理学与生态学结合的产物，景观生态学是 20 世纪 70 年代以来发展起来的一门新兴交叉学科，在 80 年代后期成为研究热点。景观生态学关于格局和过程的刻画，充分发挥了地理学和生态学各自的优势，这也是 1986 年以来“景观”始终作为自然地理学重要关键词的原因。自然地理学的生态化表征为：生态学的关系型范式在自然地理过程研究中得到广泛应用，生态（生物）地理过程与地域划分研究在自然地理学中的重要性不断提高。借鉴生态学理论，深入研究陆地表层地域系统的结构功能及动态演变过程，在土地利用的生态效应、景观结构及生态过程方向上取得了一系列创新性的成果（冷疏影和宋长青，2005）。近年来，关于生态系统服务的研究又将自然过程研究与可持续性研究紧密联系起来（李双成，2014；潘竟虎和潘发俊，2018；赵忠宝等，

2020），进一步提升了自然地理学和生态学的学科价值。

2. 自然地理学与环境科学的交叉与融合

经济快速发展带来的生态破坏和环境污染问题，对陆地表层系统产生了深刻的影响（陶澍等，1988）。人类活动造成了温室气体增加、大气污染与酸雨蔓延、水质恶化与水资源危机、土地退化与荒漠化加剧、流行病增多与健康风险加重等问题（IPCC，2014）。资源环境已经从发展的条件演变为制约国家安全的一个关键因素，人与环境关系内涵发生了重大改变（吴绍洪等，2015）。自然地理学将环境地理、环境地球化学、环境化学、环境毒理学等相关学科的研究思路、研究方法和研究手段紧密结合起来，针对污染物的环境过程、环境行为、生态效应、生态风险展开研究，形成了微观机理、宏观过程、生态效应相结合的研究框架（蔡运龙，2010），从区域层面提出全球环境变化的适应策略。

3. 自然地理学与风险科学的交叉与融合

近年来，应对重大自然灾害的经验使得风险防范领域的学者认识到，规避灾害风险比抢险救灾具有更重要的战略意义。国际上自然灾害风险规避的内容拓展到全球环境变化领域。对风险的研究和防范不再仅限于社会经济等单一领域，而是多领域、多学科的综合风险防范（王仰麟等，2011）。自然灾害风险具有显著的区域特征，需要从区域的角度进行研究和防范，而自然地理学主导的陆地表层格局研究是综合风险防范重要的科学基础（吴绍洪等，2015）。IPCC 发布的《管理极端事件和灾害风险推进气候变化适应特别报告》（Managing the Risks of Extreme Events and Disasters to Advance Climate Change Adaptation，SREX）指出，全球极端气候事件已经并将继续发生变化，与天气和气候灾害有关的经济损失已经并将可能继续增加，需要有效管理不断变化的极端气候和灾害风险，而灾害风险区划就是管理的手段之一（IPCC，2012）。

4. 自然地理学与社会科学的交叉与融合

自然地理学本身就具有文化性，其所关注的人类活动（包括文化的、经济的和管理的）是复杂自然系统中的重要变量和反馈机制，因此需要更为系统的理论和方法。文化自然地理学的研究论题包括：如何鉴赏自然或景观，以综合的地理观研究技术、文化和自然资源之间的相互联系，生态系统和人类社会系统之间的复杂相互作用，景观和文化，环境的文化建设，环境设计等（蔡运龙，2010）。自然地理学的人文化表征是为顺应全球化发展趋势，解决人口、资源与环境之间的矛盾，以及在自然地理学领域出现的一系列重大问题而产生的地理学知识领域的学术变革和范式变迁，也是对传统自然地理学研究视角和方法论的创新（李雪铭和李建宏，2010；李双成等，2011）。

在学科交叉与融合中，需借鉴相邻学科方法，建立和发展自然地理学研究方法体系，尤其需要提倡研究方法的多样化。需要更多地引入现代物理、化学，尤其是现代生物学技术、材料科学技术和信息技术，借鉴地球科学中相邻学科技术体系建立的经验，建立和发展地理学实验、分析和监测技术体系（蔡运龙等，2009a）。

第四节　自然地理学的研究特点

从自然地理学的发展过程可以看出，自然地理学研究具有整体性、综合性、区域性、交叉性、尺度性、动态性和多样性的特点。

一、整体性

“整体大于部分之和”是系统论的基本定律。自然地理学的研究对象是地球表层系统，地球表层系统具有整体性是自然地理的基本规律。各种自然地理现象和过程紧密联系与相互影响，使得某一要素的变化可能引起整体格局的变化（吴绍洪等，2015）。地球表层系统的整体性，不是简单地表现在成分的组合上，地球表层系统是由各组分以某种方式进行相互联系、相互作用而形成的有机整体。地球表层是由各组分间的相互联系所建立起来的网络结构，这种结构能承担一定的整体功能，形成一个整体效应，尤其是起着协同作用的效应。自然地理学的整体性，既不能简化为各种组分，也不能离开组分去谈整体，而只能从组分之间的相互联系和相互作用去认识。整体性的强弱取决于各组分结构的完备性和功能的协调性。

二、综合性

综合性是自然地理学研究的基本思维。自然综合体的思想在 17 世纪就已萌芽。综合研究就是要将地球表层的形态与本质、结构与功能、格局与过程、稳定与变化、时间与空间等结合起来；将地球表层地貌、气候、水文、植被、土壤等基本要素融为一体，既要研究各要素之间的联系，又要研究要素与其周围现象之间的联系。综合研究既是发展自然地理学的主要方向，同时又能推动部门自然地理学的发展。综合性研究分为不同的层次：两个要素相互关系（如气候和水文的关系、土壤和植物的关系等）的综合研究，多个要素相互关系（如地貌、水文、气候、植被和土壤的关系）的综合研究，地球表面全部要素（包括自然、经济、政治、社会文化）之间相互关系的综合研究等。地理学存在的理由在于综合，综合性是地理学的优势，地理学最大的困难也是综合（傅伯杰，2014）。由于人地系统的复杂性，目前还难以做到真正、全面的综合分析。

三、区域性

在自然地理学的发展过程中，不论是以赫特纳（Alfred Hettner）为代表的区域学派还是以帕萨格（Siegfried Passarge）为代表的景观学派，都强调自然地理学研究的区域性。自然地理学的区域性有两个层面：区域之间的差异性及区域之间的相关性。由于各区域自然禀赋、历史发展、社会经济水平等的差别，各区域的自然地理问题表现出区域差异性。因此，大量的研究工作要从具体区域着手（如大洋、大洲、国家、流域、山地、平原、地区、城市、农村等）（陆大道，2015）。地球表层是由不同地质构造、不同地貌单元、不同社会和经济要素、不同物体及其形态组成的综合体，地球表层具有各种不同的地理结构，构成了多样的地域系统。系统内地物之间存在相关性，一般来说，距离越近，区域间相关性越大。区域性的两个层面较好地体现在托布勒（Tobler）提出的地理学第一定律和古德柴尔德（Goodchild）提出的地理学第二定律中。

四、交叉性

现代科学发展的基本特点之一是从单一运动形态的研究走向多运动形态及相互渗透、相互联系的综合研究。边缘学科和学科交叉研究已经成为创新思想及源头创新的沃土。不论是地球系统科学联盟，还是“未来地球”研究计划，都强调交叉研究。自然地理学与相邻学科（如生态学、环境科学、资源科学、生物学及社会科学等）之间横向交叉、渗透和融合趋势日益明显（中国科学技术协会和中国地理学会，2009）。学科的融合、理论和方法的移植，提高了自然地理学研究水平并推动其不断开拓新的研究领域，如公共健康、环境行为、食物安全等，形成新的边缘学科和交叉学科（李双成等，2011）。一些面向特定对象的综合研究，如湿地研究、山地研究、沙漠与沙漠化研究、冰冻圈研究、自然灾害与风险管理都融合了多种相邻学科，成为这些特定对象综合研究的生长点。

五、尺度性

空间分异规律的揭示是自然地理学的核心内容（蒙吉军，2020）。同一个地理问题，研究尺度不同，揭示的问题本质可能大相径庭。尺度包括空间尺度和时间尺度两个方面。卡德诺（Cardenal）在《自然地理学》中，将自然地理尺度研究分为全球尺度、区域尺度和地方尺度三种尺度（Cardenal，1977）。索恰瓦（Сочава）在《地理系统学说导论》中，将地理系统的研究分为行星级序、区域级序和局地级序三个等级（Сочава，1978）。大尺度研究关注全球或全大陆范围内的分异规律和内部结构特征，从而揭示全球或全大陆的总体特征；中尺度研究关注国家或大地区范围内区域总体特征和地域分异规律，以及该地区对大尺度区域分异的作用；小尺度研究关注局部区域特征和分异规律，以及该地区对中尺度区域分异的作用。自然地理学应该重视不同尺度的研究，尤其关注百年、十年尺度和全球及区域尺度，着力探索不同尺度之间的关系（蔡运龙等，2009a）。

六、动态性

18 世纪中期，罗蒙诺索夫（Ломоносов）就提出了自然是统一的、普遍变化的观点。19 世纪，自然地理学开始由静态研究走向动态研究。自然地理要素均呈现不断变化的动态过程。这种变化有周期性的，也有非周期性的；有长周期的，也有短周期的。现代自然地理现象是历史发展演变的结果。尤其是对气候变化的深入研究使自然地理学家认识到，陆地表层格局呈现动态变化规律，需要从静态格局研究向动态格局研究发展（刘纪远和邓祥征，2009；傅伯杰，2014）。近年来，地理学被赋予了“解释过去，服务现在，预测未来”的新使命（傅伯杰等，2015）。用动态的观点研究自然地理学，要求将现代自然地理现象作为历史发展的结果和未来发展的起点，要求研究不同发展时期和不同历史阶段自然地理现象的发生、发展及其演变规律。根据现有观测资料和各种代用资料（如存留于树轮、冰心、湖心、石笋和珊瑚等中的多种类型的高分辨率自然变化的信息），对区域未来发展做出预测（国家自然科学基金委员会，1998），根据预测结果进行适应性管理，是自然地理学在资源环境领域的重要应用方向。

七、多样性

地球表面的复杂性和自然地理学不同的学术传统决定了研究方法的多样性。从地理大发现对地球表面的探索到 18 世纪末洪堡的美洲科考和 19 世纪末李希霍芬（Richthofer）的亚洲科考，野外考察一直是自然地理学研究的首要方法。20 世纪 60 年代以来，以定量观测分析代替定性描述、以模拟实验补充野外观察、以数学模型探索复杂的自然地理过程并进行预测成为自然地理学研究的重大变革（蒙吉军，2020）。70 年代后，遥感和地理信息系统技术的飞速发展，提高了野外考察的速度和精度，加强了地理数据处理分析和模拟的能力，“3S” 技术已融入地理学研究的各个环节，实现了地理现象的可表达、可观测、可计算与可服务（傅伯杰等，2015）。现代自然地理学研究，大部分数据和第一手资料主要来自野外考察；地理定位研究、室内实验分析、地理数据的计算机处理、各种自然地理现象的实验室模拟（包括物理模型模拟和计算机模拟）等迅速发展，不仅大大提高了工作效率，还获得了过去所没有的大量资料和数据，促进了自然地理学的发展。

本章参考文献

蔡运龙 . 2000. 自然地理学的创新视角 . 北京大学学报 (自然科学版), 36(4): 576-582.

蔡运龙 . 2010. 当代自然地理学态势 . 地理研究 , 29(1): 1-12.

蔡运龙 , 宋长青 , 冷疏影 . 2009a. 中国自然地理学的发展趋势与优先领域 . 地理科学 , 29(5): 619-626.

蔡运龙 , 李双成 , 方修琦 . 2009b. 自然地理学研究前沿 . 地理学报 , 64(11): 1363-1374.

陈传康 , 伍光和 , 李昌文 . 1993. 综合自然地理学 . 北京 : 高等教育出版社 .

大卫 · 哈维 . 1996. 地理学中的解释 . 高泳原 , 刘立华 , 蔡运龙 , 译 . 北京 : 商务印书馆 .

戴尔阜 , 马良 . 2018. 土地变化模型方法综述 . 地理科学进展 , 37(1): 152-162.

恩格斯 . 1971. 自然辩证法 . 中共中央马克思恩格斯列宁斯大林著作编译局 , 译 . 北京 : 人民

出版社 .
范闻捷 , 高锡章 , 冷疏影 . 2018. 青年科学基金助推地理学研究创新与综合 . 地理科学进展 , 37(4): 451-464.
傅伯杰 . 2014. 地理学综合研究的途径与方法：格局与过程耦合 . 地理学报 , 69(8): 1052-1059.
傅伯杰 . 2017. 地理学：从知识、科学到决策 . 地理学报 , 72(11): 1923-1932.
傅伯杰 . 2018. 新时代自然地理学发展的思考 . 地理科学进展 , 37(1): 1-7.
傅伯杰 , 冷疏影 , 宋长青 . 2015. 新时期地理学的特征与任务 . 地理科学 , 35(8): 939-945.
国家自然科学基金委员会 . 1998. 全球变化 : 中国面临的机遇和挑战 . 北京 : 高等教育出版社 .
黄秉维 . 1960. 自然地理学一些最主要的趋势 . 科学通报 , 5(10): 296-299.
黄秉维 . 2003. 地理学综合研究 . 北京 : 商务印书馆 .
冷疏影 . 2016. 地理科学三十年 : 从经典到前沿 . 北京 : 商务印书馆 .
冷疏影 , 宋长青 . 2005. 中国地理学面临的挑战与发展 . 地理学报 , 60(4): 553-558.
李双成 . 2014. 生态系统服务地理学 . 北京 : 科学出版社 .
李双成 , 许学工 , 蔡运龙 . 2011. 自然地理学方法研究与学科发展 . 中国科学院院刊 , 26(4): 399-406.
李雪铭 , 李建宏 . 2010. 自然地理学的文化转向 . 地理科学进展 , 29(6): 740-746.
刘纪远 , 邓祥征 . 2009. LUCC 时空过程研究的方法进展 . 科学通报 , 54(21): 3251-3258.
刘焱序 , 杨思琪 , 赵文武 , 等 . 2018. 变化背景下的当代中国自然地理学——2017 全国自然地理学大会述评 . 地理科学进展 , 37(1): 163-171.
陆大道 . 2015. 地理科学的价值与地理学者的情怀 . 地理学报 , 70(10): 1539-1551.
鹿化煜 . 2018. 试论地貌学的新进展和趋势 . 地理科学进展 , 37(1): 8-15.
吕一河 , 傅微 , 李婷 , 等 . 2018. 区域资源环境综合承载力研究进展与展望 . 地理科学进展 , 37(1): 130-138.
美国国家科学院研究理事会 . 2011. 理解正在变化的星球 : 地理科学的战略方向 . 刘毅 , 刘卫东，等译 . 北京 : 科学出版社 .
美国国家研究院地学、环境与资源委员会，地球科学与资源局重新发现地理学委员会 . 2002. 重新发现地理学——与科学和社会的新关联 . 黄润华 , 译 . 北京 : 学苑出版社 .
蒙吉军 . 2020. 综合自然地理学 . 第 3 版 . 北京 : 北京大学出版社 .
潘竟虎 , 潘发俊 . 2018. 区域生态系统质量与生态系统服务评估——以甘肃省为例 . 北京：科学出版社 .
彭建 , 毛祺 , 杜悦悦 , 等 . 2018. 中国自然地域分区研究前沿与挑战 . 地理科学进展 , 37(1): 121-129.

彭书时，朴世龙，于家烁，等. 2018. 地理系统模型研究进展. 地理科学进展，37(1): 109-120.
陶澍，陈静生，邓宝山，等. 1988. 中国东部主要河流河水腐殖酸的起源、含量及地域分异规律. 环境科学学报，8(3): 286-294.
田富强，程涛，芦由，等. 2018. 社会水文学和城市水文学研究进展. 地理科学进展，37(1): 46-56.
王恩涌，许学工. 2008. 地理学是什么. 北京：北京大学出版社.
王仰麟，蒙吉军，刘黎明，等. 2011. 综合风险防范——中国综合生态与食物安全风险. 北京：科学出版社.
吴绍洪，高江波，潘韬，等. 2018. 气候变化风险及其定量评估方法. 地理科学进展，37(1): 28-35.
吴绍洪, 赵艳, 汤秋鸿, 等. 2015. 面向"未来地球"计划的陆地表层格局研究. 地理科学进展, 34(1): 10-17.
杨大文，徐宗学，李哲，等. 2018. 水文学研究进展与展望. 地理科学进展，37(1): 36-45.
约翰斯顿 R J. 1999. 地理学与地理学家. 唐晓峰，译. 北京：商务印书馆.
翟金良. 2012. 地理学："出思想"的重要学科领域. 中国科学院院刊，27(5): 611-617.
张甘霖，史舟，王秋兵，等. 2018. 土壤地理学的进展与展望. 地理科学进展，37(1): 57-65.
赵文武，刘月，冯强，等. 2018. 人地系统耦合框架下的生态系统服务. 地理科学进展，37(1): 139-151.
赵忠宝，李克国，等. 2020. 区域生态系统服务功能及生态资源资产价值评估：以秦皇岛市为例. 北京：中国环境出版社.
郑景云，方修琦，吴绍洪. 2018. 中国自然地理学中的气候变化研究前沿进展. 地理科学进展，37(1): 16-27.
中国大百科全书编辑委员会. 1999. 中国大百科全书·地理学卷. 北京：中国大百科全书出版社.
中国科学技术协会，中国地理学会. 2009. 2008-2009 地理学学科发展报告（自然地理学）. 北京：中国科学技术出版社.
Bondre N, Seitzinger, S, Broadgate W. 2015. Towards Future Earth: evolution or revolution? Global Change, 84: 32-35.
Cardenal J. 1977. Physical Geography. New York: Harper' s College Press.
Сочава. 1978. Вседение в учение о геосистемах. Новосибирск.
Future Earth. 2014. Future Earth 2025 Vision. https://futureearth.org/wp-content/uploads/2019/03/future-earth_10-year-vision_web.pdf[2021-03-03].

Gregory K J. 2000. The Changing Nature of Physical Geography. London: Arnold.

Hanson S. 1997. Ten Geographic Ideas that Changed the World. New Brunswich: Rutgers University Press.

IPCC. 2012. Managing the Risks of Extreme Events and Disasters to Advance Climate Change Adaptation (SREX). Cambridge, UK: Cambridge University Press.

IPCC. 2014. Climate Change 2014: Impacts, Adaptation, and Vulnerability. Cambridge, UK: Cambridge University Press.

Kates R W, Burton I. 1986. Geography, Resources and Environment. Chicago: University of Chicago Press.

Millennium Ecosystem Assessment. 2005. Ecosystems and Human Wellbeing: Synthesis. Washing DC: Island Press.

Pitman A J. 2005. On the role of geography in earth system science. Geoforum, 36:137-148.

第四章
自然地理学总体发展态势

21 世纪以来，在科学发展与社会需求的驱动下，自然地理学的性质、内容、方法、作用等都发生了大幅变化，既继承了传统自然地理学思想，又吸收了其他学科的先进理念。自然地理学研究从早期的整体发展，到内部各个分支学科纷纷脱离母体；从极力融入自然科学的“范型学科”体系，到当代自然地理学的多元化发展；从研究区域性的自然环境特征，到关注全球性的环境变化与人类福祉，自然地理学发展被时代赋予了新的含义和使命（傅伯杰，2017）。目前，自然地理学研究主题已逐渐从传统的自然地理格局研究向格局与过程耦合、可持续发展议题转变，研究方法逐渐走向综合性与定量化，并正在实现微观过程机理与宏观格局的结合，呈现出新的发展态势（傅伯杰，2018；宋长青等，2020a，2020b）。

本章在分析国内外历史文献等数据的基础上，与国际研究潮流、国家区域发展需求相结合，梳理 21 世纪以来国际大环境下我国自然地理学的总体现状与发展态势。通过透视当代自然地理学学科发展的新局面，比较自然地理学国际与国内、当下与过去的发展态势。主要包括以下两方面的内容：国际上自然地理学学科的发展状况与趋势；中国自然地理学的发展动态。

第一节　自然地理学的国际发展态势

近几十年来，随着全球人口、资源和环境等诸多方面问题的出现，人类的可持续发展面临着极大的挑战。自然地理学以陆地表层自然要素为研究对象，强调人地关系、自然和人文要素的综合，具有推动全球可持续发展目标实践的天然优势，在全球环境变化和全球经济一体化中扮演着重要角色，其理论界定、学科体系、方法和技术已经成为解决人类社会可持续发展问题的科学基础。全面和及时把握自然地理学的国际发展规律和趋势，凝练关键科学问题和战略方向，寻找新的学科增长点，对推动国际自然地理学乃至地理学的发展具有重要意义。本节是对自然地理学国际发展态势的总体评介，通过对国际自然地理学博士学位论文和国际主流期刊的数量、关键词、共现关系等方面的定量分析，探索国际自然地理学的发展态势，以期服务于自然地理学乃至地理学的发展。

一、基于博士学位论文分析的自然地理学国际发展态势

基于 ProQuest 平台（https://search.proquest.com/databases），按照该平台的学科与专业分类体系进行检索：Earth and Environment Science（一级学科），Earth and Environment Science（二级学科），Physical Geography（三级学科），得到 1431 篇国际自然地理学博士学位论文，检索时间为（2018 年 8 月）。检索到的论文主要来源于美国和加拿大。

自然地理学博士学位论文的数量统计如图 4-1 所示。早在 1970 年之前就有相关博士学位论文研究，但数量较少，直至在 20 世纪 90 年代前相关研究尚处于萌发状态。20 世纪的最后一个 10 年（1990～2000 年）是博士学位论文数量急速增长时期，特别是 1995～2000 年呈现指数增长趋势。2000～2010 年博

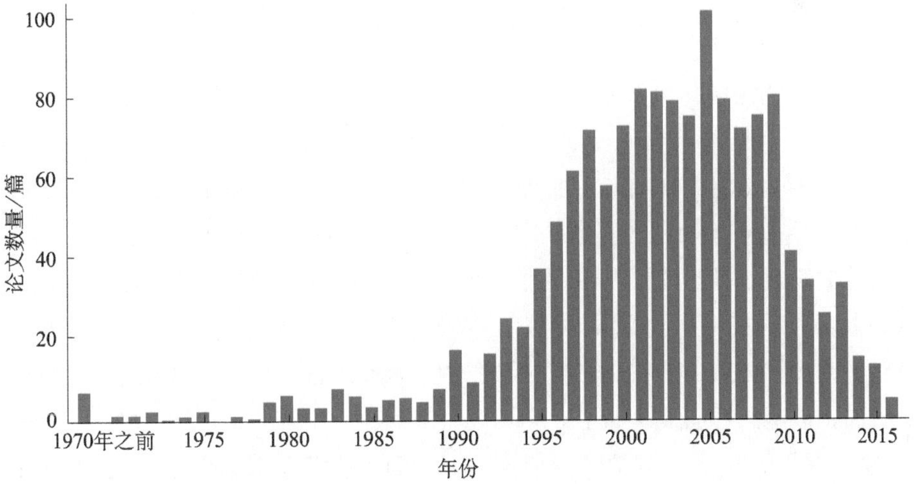

图 4-1　ProQuest 平台的国际自然地理学博士学位论文数量

士学位论文数量基本持平，在 2005 年出现峰值，整体都维持在较高数量，该时期为自然地理专业的稳步发展时期。2010 年之后博士学位论文数量有所减少，可能与自然地理学分支学科的不断分化有关。

从研究区域与单元、研究主题与对象、研究方法与途径三个方面对国际自然地理学博士学位论文的关键字进行统计，梳理国际自然地理学博士学位论文的发展概况。论文关键词的云图见表 4-1。

表 4-1　国际自然地理学博士学位论文关键字词云

分类	2000 年之前	2001～2004 年	2005～2009 年	2010～2014 年	2015～2016 年
研究区域与单元			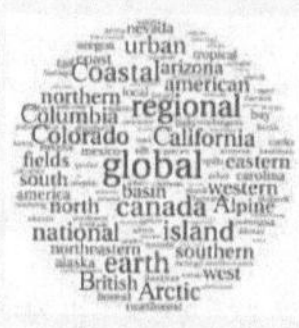		
研究主题与对象					
研究方法与途径					

（1）研究区域与单元方面：2000 年之前，出现较多的关键词可以归纳为三种类型，分别是地区名称（如 California、Colorado），方位名词（如 southern、north），空间尺度（如 regional、basin）。可以发现，在 2000 年之前，研究区域与单元侧重于中小尺度的局部研究。2001～2004 年出现了 global 和 earth 等大尺度关键词，研究单元开始从小范围向大尺度过渡。2005 年之后，global 和 earth 持续受到关注，国际自然地理学博士学位论文研究中全球问题成为研究的热点和重点。在 2015～2016 年的研究中，Antarctic 和 Arctic 等关键词出现频率增加，极地问题得到重视。

（2）研究主题与对象方面：所有时间段的研究对象都集中在 climate、forest、vegetation 等方面，表明自然地理学研究对象具有多圈层耦合的特征。

不同时期词频中 climate 都占较高频次，气候变化对其他地理实体的影响不可忽视；同时，极端气候也是影响全球变化的重要因素。此外，与人类社会关系密切相关的 landscape、land 等关键词一直受到重视，显示人地耦合关系研究是国际自然地理学研究中的重要方向。

（3）研究方法与途径方面：2000 年之前集中在 GIS、modeling、analysis、data、effect 等方面，表明自然地理学基于多种数理分析手段，揭示自然地理的现象和特征。2005 年之前，GIS 作为地理数据分析的重要手段得到重视；2005 年之后，GIS 出现频率减少，这可能是由于地理空间数据获取途径增加、数据类型多样，地理信息分析方法也在不断完善和细化，在关键词中体现为各种更为精准的名词。2010 年之后，remote 和 sensing 出现次数较多，遥感具有全天时、全天候、多尺度的数据服务特征，为自然地理学的研究提供了重要的数据支撑。2015～2016 年，data、models、analysis、effect、spatial 等出现次数较多，表明自然地理学研究更加强调模型、效应分析、机理探究和空间关系等方面。

综上所述，国际自然地理学博士学位论文研究开展早，表现出精细化、多尺度、人地耦合和模型化的特点。博士学位论文的研究尺度不断拓展，从中小尺度的局部研究逐步扩展到极地、全球等范围。研究主题与对象重视空间格局、地表过程、人地耦合、可持续发展，强调地理学知识描述（格局调查制图 / 资源开发分区）–格局与过程耦合（持续利用调控 / 生态系统服务）–复杂人地关系模拟（人地系统耦合 / 模型模拟预测）的综合和系统研究。研究方法已从“重表象，看地图”发展为空间实体与空间关系探究、多分辨率海量数据筛选、多维显示的数字地球系统等，研究手段更加丰富多元。

二、基于期刊文献分析的自然地理学国际发展态势

学术期刊是学术研究成果展示与交流的重要平台。本节整理筛选了 84 个自然地理学相关的国际主要期刊，具体期刊见表 4-2。在 Web of Science 数据库中（https://apps.webofknowledge.com），收集被选期刊的题录信息，提取关键词，通过分析关键词共现图谱，探究国际期刊论文所展现的自然地理学发展态势。

表 4-2 统计分析的 84 个国际自然地理学相关期刊

分支学科	期刊	影响因子（2019年）	分支学科	期刊	影响因子（2019年）
土壤学	*Land Degradation and Development*	3.775	水文学	*Water Research*	9.130
	Soil Biology and Biochemistry	5.795		*Hydrology and Earth System Sciences*	5.153
	Geoderma	4.848		*Water Resources Research*	4.309
	Soil and Tillage Research	4.601		*Journal of Hydrology*	4.500
	European Journal of Soil Science	3.742		*Journal of Hydrometeorology*	3.891
	Plant and Soil	3.299		*Advances in Water Resources*	4.016
	Journal of Soils and Sediments	2.763		*Hydrological Processes*	3.256
	Catena	4.333		*Water Resources Management*	2.924
海洋地理学	*Oceanography*	3.431	地貌学	*Gondwana Research*	6.174
	Paleoceanography	3.313		*Geology*	4.768
	Progress in Oceanography	4.060		*Solid Earth*	2.921
	Marine Geology	3.040		*Landslides*	4.708
	Journal of Physical Oceanography	3.318		*Earth Surface Processes and Landforms*	3.694
	Ocean Modelling	3.215		*Journal of Geophysical Research-Planets*	3.717
	Journal of Geophysical Research-Oceans	3.559		*Quaternary Geochronology*	3.079
生物地理学	*Trends in Ecology and Evolution*	14.764		*Journal of Geophysical Research: Earth Surface*	3.558
	Ecology Letters	8.665		*Geomorphology*	3.819
	Global Change Biology	8.555	综合自然地理学	*Nature Geoscience*	13.566
	Frontiers in Ecology and the Environment	9.295		*Annual Review of Earth and Planetary Sciences*	9.089
	Ecological Monographs	7.722		*Earth-science Reviews*	9.724
	Conservation Letters	6.766		*Global Environmental Change-Human and Policy dimensions*	10.466
	Global Ecology and Biogeography	6.446		*Landscape and Urban Planning*	5.441
	Ecography	6.455		*Landscape Ecology*	3.385
	Diversity and Distribution	3.993		*Ecosystem Services*	6.33
	Journal of Biogeography	3.723		*Earth Surface Dynamics*	3.928
	Geobiology	4.385		*Land Use Policy*	3.682

续表

分支学科	期刊	影响因子（2019年）	分支学科	期刊	影响因子（2019年）
气候学	*Nature Climate Change*	20.893	地理系统模型模拟	*Advances in Geophysics*	4.500
	Bulletin of the American Meteorological Society	9.384		*Journal of Advances in Modeling Earth Systems*	4.327
	Journal of Climate	5.707		*Geoscientific Model Development*	5.24
	Climate Dynamics	4.486		*Earth System Dynamics*	3.866
	Agricultural and Forest Meteorology	4.651		*International Journal of Geographical Information Science*	3.733
	Journal of Geophysical Research: Atmospheres	3.821	自然地理学交叉期刊	*Global Biogeochemical Cycles*	4.608
	International Journal of Climatology	3.928		*Earth and planetary science letters*	4.824
	Climate of the Past	3.536		*Cryosphere*	4.713
	Atmospheric Research	4.676		*Quaternary Science Reviews*	3.803
	Climatic Change	4.134		*Global and Planetary Change*	4.448
地理系统模型模拟	*Reviews of Geophysics*	21.449		*Journal of Geophysical Research: Solid Earth*	3.639
	Earth System Science Data	9.197		*Progress in Physical Geography*	3.639
	Remote Sensing of Environment	9.085		*Geophysical Research Letters*	4.497
	ISPRS Journal of Photogrammetry and Remote Sensing	7.319		*Science of The Total Environment*	6.551
	Environmental Modelling and Software	4.807		*Journal of Cleaner Production*	7.246
	Earth and Planetary Science Letters	4.824		*Ecological Indicators*	4.229

按照时间顺序，对国际自然地理学关键词进行共现图谱展示，图 4-2 为 2000～2009 年国际自然地理学关键词共现图谱。就研究尺度而言，该时期的研究既存在 United States、Canada、New Zealand、California、area、zone、region 等中小尺度，也存在 nino、north atlantic、sea 等大尺度全球问题。研究对象涉及 climate、climate change、atmosphere、flow、rainfall、water、temperature、ocean、sediment、soil、carbon、forest 等自然地理各种要素。其研究内容主要表现在如下方向：①注重自然地理现象的空间分布，如出现了 distribution、abundance 等关键词；②关注自然地理现象的时间和空间动态过程：flow 与 transport 共现、temperature 与 variability 共现等；③关注地理特殊区和生态敏

感区，如 north atlantic 与 sensitivity 共现、basin 与 chemistry pollution 共现等；④模式与决策并重，如热点词中出现 pattern、management 等词。在研究方法与途径方面，model simulation、parameterization 等关键词位置突显，国际研究中模型和模拟等手段得到重视和使用。

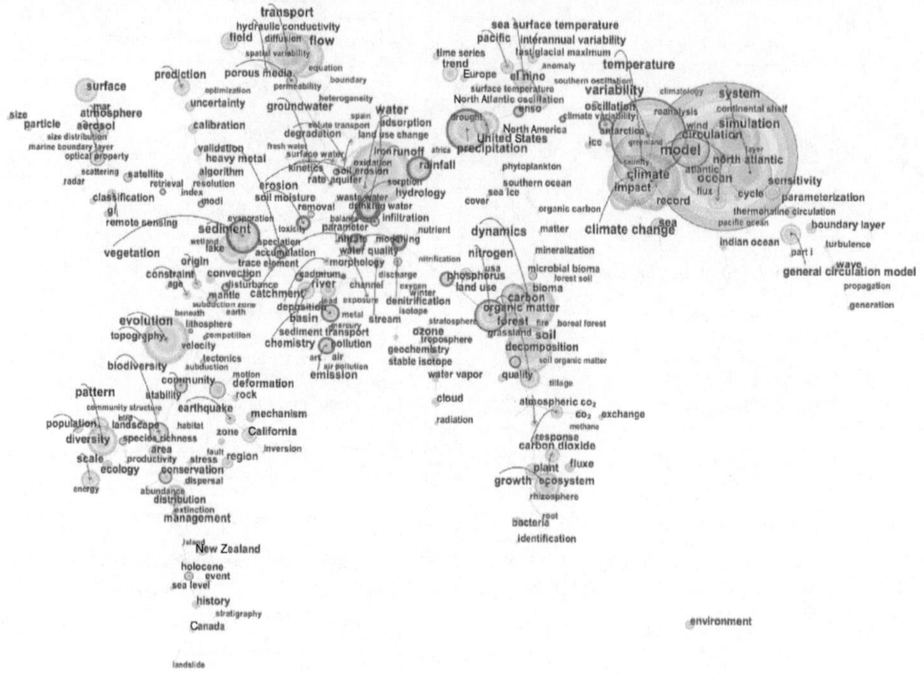

图 4-2　2000～2009 年国际自然地理学关键词共现图谱

2010～2018 年国际自然地理学关键词共现图谱如图 4-3 所示，在这一阶段自然地理的研究区域与单元依旧呈现区域和全球研究并重的趋势，研究主题与对象中 climate、climate change、temperature、water、flow、rainfall、carbon、nitrogen、phosphorus、organic matter 等依旧是热点词汇。值得注意的是，相比 2000～2009 年，risk assessment 与 drinking water、waste water、surface water 等词共现，国内外开始加大关注与人类福祉关系最为紧密的水资源安全问题；同时，ecology、ecosystem service 与 conservation、community、management、ecosystem、sustainability 等词共现，生态系统服务逐渐被重视。在研究方法与途径方面，model、simulation、uncertainty、optimization、prediction、time series 等与 remote sensing、satellite 等共现。随着遥感技术的快速发展，遥感影像为自然

地理学的模型模拟提供了稳定和丰富的数据基础。

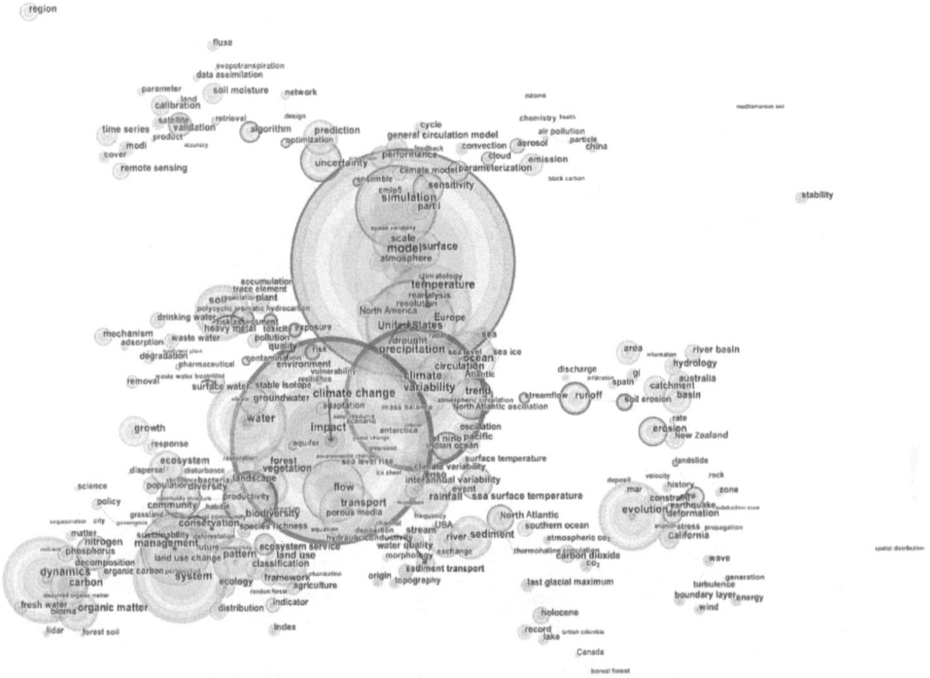

图 4-3 2010～2018 年国际自然地理学关键词共现图谱

总而言之，国际自然地理学的发展在 21 世纪始终秉持着大小尺度并济、微观宏观并举的发展理念，2000～2009 年研究热点集中在水文连通性与空间变异性、大气污染与水体污染、环境演变和气候变化等方面；2010～2018 年研究热点集中在生物多样性保护、气候变化影响、水土资源管理和生态系统服务等方面，其研究主题已逐渐从传统的自然地理格局研究向格局与过程耦合、注重人类福祉提升的方向发展，可持续发展的议题得到充分展现。全球热点问题为自然地理学研究提供了新的切入点，遥感、地理信息系统为自然地理学提供了重要的方法和工具，模拟及预测研究成为自然地理学研究的重要方向。

第二节　自然地理学的国内发展态势

从东汉裴秀著《禹贡地域图》，到北魏郦道元书《水经注》，再至明末徐霞客作《徐霞客游记》，自然地理学的理论和实践在中国的历史长河中不断发展。20 世纪 70 年代开始，随着社会稳定与改革开放下社会经济的发展，中国自然地理学的研究也得以迅速发展，先后涌现出竺可桢、黄秉维等众多学科先驱，他们在自然地理学的学科架构、研究导向、学科系统等方面做出了突出贡献。中国自然地理不但具备深厚的历史沉淀，也在当今的国际自然地理研究中占据重要地位。本节在梳理中国自然地理研究进展的基础上，探讨中国自然地理与国际自然地理发展态势的异同，明晰中国自然地理在国际上的地位，以期服务于中国自然地理学乃至国际地理学的发展。

一、基于博士学位论文分析的中国自然地理学发展动态

基于中国知网和中国国家图书馆两个数据库，对中国自然地理学博士学位论文进行检索（检索时间为 2018 年 8 月），去除两个数据库中的重叠论文后，得到 1318 篇博士学位论文。分别从论文数量、依托单位词云和关键词词云三个方面进行分析。对关键词，进一步细化成区域与单元、主题与对象、方法与途径。

各年份的博士学位论文数量分布如图 4-4 所示。1988 年之前，中国自然地理学博士学位论文数量极少；1988～1999 年缓慢增长；2000～2004 年增幅大大提升，2004 年检索结果数量达到最大值；2005～2018 年，论文数量总体呈现波动式下降趋势。

在发表论文数量上，中国和国际上的发展规律表现出显著的差异。自然地理学在国际上发展较早，中国发展较晚。可检索到的国际上最早的博士学位论文在 1970 年之前完成，而中国自然地理学博士学位论文在 1985 年出现；国际上自然地理学在 20 世纪 90 年代飞速发展，博士学位论文数量呈指数式增长，中国自然地理学博士学位论文数量的迅速增长阶段为 2000～2004 年。相比国际，中国自然地理发展的萌芽期和发展期晚于国际 5～10 年。中国和国际自然地理学博士学位论文数量都经历了缓慢萌发、快速增长阶段，与国际科学研究的发展态势和规律相一致。

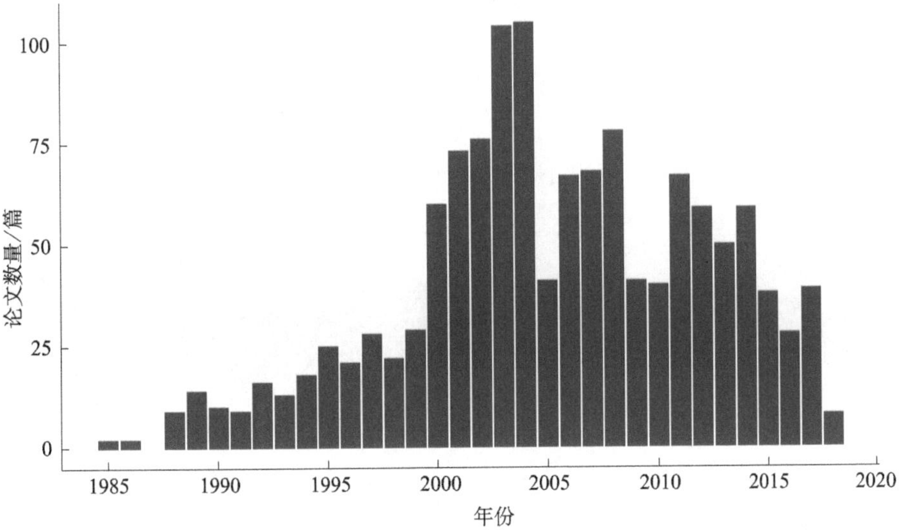

图 4-4　1985～2018 年中国自然地理学博士学位论文数量

中国自然地理学博士学位论文依托单位词云如图 4-5 所示。2000 年之前、2005～2009 年主要论文依托单位为中国科学院相关院所；2000～2004 年华东师范大学博士学位论文数量最多；2010～2018 年中国自然地理学博士学位论文依托单位为兰州大学、华东师范大学、南京大学、西南大学、福建师范大学等。这说明，近年来自然地理的研究机构表现出快速发展的态势。此外，早期中国科学院相关院所博士学位论文数量较多，但是在 2010 年之后中国科学院博士学位论文在数据库中的数量表现出降低的现象。

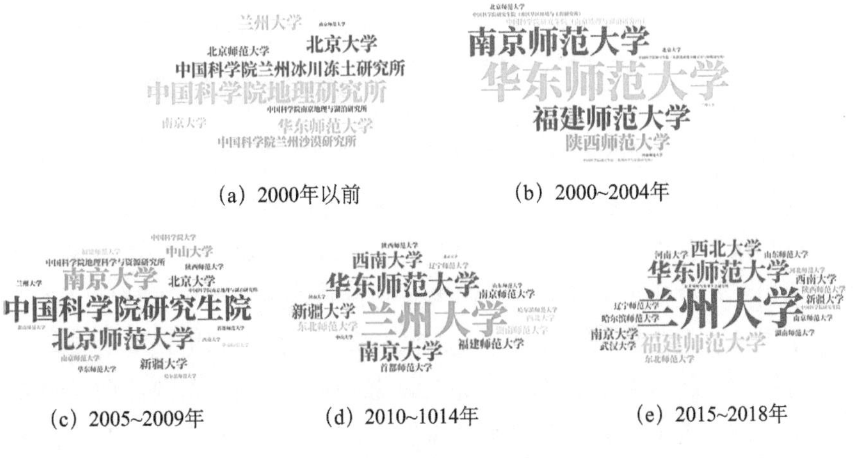

图 4-5　中国自然地理学博士学位论文依托单位词云

从研究区域与单元、研究主题与对象、研究方法与途径三个方面对中国自然地理学博士学位论文的关键词进行统计，梳理中国自然地理学博士学位论文的发展态势，结果见表 4-3。

表 4-3 中国自然地理学博士学位论文关键词词云

分类	2000 年之前	2000～2004 年	2005～2009 年	2010～2014 年	2015～2018 年
研究区域与单元					
研究主题与对象					
研究方法与途径					

（1）研究区域与单元方面：在不同时期的关键词中，涌现了流域、高原、三角洲、干旱区等多种自然单元，其中青藏高原多年占据重要比例，表明青藏高原作为一个典型的生态敏感区和脆弱区，得到了学者们广泛的重视。同时，南京、上海等行政单元，也是学者们关注的重点区域。总体而言，中国自然地理学博士学位论文研究区域集中在国内，研究单元侧重于局地的中小尺度。

（2）研究主题与对象方面：在所有时间段内气候变化都占据重要的地位。这是因为气候是有效连接水循环、生态系统、地球表层系统等的纽带，同时气候变化也与极端事件关系密切。2000 年之前研究对象集中在自然地貌，如气候变化、冰川、荒漠化等。2000～2010 年研究的自然对象逐步丰富，出现了全新世、土壤侵蚀、土地利用、植被等关键词；同时，也陆续出现了生态环境、城市化、可持续发展等人文要素的研究。2015～2018 年研究对象更加强调人文要素，土地利用、人类活动、景观格局等关键词频现。由此可见，中国自然地理学的研究主题与对象和国际自然地理学研究类似，都正在经历着从自然向自然与人文结合、从单要素向多要素综合的方向发展。

（3）研究方法与途径方面：在所有时间段，地理信息系统 /GIS、遥感和模型一直是我国自然地理学的重要研究方法，并且在近年来出现了更加细化的关键词，如图像处理、时空分析、SWAT 模型、遥感反演等，进一步将研究方法落实到所使用手段或算法本身，这与国际发展趋势相似。2010～2018 年，出现了驱动机制、调控等关键词，间接体现了研究主题的变化——从现象阐释到机理探究的发展；此外，也出现了水化学、多环芳烃、粒度、转化运移等关键词，间接折射出研究主题从宏观到宏观与微观结合发展。我国自然地理学研究方法的发展与国际自然地理学发展态势相似。但是值得注意的是，国际自然地理学博士学位论文呈现出从单过程到多过程耦合的发展态势，而中国自然地理学博士学位论文的关键词尚不能充分体现这一特征。

总而言之，在博士学位论文方面，虽然中国自然地理学发展与国际自然地理学发展相比晚了 5～10 年，但是都经历了相似的发展历程。随着世界格局的稳定和社会经济的发展，自然地理学逐渐走向繁荣。地理过程的研究对象表现出从自然向自然与人文结合，从单要素向多要素耦合，从单个过程向多过程综合，从宏观到宏观与微观结合的发展态势。在具体的自然地理过程中，更加详细的观测数据和更加精确的观测手段被不断发展，中国自然地理学博士学位论文研究与国际研究一起并道前行。值得注意的是，中国自然地理博士学位论文研究多在国内展开，有丰富的中小尺度研究，但往往缺乏全球尺度探索，同时还需要加强综合过程的研究。

二、基于期刊论文分析的中国自然地理学发展动态

1. 中文期刊论文

期刊是自然地理学研究交流和传播的重要平台，但是我国尚没有专门的自然地理学期刊。为此，在研究过程中，本节选择了在中国地理学研究中占重要地位的“四地”期刊——《地理学报》、《地理研究》、《地理科学》和《地理科学进展》作为中国自然地理学发展态势分析的数据来源；基于中国知网 CNKI 数据库，收集被选期刊的题录信息，提取关键词，分别进行热点关键词和共现图谱分析。对中国期刊论文的关键词进行统计，提取相应时间段的前 20 个高频关键词，结果见表 4-4。

表 4-4　中国自然地理学中文期刊热点关键词

序号	2000～2004 年	2005～2009 年	2010～2014 年	2015～2018 年
1	土地利用	地理信息系统	气候变化	影响因素
2	地理信息系统	气候变化	空间格局	空间格局
3	气候变化	土地利用	影响因素	气候变化
4	可持续发展	城市化	地理信息系统	城镇化
5	土地利用变化	土地利用变化	土地利用	时空格局
6	城市化	空间格局	空间分布	城市群
7	青藏高原	空间结构	时空变化	青藏高原
8	人类活动	可持续发展	北京市	东北地区
9	指标体系	青藏高原	城市化	时空变化
10	空间结构	影响因素	空间结构	空间结构
11	水资源	土壤侵蚀	青藏高原	长江经济带
12	土壤侵蚀	区域差异	区域差异	土地利用
13	空间分布	时空变化	空间自相关	生态系统服务
14	生态环境	东北地区	可达性	空间分布
15	区域发展	人类活动	空间分析	区域差异
16	全新世	全新世	时空演变	空间分异
17	黄土高原	DEM	空间分异	时空演变
18	全球变化	景观格局	江苏省	时空特征
19	东北地区	生态环境	土地利用变化	“一带一路”
20	气候异常	空间分布	小波分析	可达性

注：红色字体表示研究区域与单元，黑色字体表示研究主题与对象，绿色字体表示研究方法与途径

在研究区域与单元方面，2010 年之前，主要研究区域为生态脆弱区和重点农业区，如青藏高原和黄土高原、东北地区；2010～2014 年随着城镇化发展和人口压力增大，北京市和江苏省的研究增多；2015～2018 年，随着《长江经济带发展规划纲要》的发布和“一带一路”倡议的提出，长江经济带和“一带一路”成为学者关注的热点研究区域。在研究主题与对象方面，气候变化在所有时间段都是热门研究对象，其次为土地利用，但是 2015～2018 年土地利用的国内期刊研究热度大幅度下降，取而代之的是城镇化、城市群等与人地关系密切相关的关键词。在研究主题方面，2010 年之前强调指标体系、空间结构等，2010 年之后，针对地理现象空间格局和影响因素的探究得到重视。在研究方法与途径方面，地理信息系统及相关手段和数据一直占据重要地位。2010～2014 年，小波分析等时频分析手段在自然地理学的研究中出现较多，这可能与地理

空间格局研究中时空点过程、相关地物参数反演中遥感数据的处理等有关。

对 2000～2009 年中国自然地理学中文期刊关键词词云进行分析，结果如图 4-6 所示。2000～2009 年，气候变化、土地利用、人类活动、城市化、全新世、环境演变的词频较高，气候变化尤其是古气候环境演变成为热点。地理信息系统、计算机应用的词频排名也比较靠前，可见地理信息系统等技术成为中国自然地理学学者开展区域研究的重要工具。在国家自然科学基金委员会 2000 年启动的“中国西部环境和生态科学重大研究计划”和“黑河流域生态 - 水文过程集成研究”等一系列重点项目的推动下，生态水文过程研究得到加强，塔里木河、黄河流域、水循环、分布式模型等成为重要节点词（程国栋等，2014）。

图 4-6　2000～2009 年中国自然地理学中文期刊关键词词云

2010～2018 年气候变化与土地利用仍然是核心研究主题（图 4-7）。同时，生态系统服务的研究开始增多，在我国大力推进生态文明建设的时代背景下，学者们在生态安全格局的空间分异规律、人地关系与可持续发展等自然地理学领域开展了系列研究。同时，景观格局与土地利用 / 覆被变化共现、土地利用变化与时空特征共现、生态系统服务与生态安全共现、北京市与城市网络和空间分异共现。这些现象表明，在分析地理格局与过程、地理过程与服务相互作用的基础上，以格局—过程—服务—可持续性为基础框架的自然地理学研究在不断发展繁荣。

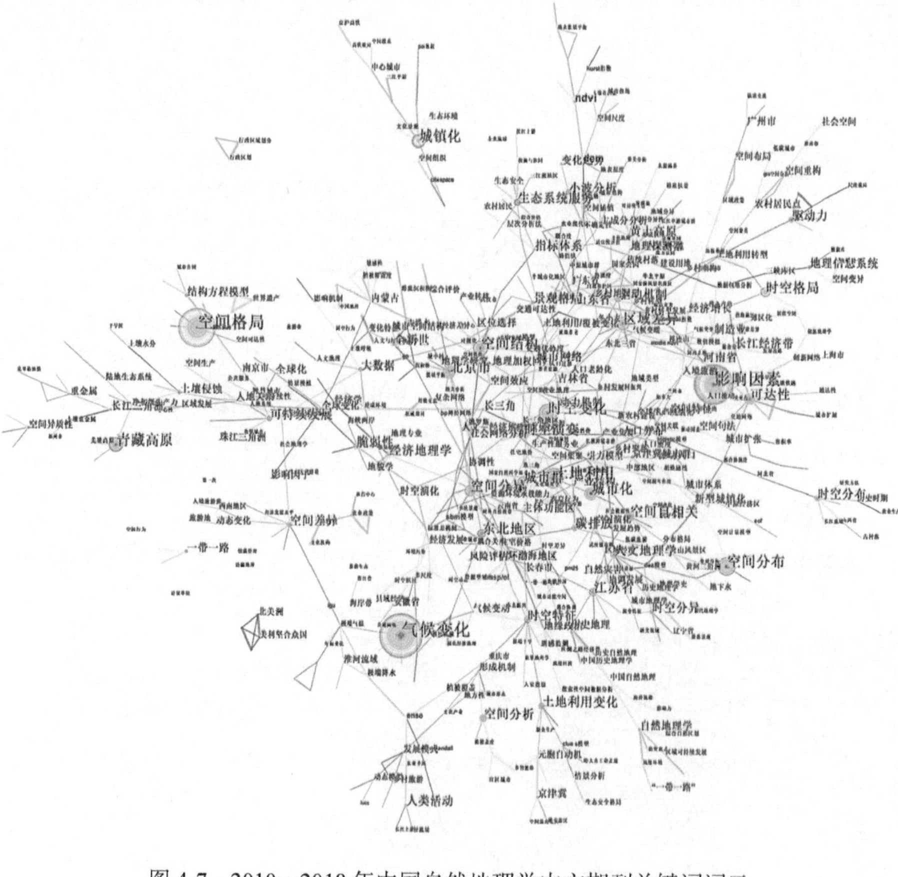

图 4-7　2010～2018 年中国自然地理学中文期刊关键词词云

中国国内期刊论文与国际自然地理学期刊论文在研究区域和尺度方面差异较大。中国国内期刊论文的研究对象多集中在国内，并且与国家政策遥相呼应；同时，国内的生态敏感区、农业区、最新政策实施区为热点研究区域。国际研究则大小尺度并重。国内期刊和国际期刊研究对象保持高度一致，国内外期刊都持续关注气候变化，这对支撑其他地理要素研究、预防极端事件与灾害风险十分重要；同时，关注水土资源、土壤侵蚀、环境演变等内容，这符合中国国情和世界发展的基本特征。近年来，中国自然地理学研究注重人地系统耦合方向，尤其是强调城镇化过程中人文要素、水土资源对城镇化的保证水平及资源环境的承载能力（Liu et al.，2007；姚士谋等，2014），形成了以“格局—过程—服务—可持续性”研究为主要内容的研究框架（Fu and Wei，2018；赵文武和王亚萍，2016）。这些转变也印证了地理学从原有的知识性走向了科学性，进一步面向决策支撑（Day，2017）。值得注意的是，中国国内期刊论文与国内政策相关性更高，其研究强调了服务国家重大需求，表现出鲜明的时代特征。

2. 英文期刊论文

基于表 4-2 中 84 个自然地理学的主要 SCI/SSCI 期刊，按照中外作者来源对论文进行分类，得到中国自然地理学和国外自然地理学 SCI/SSCI 论文数据集，提取关键词，通过分析热点关键词和关键词共现图谱，分析中国自然地理学研究的发展动态及其在国际上的地位。

截取 2018 年中国学者和非中国学者期刊论文的 20 个热门关键词，统计两组关键词分别在不同时间段内占全球学者使用该关键词的频率百分比，通过分析中国自然地理学与国外自然地理学在国际研究中的动态变化差异，识别中国自然地理学研究在国际自然地理学研究中的地位。如表 4-5 所示，2018 年中国（港澳台除外）与国外作者的高频关键词有 14 个相同。同时，几乎所有关键词所占比例都呈现出上升的发展态势，说明中国自然地理学自 21 世纪初期以来一直与国际自然地理学同步发展。

表 4-5　中国与国外自然地理学期刊论文热点关键字对比

中国期刊热点关键词词频百分比 /%					国外期刊热点关键词词频百分比 /%				
关键词	2000～2004 年	2005～2009 年	2010～2014 年	2015～2018 年	关键词	2000～2004 年	2005～2009 年	2010～2014 年	2015～2018 年
China	58.08	65.13	69.17	79.13	model	96.55	93.94	89.72	79.75
model	3.49	6.14	10.39	20.40	climate change	96.46	94.36	90.37	80.00
climate change	3.54	5.64	9.80	20.16	variability	95.21	93.82	88.17	80.61
variability	4.84	6.24	11.94	19.47	climate	95.05	91.64	86.39	78.56
climate	4.95	8.43	13.72	21.60	system	95.69	93.35	87.63	76.52

续表

中国期刊热点关键词词频百分比 /%					国外期刊热点关键词词频百分比 /%				
关键词	2000～2004 年	2005～2009 年	2010～2014 年	2015～2018 年	关键词	2000～2004 年	2005～2009 年	2010～2014 年	2015～2018 年
system	4.50	6.73	12.42	23.53	water	95.94	93.85	87.03	77.46
precipitation	3.76	7.77	15.28	24.09	temperature	96.69	93.64	87.94	76.57
temperature	3.36	6.44	12.09	23.64	dynamics	97.19	92.88	89.03	82.12
water	4.11	6.34	13.09	22.60	precipitation	96.38	92.23	84.78	75.94
soil	4.92	8.16	16.06	25.98	simulation	96.14	94.25	89.42	81.21
dynamics	2.87	7.12	11.07	18.12	evolution	96.02	93.36	91.83	84.58
Tibetan Plateau	72.84	71.72	69.28	75.63	impact	97.03	90.11	84.99	71.71
simulation	3.86	5.80	10.68	18.87	soil	95.14	91.93	84.07	74.11
sediment	5.24	8.38	15.51	24.37	transport	96.11	93.86	89.94	80.61
United States	3.53	5.83	12.75	19.96	flow	97.29	95.59	91.49	84.87
nitrogen	3.34	7.35	17.29	30.26	ocean	96.03	94.19	90.94	84.94
transport	3.89	6.14	10.23	19.54	management	96.46	91.28	87.62	77.27
evolution	3.98	6.64	8.28	15.54	circulation	96.83	93.60	87.41	82.33
carbon	2.59	8.56	14.33	26.09	United States	96.73	94.45	87.29	80.21
organic matter	2.97	7.54	16.13	23.69	pattern	96.59	94.63	88.97	80.22

注：表中百分比数字代表该时间段中国期刊和国外期刊词频占该统计时段全球学者使用该关键词总词频的百分比；前 20 热点关键词。

红色字体表示研究区域与单元，黑色字体表示研究主题与对象，绿色字体表示研究方法与途径

其中，聚焦中国本土的研究依然为中国自然地理学学者研究的重点。China 作为首位高频词，占该时间段全球学者使用该关键词总词频的百分比，从 2000～2004 年的 58.08% 增至 2015～2018 年的 79.13%，说明关注中国问题研究的科学家大部分是中国学者，同时也反映国外学者也在持续关注中国区域的研究。此外，文献分析发现中国学者也在关注美国的区域问题，其比重逐步增加，说明中国学者在关注中国自然地理学的同时，也在关注国际其他地区。青藏高原作为重点研究区域，“Tibetan Plateau”这一关键词的比重经历了先下降后上升的过程，其原因可能在于其英文表述有“Tibetan Plateau”和更大区域的“The Hindu kush Himalayan region”（兴都库什－喜马拉雅地区）两种方式。随着中国地理学者在国际舞台上话语权的增加，更多的国外学者选择使用“Tibetan Plateau”代表青藏高原。

同时，中国学者和国外学者的研究对象都集中在 climate、climate change、

water、temperature、dynamics 和 evolution 等方面，可见与水、土、气等在人类生存中起重要支撑作用的自然要素得到热点关注。国外学者对于海洋关注更多，出现 ocean 等关键词；中国学者对陆地相关的研究更为重视，出现 sediment、nitrogen、organic carbon 等词。就研究主题而言，中国与国际学者都注重区域和系统性（system）研究，强调地理实体的集成和耦合。国内外期刊出现 transport、impact 和 circulation 等关键词说明自然地理学研究是具备空间属性的、动态的、深层的，并非静止和表象的。国外研究中也出现了 management，强调自然地理和生态系统管理，体现了自然地理学研究综合性和实践性的特征。此外，模型（model）始终是国内外自然地理学研究中的最重要手段。

2000～2009 年中国学者自然地理学 SCI/SSCI 关键词共现图谱如图 4-8 所示。2000～2009 年，中国学者更多地关注中国区域性问题，区域关键词前六位分别为 China、Tibetan Plateau、Hong Kong、Loess Plateau、South China、

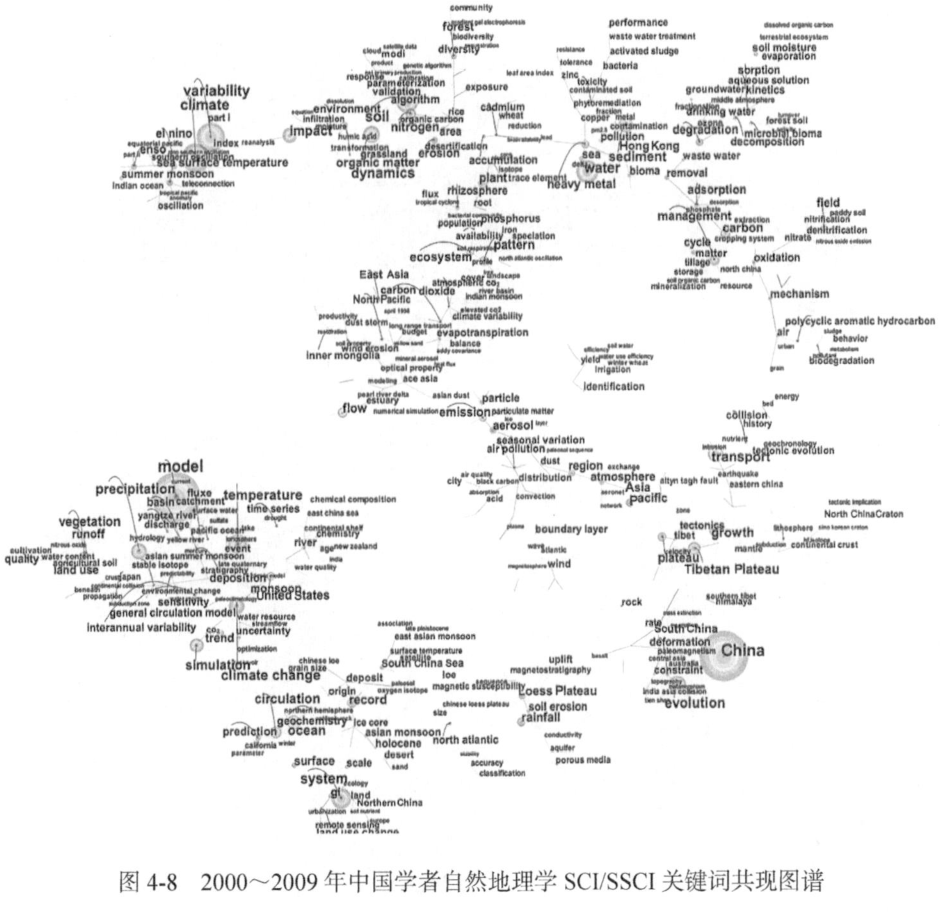

图 4-8 2000～2009 年中国学者自然地理学 SCI/SSCI 关键词共现图谱

South China Sea，这与国外研究形成鲜明对比。在国内期刊中，全新世古气候与古生态研究的关注较高（climate change、Holocene、paleoclimate、paleosol、ice core）；同时，人类活动和气候变化对地表影响研究也受到较多关注（desertification、soil erosion、land use）。研究主题主要集中在水量平衡与水沙变化、气候变化与水文模拟、大气污染与碳排放、土地利用变化等方面。

2010～2018 年中国学者研究区域依然以国内为主（图 4-9），但出现了 United States，中国学者开始关注美国问题，也可能是中美合作研究得到加强。在研究对象方面，最突出的特点是 climate change 的研究强度加大，气候要素自身变化研究及气候变化对生态系统影响研究成为热点（如 precipitation、

图 4-9 2010～2018 年中国学者自然地理学 SCI/SSCI 关键词共现图谱

temperature 为主要节点词汇之一)。生物多样性和生物多样性保护(biodiversity、diversity、conservation、policy)研究持续受到关注,biodiversity 排序跃升明显。涡度相关(eddy covariance)、降水(precipitation)、土壤有机碳(soil organic carbon)、有机碳(organic carbon)等关键词排序提升明显,该时段中国学者开展了大量的生态系统碳循环观测研究。中国学者和国外学者的文献中 model、simulation、design、optimization 等关键词位置突出,这反映出全球科学家不仅重视模型模拟手段,还尝试设计新一代模型与参数优化算法。同时,遥感算法(algorithm)、分类(classification)、反演(retrieval)、产品(product)、验证(validation)、土地(land)、林地(forest)、植被(vegetation)等关键词高度聚集,说明遥感反演与分类算法、遥感土地覆被、植被等数据产品研发也是这一时段的热点工作。

由于文献来源的局限,本章所选取的国内外期刊论文和博士学位论文并不能完全代表国内外自然地理学发展动态,但是管中窥豹、可见一斑;同时,目前的数据分析也有助于我们把握自然地理学的总体发展态势。综合分析国内外自然地理学研究进展可以发现,2000 年以来,我国自然地理学得到了快速发展,从以地貌、泥石流、水资源为对象的单一要素研究转向全球变化背景下的多要素多过程综合研究。在服务国家重大战略需求过程中,自然地理学以重大国家战略发展区为对象,表现出从自然过程变化到自然人文过程耦合,呈现出多学科交叉融合的发展趋势。在我国自然地理学发展过程中,研究技术与方法趋向多元化发展,涵盖模型、遥感、地理信息系统等多个方面,研究数据方法表现为从单一数据模型到多源数据模型。同时,研究区域既包括我国典型生态脆弱区域,也包括重点经济发展区,表现为从单一尺度到多尺度综合研究的发展过程,呈现出鲜明的中国特色。与国际自然地理学研究进展相比,国内外学者都在关注全球变化背景下的自然地理格局与过程;然而,我国自然地理学研究的论文发表数量多,但是国际影响力相对较低;我国往往聚焦局地或区域尺度,面向全球或其他国家的研究较少(赵文武,2010)。我国自然地理学研究需要积极拓展自然地理学的全球化视野,深化国际合作,拓展全球或重点区域研究,以期有效支撑我国的国际化发展战略。同时,我国自然地理学更需要面向国家重大战略,创新与发展跨学科的理论、方法与技术。目前,《中华人民共和国国民经济和社会发展第十四个五年规划和 2035 年远景目标纲要》已经正式发布,其中所提出的"完善新型城镇化战略　提升城镇化发展质量""优化区域经济布局　促进区域协调发展""推动绿色发展　促进人与自然和谐共生”等为自然地理学发展带来了重大机遇。

我国自然地理学需要进一步深化科学实践，在服务国家战略中推动学科发展，在国际地理学界形成具有广泛影响力的中国学派。

本章参考文献

程国栋，肖洪浪，傅伯杰，等. 2014. 黑河流域生态——水文过程集成研究进展. 地球科学进展,29(4): 431-437.

傅伯杰. 2017. 地理学：从知识、科学到决策. 地理学报, 72(11): 1923-1932.

傅伯杰. 2018. 新时代自然地理学发展的思考. 地理科学进展, 37(1): 1-7.

宋长青，程昌秀，杨晓帆，等. 2020a. 理解地理“耦合”实现地理“集成”. 地理学报, 75(1): 3-13.

宋长青，张国友，程昌秀，等. 2020b. 论地理学的特性与基本问题. 地理科学, 40(1): 9-14.

姚士谋，张平宇，余成，等. 2014. 中国新型城镇化理论与实践问题. 地理科学, 34(6): 641-647.

赵文武. 2010. 土地利用研究的国际比较. 地球环境学报，1(3)：249-256.

赵文武，王亚萍. 2016. 1981-2015年我国大陆地区景观生态学研究文献分析. 生态学报，36(23):7886-7896.

Day T. 2017. Core themes in textbook definitions of physical geography. The Canadian Geographer, 61(1): 28-40.

Fu B J, Wei Y. 2018. Eitorial overview: keeping fit in the dynamics of coupled natural and human systems. Current Opinion in Environmental Sustainability, 33: 1-4.

Liu J, Dietz T, Carpenter S, et al. 2007. Complexity of coupled Human and natural systems. Science, 317: 1513-1516.

第五章
自然地理学的关键科学问题与发展方向

无论是在服务国家的战略需求方面，还是在服务国际化的全球战略中，地理学都正在发挥越来越重要的作用（傅伯杰，2017）。立足地理科学的整体发展，中国地理科学实现系统的综合和耦合需要自然地理学分支学科的进一步交叉，以及自然地理学与人文地理学、地理信息科学的交叉融合。中国地理科学在“十三五”期间应该关注综合性的大问题，具体包括：①典型区域人文－自然复合系统的演化；②气候及其他环境变化的区域响应与适应；③新型城镇化过程及资源环境承载力预警；④水、土资源可持续利用与食物供给安全；⑤城市密集地区的环境污染与人类健康；⑥生物多样性及生态系统服务与管理；⑦大数据时代的地理学分析和可视化方法；⑧资源环境大数据处理方法与地学知识新发现；⑨全球化时代的世界地理与地缘政治经济研究（傅伯杰等，2015）。上述地理学重要科学问题的内容进一步印证了自然地理学是地理科学的基础学科。

在更加综合的地理学研究趋势下，自然地理学发展的关键科学问题往往也是地理科学所关注的关键科学问题，强化自然地理学分支学科的交叉，以及自然地理学与其他学科的交叉，成为解决自然地理学乃至地理科学重要科学问题的关键途径。本章在第四章梳理我国自然地理学的总体现状与发展态势的基础上，按照“有限目标、突出重点”的总体要求，结合国际发展趋势、国家科技发展需求和人才队伍建设需求分析，提出未来5～10年自然地理学发展的关键科学问题、发展思路、发展目标和重要研究方向。主要包括以下几方面的内容：明确自然地理学发展的关键科学问题和总体思路；提出自然地理学学科生长点和服务于国家战略需求的发展目标；提出自然地理学未来发展的重要研究方向。

第一节 自然地理学发展的关键科学问题和总体思路

一、关键科学问题

自然地理学不仅强调部门自然地理学的发展，更注重综合研究。自然地理学发展的关键科学问题不仅源于部门自然地理学，更源于自然地理学的综合研究。从传统研究对象出发，自然地理学综合研究的主要领域包括综合自然地理区划、土地研究、景观生态、生态系统服务和陆地表层系统地理过程等（图 5-1）。近年来，从地理角度研究生态系统服务受到越来越多的关注，进一步扩展了自然地理学的综合研究范围（Fu and Pan，2016）。

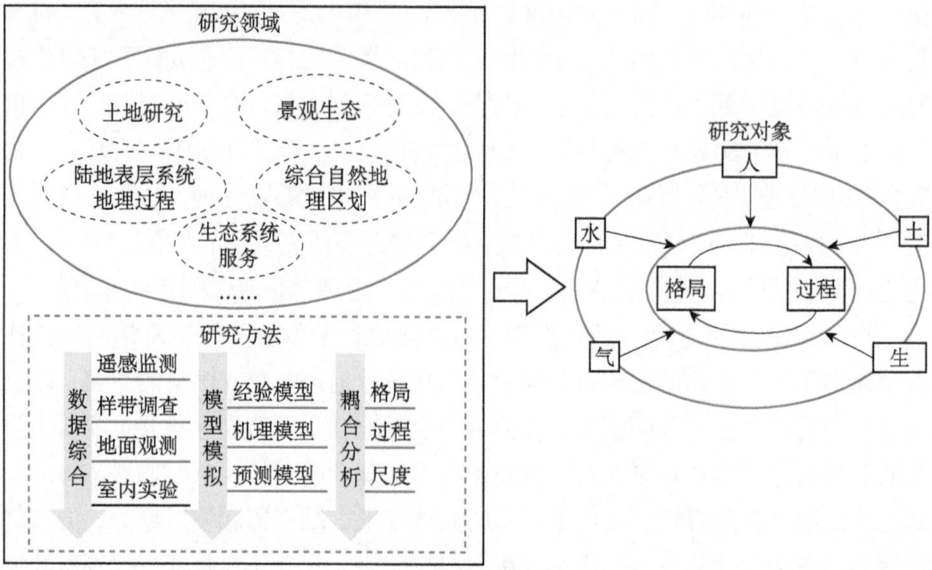

图 5-1 自然地理学的综合研究（Fu and Pan，2016）

综合考虑自然地理学综合研究、部门自然地理学发展动态，面向我国生态恢复、环境保护、自然资源利用和可持续管理、国际战略等诸多国家重大需求，我国自然地理学的发展需要重点关注如下科学问题。

（1）如何深化地表不同尺度格局和过程的耦合研究。作为全面理解复杂地理实体的基础，格局和过程耦合已成为自然地理学综合研究的重要方向。地貌、气候、水文、生物、土壤、海洋等部门自然地理学都需要深化不同时空尺度上格局和过程的耦合研究，并针对不同尺度建立尺度转换分析机制。在格局和过程耦合的研究中，需要加强遥感监测、样带调查、地面观测、室内实验、模型模拟等多种手段的综合应用与集成。

（2）如何开展气候变化背景下区域响应和适应的集成研究。全球气候变化是全球变化过程中的不争事实。全球气候变化显著影响着地貌形态、水文循环过程、生物地理格局、陆海交互作用、土壤演化与物质循环。我国不同区域自然生态环境和社会经济条件差异显著，全球气候变化带来的问题和适应性措施具有显著的区域差异。我国自然地理学工作者不仅需要关注全球气候变化对自然生态过程影响的基础研究，更需要重点针对气候变化敏感区和生态系统脆弱区，开展综合集成研究，加强区域集成模型研发，探求相应区域人类社会和生态系统的适应性策略。

（3）如何辨析地球表层系统中人与自然的交互作用机制。人类活动深刻影响着地球表层系统的演变，在不同尺度改变着自然生态系统，展现出其影响效应的高度复杂性和空间异质性。传统自然地理学研究往往弱化了人类活动的作用。现代自然地理学的发展，不仅需要解析人类活动对自然地貌、水文水资源、土壤性状、物种和生态系统的影响机制，更需要关注自然生态系统改变对人类的影响，辨析不同时空尺度人与自然的交互作用机制，进而为国家可持续发展提供新的知识和解决方案。

（4）如何从自然地理学视角推动生态系统服务研究。生态系统服务是连接自然生态系统和人类社会系统的桥梁，是当代地理学研究的热点和前沿领域。生态系统服务研究越来越重视时空异质性、空间流动性和供给需求的区域匹配性。自然地理学可以充分发挥其区域性、综合性和系统性的特点，基于“格局—过程—服务—可持续性”研究范式，为生态系统服务的权衡协同分析、局地与远程耦合、人类福祉效应等提供支撑。

（5）如何促进多源数据融合与地理模型研发。长期定位监测、实地调查、室内实验和遥感监测等多源数据是自然地理学研究的基础。然而，随着自然地理学研究问题的多样化，通过各种方法获得的数据往往具有不同的属性特征，如何有效融合多源地理数据已经成为自然地理学研究的迫切需求。同时，由于自然环境的复杂性，自然地理学研究中所采用的模型往往面临多种形式的不确定性，亟待完善模型对自然过程、人地系统的有效刻画，提高模型的模拟能力和精度，研发我国本土化的地理模型。

（6）如何深化我国典型地理单元的集成研究，拓展全球问题的国际合作。我国幅员辽阔，拥有青藏高原、黄土高原、长江流域、黄河流域等千姿百态的自然地理单元，针对这些地理单元开展综合集成研究，对我国生态文明建设与可持续发展具有重大意义。同时，地球表层系统是由相互作用的自然地理过程组成的，碳排放、陆海输沙、生物地球化学循环、陆－气和海－气通量等地理过程不仅具有区域性影响，也具有大洲乃至全球意义。但是，我国自然地理学以往的研究往往关注我国区域性的问题，对于全球问题的关注相对不足。加强对全球问题的研究并积极组织国际重大研究计划，不仅能够提高我国自然地理学研究的国际化水平，更能够服务于我国的国际化发展战略。

二、发展方向思考

在学科发展过程中，部门自然地理学与综合自然地理学既需要凸显自然地理学的综合性、交叉性的学科优势，又需要提升对人地系统耦合的精细化模拟能力。自然地理学作为地理学的重要基础，需要在机理认识上取得突破，在研究方法上取得进展，自然地理学分支学科及其综合研究中的以下科学问题有待于自然地理学学者进行深入思考（图 5-2）。

（1）地貌学学科发展新的生长点？传统地貌学聚焦营力作用下地貌形态的变化；现代地貌学需要加强地貌过程与生态水文过程、社会经济过程、气候变化动态等多圈层过程的耦合分析，加强数值模拟、高分辨率遥感技术等新技术、新方法在地貌学研究中的应用，在综合与集成研究中探索新的学科分支与领域方向，重点加强地貌学与全球环境变化研究、地貌学与人类活动研究等。

（2）生物地理学只是研究生物地理分布？植物地理学和动物地理学是生物地理学研究的经典内容。现代生物地理学需要在生物地理空间分布经典研究内容的基础上，综合应用 DNA 测序、生态模型、遥感等技术方法，结合全球变化与人类福祉，加强微观、宏观分析和多尺度综合研究，深化植物属性地理学、全球变化生物地理学等前沿领域的探索，连接变化背景下的生物地理空间分布与人类需求。

（3）水文学研究还停留在物理过程研究方面？传统水文学强调水循环的物理过程。现代水文学需要在此基础上，关注全球变化、人类活动、生物演替和水循环的交互作用，综合遥感、同位素示踪、模型等技术方法，开展多要素、多过程、多尺度的综合集成研究，发展生态水文学、社会水文学、水文形态学

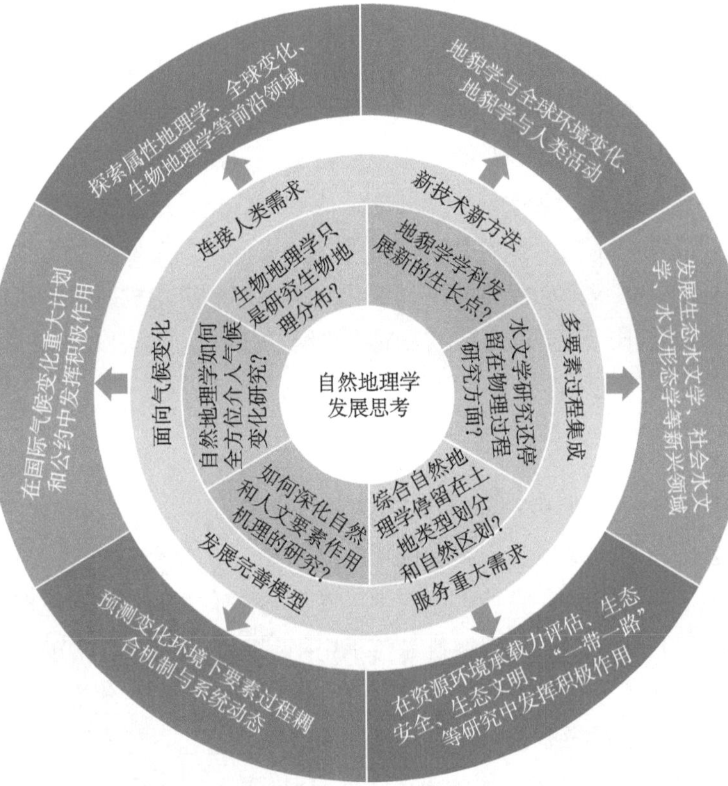

图 5-2　自然地理学发展的科学问题及思考（傅伯杰，2018a）

等新兴学科领域和方向。

（4）自然地理学如何全方位介入气候变化研究？气候变化是全球面临的重大挑战。气候变化是近几十年来全球关注的重大科学问题，形成了系列国际研究计划，成为科学界研究的前沿热点。自然地理学所研究的地理过程、圈层相互作用、陆地表层系统等与气候变化密切相关。然而，在已有气候变化国际重大研究计划、《联合国气候变化框架公约》等科学研究和政策讨论中，自然地理学尚未充分发挥其学科支撑功能，亟须探索和加强自然地理学在气候变化研究中的贡献和作用。

（5）综合自然地理学停留在土地类型划分和自然区划？土地类型划分和自然区划是综合自然地理学研究的经典内容。然而，社会经济的快速发展对综合自然地理学研究提出了新的需求。现代综合自然地理学需要面向国家重大需求，聚焦人地系统耦合研究，发挥学科综合优势，在资源环境承载力评估、国土开发整治与优化、生态安全格局与生态文明建设、“一带一路”建设等领域中做出积极贡献。

（6）如何深化自然和人文要素作用机理的研究？人类活动对地表过程影响的范围、强度和幅度不断扩大，已成为地表环境变化的主要驱动力之一。要深入理解现代环境变化机理和预测未来变化趋势，自然地理学需要耦合自然与人文的要素过程，避免分支学科相互独立造成的空心化，通过发展系统整体的综合方法，建立复杂系统模拟模型，探讨变化环境下的自然要素与人文要素耦合机制和陆地表层系统动态变化特征，深化陆地表层系统集成研究与决策应用研究，为区域、全国乃至全球可持续发展提供科学依据。

三、总体发展思路

自然地理学早期研究以单一自然要素和过程为主。近年来，在全球环境变化的驱动下，自然地理学研究形成了气候变化、生态系统服务、格局与过程耦合、模型、尺度等研究热点，地貌学、气候学、水文学、生物地理学、综合自然地理学等自然地理学分支学科在传承中得到新的发展，并出现城市自然地理学、流域与区域综合等新兴方向，其研究进展主要表现在自然地理过程综合与深化、陆地表层系统集成与陆海相互作用、区域生态与环境管理应用等方面（傅伯杰，2018a）。其中，自然地理过程综合与深化为自然地理学综合研究提供了基础支撑，陆地表层系统集成与陆海相互作用研究是自然地理学格局与过程耦合、自然要素与人文要素结合的核心展现，而区域生态与环境管理应用则是自然地理学面向国家和区域重大战略需求和决策应用的重要体现（图 5-3）。

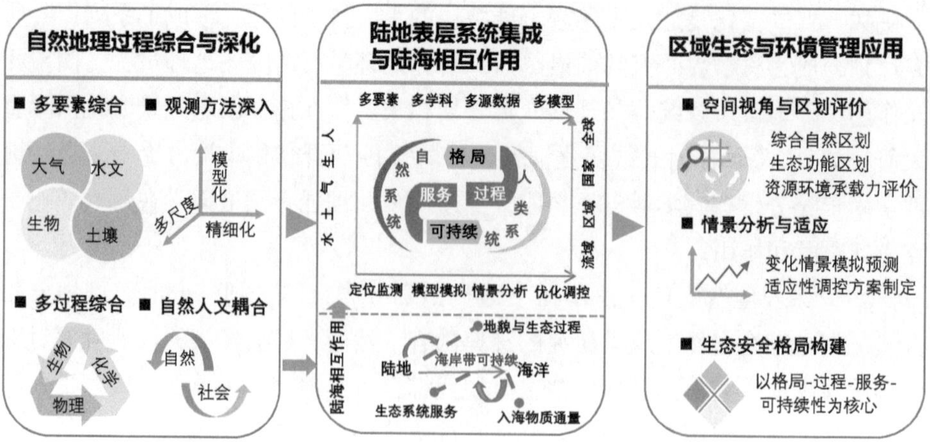

图 5-3 自然地理学发展的总体框架（傅伯杰，2018a）

21世纪以来，中国自然地理学在与可持续性科学对接、要素与过程集成、空间数据挖掘与系统决策等领域取得新发展。地理学与可持续发展议题的深度融合为自然地理要素与过程集成确定了目标导向，自然地理要素与过程集成结果则为陆地表层系统决策提供了机理解析途径。地理空间数据的挖掘与融合为自然地理要素与过程集成提供了基础数据支持，而陆地表层系统决策成果直接服务于国家和区域可持续发展实践。面对变化中的全球环境及变化中的学科热点，自然地理学也面临着过程研究深化和区域集成模拟的新挑战。针对上述自然地理学学科发展的总体思路，有必要重点聚焦以下学科发展内容。

（1）深化自然地理学分支学科的过程研究，夯实自然地理格局与过程耦合理论基础。当前，自然地理学分支学科在地貌过程、气候变化过程、生物地理过程、水文过程、土壤过程等方面持续取得进展，但仍不足以对陆地表层系统过程集成提供充分的参数支持。自然地理学分支学科过程研究无疑是进行学科交叉与成果集成的基础环节，自然地理单一过程研究势必将更加深入。面对全球变化下陆地表层系统的剧烈改变，在格局分析的基础上深入厘清地貌、气候、生物、水文、土壤等地理过程的形成与演化机制，进一步凝练自然地理前沿理论、深化自然地理过程研究，成为自然地理学在科学知识发现层面的重要挑战。

（2）推进综合自然地理学的发展，聚焦陆地表层系统耦合前沿议题。我国综合自然地理学研究在20世纪90年代以来不断发展，在国际地理学研究领域目前已处于领先地位。面对复杂的全球变化及可持续发展的需求，自然地理学必须进行更高层次的综合和集成，加强多学科交叉融合，注重人与自然地理的耦合研究。在学科交叉融合的背景下，综合自然地理学也将在链接自然地理学分支学科过程中扮演更重要的角色。依托自然地理学分支学科对自然地理过程形成机理的深度解析，探寻定量化的陆地表层系统综合途径，继承并发扬地理学交叉性、综合性学科优势，成为自然地理学在提升学科价值层面的重要挑战。

（3）提升陆地表层系统观测和模拟水平，服务未来可持续发展决策。陆地表层过程交互的复杂性给地理学综合研究带来了诸多困扰和挑战，尤其是数据和模型的不确定性制约了对自然地理过程形成与演化机制的系统解析。为控制和减少不确定性，有必要重视模型预测和观测结果的一致性，进一步研发数据同化算法，提高模型预测精度（李新，2013）。通过长期的野外观测、综合调查及模型模拟的集成，提高对地理大数据的空间挖掘能力，将有助于应对并解决空间与时间上更为复杂的自然地理格局和过程耦合问题。面向全球环境变化下的不同区域发展情景，提供更高精度的多要素、多过程、多尺度模式模拟结果，满足国家和区域可持续发展战略需求，成为自然地理学在服务社会决策层面的重要挑战。

总之，自然地理学各部门学科的交叉和融合，既是变化背景下中国自然地理学发展的重要成果，也是未来中国自然地理学学科发展的重要导向。深化自然地理学分支学科的过程研究，推进综合自然地理学的发展，提升陆地表层系统的观测和模拟水平，有助于进一步巩固自然地理学在地理科学学科体系中的基础学科地位，为满足国家重大战略需求和全球可持续发展做出更重要的学科贡献。

第二节　自然地理学学科生长点与发展方向

一、根植于综合性与交叉性的自然地理学学科生长点

由于地理学研究强调人地关系，以及自然和人文要素的综合，因而在推动实现全球可持续发展目标时具有天然优势。针对全球和区域生态与环境变化以及人类可持续发展的挑战，有必要进行地球表层系统科学领域的多学科交叉综合和系统研究，从而为国家和全球可持续发展做出基础性贡献（Fu et al., 2019）。面向全球可持续发展的地理学在学科发展指向层面，为自然地理学的发展提供了学科目标。聚焦人地系统耦合理论与方法，自然地理学各分支学科的交叉融合，以及自然地理学与人文地理学和地理信息科学等相关学科的交叉融合，成为当代地理学研究的前沿热点（Fu，2020）。其中，自然地理学研究所提供的观测与模拟成果，将为地理科学发展实现从知识创造到社会决策的贯通提供基础性、机理性的支持。以人地耦合系统为研究对象，以可持续发展为目标导向，自然地理学学科生长点可以分解为以下三项递进的内容：深化自然地理学格局与过程耦合研究；推进自然地理学的综合交叉方向从生态系统过程走向生态系统服务；实现自然地理学“格局—过程—服务—可持续性”研究体系的级联。

1. 格局与过程耦合

自然环境和人类活动特征均表现为空间异质性，研究异质性环境下的区域地理过程和效应是地理学研究的前沿。其中，地理学的区域性通过地理分异以

“格局”来表现，“地理过程”则显示出地理现象的时空演变，耦合“格局与过程”是地理学综合研究的重要途径和方法，也是地表过程研究的突破点（傅伯杰，2014）。因此，面向人地耦合的系统分析途径与可持续发展目标，针对自然地理学发展的关键科学问题，首先需要进一步深化不同区域、不同尺度下的格局与过程耦合研究。

格局与过程耦合主要通过两种途径来实现，分别是直接观测和系统分析与模拟。直接观测是发展和建立模型的基础，观测的时空尺度直接决定了所获取的地理现象信息特征。因此，格局与过程耦合研究的深化也需要从长期观测、尺度效应、建模预测三个方面展开。第一，作为理解过程机理和发展模型的必要途径，格局与过程耦合研究需要进一步加强野外长期观测和综合调查，样点与样带数据的广泛、长期积累是有效建立机理模型的根本保障；第二，地面观测和遥感观测数据属于不同的时空尺度，考虑到自然地理现象的尺度效应，需要进一步探索遥感和地面观测数据的结合途径，完成不同尺度观测结果的同化和综合；第三，生态－地理过程研究有待深化，通过揭示生态－地理过程的演化机理，开发更加系统化的模型对不同区域格局与过程耦合机制进行更为精确的模拟与预测。

同时也应注意到，在自然地理格局与过程的耦合中，基于直接观测的耦合通常在较小的空间尺度上进行，观测成果可作为较大尺度系统分析与模拟的基础（傅伯杰等，2015）。基于区域相对详尽的定量观测资料，气候变化背景下的区域响应与适应集成研究成为自然地理学综合研究的重要前沿议题。例如，在黑河流域的集成研究中，荒漠植被生态水文特征与生态适应机制、不同下垫面蒸散发模拟、生态水文耦合模拟、数字土壤制图方法集成等一系列主题，对自然地理过程研究的区域集成具有较为深刻的启发意义（程国栋等，2014）。区域集成研究需要建立在明晰自然地理过程发生机制的基础上，因此过程研究的深化是重点区域集成的前提条件。

2. 从生态系统过程走向生态系统服务

生态系统服务是人类从生态系统中获得的各种惠益，是维持和实现人类生活的条件和过程，其内容根据社会生态背景而变化（Bennett et al.，2009；Palmer and Filoso，2009；Daily，1997）。例如，授粉服务、土壤形成服务、水调节服务、提供食物和饮用水的服务等。生态系统的复杂性在于过程和服务无法完全分离，一些过程本身也是服务（如植被的洪水调节），而其他过程则不是（如森林的蒸发蒸腾），但这些过程却为其他的服务提供重要支撑。生物物理组成部分和结构是生态系统过程的基础，当后者被人类消费时，它们被转化为生态系统服务（Lamarque et al.，2011）。生态系统过程与生态系统组成和结构相互作用。人类通过改变生态系统组成部分和结构来管理生态系统过程，以提供更好地满足其需求的生态系统服务，如改变土地利用 / 土地覆被以提高人类的福祉。在中国黄土高原，20 世纪大面积的自然植被被开垦为农田用于粮食生产。在过去的二十多年里，一系列大规模的人工造林工程开始实施，将植被覆盖率从 20 世纪 70 年代的 6.5% 显著提高到 2010 年的 51.13%，并改善了土壤保持、水分调节和固碳等生态系统服务（Wang et al.，2012）。由于生态系统过程、生态系统服务及其驱动机制是人与自然耦合系统（coupled human and natural systems，CHANS）的关键组成部分，理解生态系统过程与生态系统服务之间的联系对于合理制定生态政策至关重要。

与生态过程研究往往立足于直接观测不同，生态系统服务研究更具空间与区域视角，供需和流动是地理学领域生态系统服务研究的重点关注内容。源于自然地理要素的地域分异，由此衍生的生态系统结构与功能的区域差异性，以及人类对生态系统影响方式和强度的地域差异，生态系统服务具有显著的空间异质性和区域差异性已经成为学界的基本共识（李双成等，2014）。有学者将这种更加重视空间异质性、区域差异和社会经济因素的生态系统服务界定为景观服务，并认为景观服务是综合自然地理学发展的重要领域（彭建等，2017）。其逻辑依据在于，景观本身就是一个人地耦合系统的空间表现形式，景观作为不同类型生态系统组成的、具有重复性格局的异质性综合土地单元，是探索人类活动对土地利用 / 土地覆被变化影响、探究人地耦合系统演变机理和过程的最佳视角。景观服务更多关注人类活动与自然过程的相互响应，讨论人类通过改变土地利用 / 土地覆被直接或间接促使景观变化、多功能化所带来的附加生态、社会和经济价值。相比于生态系统服务，景观服务的概念强调了空间格局和景观要素空间配置的重要性，具备地方、利益相关者及环境互相匹配的相关性和合理性，更容易被人类感知。毫无疑问，生态系统服务概念的逐渐完善和景观服务概念的初步形成，为人地系统的要素耦合提供了相互链接的载体。面对自然地理学综合研究的诸多科学问题，有必要进一步推进自然地理学从生态系统过程研究走向生态系统服务研究。

3.“格局—过程—服务—可持续性”研究体系的级联

人口增长、城镇化、土地利用变化和气候变化在很大程度上改变了人类赖以生存的地表环境，同时也改变了人类与自然之间的关系（Steffen et al.，

2015）。因此，当前十分有必要观察、分析、评估和预测人与自然关系的变化，并确定人类的响应是否与这些变化相匹配（Mooney et al.，2013）。匹配意味着“适应、适合、适当、称职、准备好或身体状况良好”，对于个人来讲，匹配意味着身体状况良好或健康，这也是每个人与生存环境有关的目标之一。然而，人类作为一个群体，在与自然相互作用的历史过程中已经学到了宝贵的经验教训，这些教训使人们逐渐适应自然系统的变化。可持续发展目标的提出也是为了进一步使人类社会与自然系统相互匹配。此外，我们对人与自然耦合系统（即人地耦合系统）的动态机制的理解仍然有限，以至于目前无法指导如何使人类在可持续发展的背景下适应全球环境的变化。社会生态系统的匹配问题是指不同系统之间的联系（Folke et al.，2007）。Fu 和 Wei（2018）指出保持匹配是将社会经济系统与其生物物理环境在时间和空间尺度上相匹配的过程，而环境变化和社会经济变化之间存在双向耦合，并给出了“格局—过程—服务—可持续性”的级联框架来阐释人与自然耦合系统中保持匹配的诊断和实践的过程（图 5-4）。其中，诊断是指了解人与自然耦合系统的动态，而实践则是指改善可持续性的管理政策和实践（Fu and Wei，2018）。

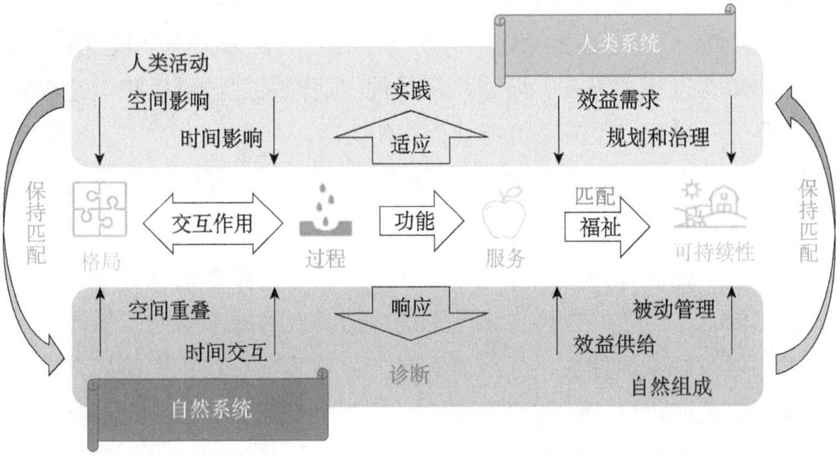

图 5-4　人与自然耦合系统保持匹配的概念框架（Fu and Wei，2018）

为了适应人与自然耦合系统，研究人员应该诊断人类对自然系统的影响，并检测适应环境变化的实践方法。特别是为了实现系统的可持续性，研究人员应量化格局和过程之间的相互影响，确定各种生态系统服务，并揭示生态系统服务对人类福祉的贡献。在诸多人类活动中，对自然组分的规划和治理是提高人类活动可持续性的方法之一。在全球、区域和局地的空间尺度上，以及十年、百年、千年等时间尺度上，人地系统的耦合关系呈现出不同的变化形式。可以认为，地球表面上的生物物理过程变化是人地关系在时间和空间环境中变化的结果。随着遥感和地理信息系统的发展，对地表生物物理过程变化的测量、分析、评估和可视化正在逐步精确化。通过对历史文献的数据挖掘及对统计资料的再分析和降尺度，不同时空尺度的社会过程变化也逐渐得以有效刻画。在此基础上，对生物物理过程和社会过程的定量集成研究成为目前人与自然耦合系统研究的重要趋向，也是解决上述科学问题的关键途径。

面向人与自然耦合系统框架，需要重点关注生物物理过程与社会过程的双向关系，定量刻画系统要素之间的相互作用（图 5-4）。具体而言，自然环境变化不仅改变着环境要素格局与生物物理过程之间的相互作用，而且还影响着人类直接或间接从生物物理过程中获得的生态系统服务的变化。相应地，在提升人类福祉的目标下，社会经济变化影响着人类活动及其管理决策。针对环境要素和人类活动在不同时空尺度上的交互影响，应强调自然环境与社会经济变化之间的双向耦合。其中，人类活动影响着环境要素格局和生物物理过程的相互作用关系，并受到生物物理过程及生态系统服务变化的影响；生态系统服务的增强或退化影响了人类福祉的变化，而政策和管理是人类对环境变化的适应，从而优化格局、过程和服务，增强可持续性。简而言之，可以将上述双向关系描述为“格局—过程—服务—可持续性”的级联。

“格局—过程—服务—可持续性”的表述形式可以有机地整合人与自然耦合系统中的自然和人文过程演化，为自然地理学发展的总体思路形成提供了重要的理论指引。在深化格局与过程耦合研究、链接生态系统过程与生态系统服务研究的基础上，应始终以增强人地系统可持续性为根本导向，从而架起从科学到决策的学科桥梁。然而，当前研究对人与自然耦合系统中格局、过程、服务交互作用的关注仍以理论阐释为主，对于系统双向关系中的定量反馈、阈值和不确定性的理解亟待加强。在对上述级联关系的系统刻画中，自然地理学应继续发挥基础支撑作用，为系统反馈过程的定量识别、系统状态变化的阈值判定、系统模拟不确定性的降低提供更可靠的支持。

二、面向国家战略需求的自然地理学学科发展目标

学科发展以新时代中国特色社会主义生态文明建设为战略目标。习近平

总书记在全国生态环境保护大会上的重要讲话中明确提出六项重要原则：坚持人与自然和谐共生；绿水青山就是金山银山；良好生态环境是最普惠的民生福祉；山水林田湖草是生命共同体；用最严格制度最严密法治保护生态环境；共谋全球生态文明建设①。面向新时代生态文明建设的重大战略需求，自然地理学学科发展应充分发挥交叉性、综合性的学科优势，聚焦关键研究区的人地系统格局、过程与服务，为区域、国家和全球可持续发展提供学科支持。对国家脆弱生态区的保护修复、国家发展战略区的系统优化，以及人类命运共同体的全面构建，已经成为中国自然地理学学科发展的重要战略目标。

（1）践行“绿水青山就是金山银山”的区域发展理念，支持国家脆弱生态区的保护修复。十九大报告在“加快生态文明体制改革，建设美丽中国”的论述中明确指出，应“加大生态系统保护力度”。包括“实施重要生态系统保护和修复重大工程，优化生态安全屏障体系，构建生态廊道和生物多样性保护网络，提升生态系统质量和稳定性。开展国土绿化行动，推进荒漠化、石漠化、水土流失综合治理，强化湿地保护和恢复，加强地质灾害防治。完善天然林保护制度，扩大退耕还林还草②。针对以上重大国家需求，自然地理学研究有必要聚焦我国西北内陆干旱半干旱地区、青藏高原高寒地区、西南喀斯特地貌区等重要脆弱生态区，厘清脆弱生态区国土空间格局与具体生态过程间的耦合关系，明晰区域社会发展的环境承载能力；以国家公园为主体的自然保护地体系为重要空间节点，构建区域生态安全格局，为优化国家生态安全屏障做出积极的学科贡献。

（2）坚持山水林田湖草是生命共同体的管理思路，支撑国家发展战略区的系统优化。十九大报告在“加快生态文明体制改革，建设美丽中国”的论述中同样明确指出，应完成生态保护红线、永久基本农田、城镇开发边界三条控制线划定工作。加强对生态文明建设的总体设计和组织领导，设立国有自然资源资产管理和自然生态监管机构，完善生态环境管理制度，统一行使全民所有自然资源资产所有者职责，统一行使所有国土空间用途管制和生态保护修复职责。针对以上重大国家需求，自然地理学研究有必要关注长江经济带、京津冀城市群、雄安新区等国家发展战略区，以生命共同体思想为依托，厘清自然生

① 习近平出席全国生态环境保护大会并发表重要讲话. http://www.gov.cn/xinwen/2018-05/19/content_5292116.htm[2021-02-03].

② 习近平：决胜全面建成小康社会 夺取新时代中国特色社会主义伟大胜利——在中国共产党第十九次全国代表大会上的报告. http://www.gov.cn/zhuanti/2017-10/27/content_5234876.htm[2021-02-03].

态系统变化与高强度人类活动的关联机理，明晰国土空间开发的范围、强度、时序，为大气污染防治、流域环境治理等提供科学指引。

（3）贯彻共谋全球生态文明建设的全球治理愿景，促进人类命运共同体的全面构建。十九大报告在“坚持和平发展道路，推动构建人类命运共同体”的论述中提出，应建设持久和平、普遍安全、共同繁荣、开放包容、清洁美丽的世界。要坚持环境友好，合作应对气候变化，保护好人类赖以生存的地球家园[①]。从通过“绿色丝绸之路”愿景输出生态文明建设理念，到落实《巴黎协定》和联合国《变革我们的世界：2030 年可持续发展议程》，中国在参与全球治理的过程中更加需要自然地理学的基础学科支持。为了在学科层面更有效应对复杂的全球性问题，国际科学理事会与国际社会科学理事会在 2018 年合并为国际科学联合会，标志着自然科学与社会科学走向深度融合。自然地理学依托综合性、交叉性和区域性的学科优势，成为联系可持续发展目标下多个学科的纽带。以自然地理学为基础，加强多学科交叉融合，共谋全球生态文明建设，为达成全球可持续发展目标提供中国方案，将成为中国自然地理学学科发展的重要战略目标。

三、自然地理学发展的重要研究方向

面对更加深入的学科交叉趋势和新时代国家发展战略需求，自然地理学及其分支学科的发展需要面向全球环境变化和人类需求，探索应用新技术、新方法，开展多要素、多过程集成研究，发展并完善地理模型，模拟和预测环境变化与可持续发展进程，进而服务于国家重大需求和政府决策。秉承以任务带学科的历史传统，面向服务国家重大战略的现实需求，生态文明建设进程需要自然地理学在科学认知与发现方面给予强大的学科支持，其重要研究方向包括如下方面。

1. 深化各自然地理过程研究，加强多重过程的关联

“水、土、气、生”自然要素过程的关联集成是自然地理综合研究的基础。在这些要素过程集成中，要素间两两集成是最为普遍的耦合形式，如生态水文过程、水土流失过程、植被气候交互作用等。而目前国际研究前沿在于，如何实现三要素及更多要素过程的集成。从要素关联机理角度来看，地球关键带研

---

① 习近平：决胜全面建成小康社会 夺取新时代中国特色社会主义伟大胜利——在中国共产党第十九次全国代表大会上的报告. http://www.gov.cn/zhuanti/2017-10/27/content_5234876.htm[2021-02-03].

究中植被－土壤－水文－生物地球化学过程的耦合关联是国际学界亟须深入分析的议题。从与人类活动相结合的角度，气候变化和土地利用变化下食物－能源－水的联结作为典型的多重过程关联研究主题，引起了学界的广泛探讨，并为推动实现可持续发展目标提供了直接支撑。总体而言，我国学界对多要素的自然要素与过程集成仍处于起步阶段，数理统计居多而机理解析不足，多种自然要素与过程耦合的物理、化学、生物关联机制需进一步探索和明晰。

2. 精确刻画复杂地理环境的关键过程

当前，随着地理学圈层相互作用模式越来越注重多要素耦合，自然地理学学科理念下的综合性和整体性进行“数值化表达”，需要定量化描述和整合越来越多的自然环境和社会经济特征，更为细致的观测试验与模型模拟成为精确刻画复杂环境系统关键过程的现实需求。依托历史观测资料的长期积累、多源遥感图像的不断发布、机理模型精度的有效提升，区域水（降水、水文）、土（土壤、土地）、气（气候、气体）、生（生态、生物）等自然要素及过程的耦合定量研究开始涌现，为复杂环境系统的动力机制的明晰提供了切实的科学依据。然而，自然地理数据之间存在复杂的尺度效应，仍需要在地球空间信息的全面获取、智能加工、多级管理等技术手段上取得进一步突破，发展我国数据丰富、功能完善的自然地理空间数据库和模型库，达成对复杂地理环境关键过程的精确刻画。

3. 识别地球系统对社会发展的承载能力

近几十年来，科学家已经提出了不同类型的阈值以期促进环境保护与可持续发展，如“环境承载力”、“增长的极限”及“气候护栏”等。其中，以“气候护栏”的概念来限制全球范围内气候变化的容忍界限得到了广泛认可，即全球最高温度升高不能超过1.5℃或2℃。“地球界限”是用于界定“安全运行空间”的边界值，而“安全运行空间”则是指人类活动的合理范围或程度。该概念框架旨在避免全球范围内剧烈的人为环境变化，降低人类活动超出地球系统生态阈值的风险，从而维持地球当前与全新世环境条件相近的状态，以保障人类的生存 (Rockström et al.，2009；Steffen et al.，2015)。“地球界限”通常是以某种地球系统过程的生态阈值为参考，基于预防性原则而提出的（张军泽等，2019a）。进一步了解不同地球系统过程的相互作用机制，完善“地球界限”的指标评估体系，明确“地球界限”、生态系统服务及人类福祉三者之间的内在联系，结合评估结果加强变革式环境治理的研究，成为识别地球系统对社会发展的承载能力的重要研究途径。

4. 辨析人地系统双向耦合机制

人地系统综合评估模型已经在对社会经济系统的建模方面取得了重大进展。然而，目前的地球系统模型只发展出了对自然要素双向耦合，与人类系统的耦合仍是单向的，并不考虑其反馈。人们越来越认识到，地球和人类系统之间存在着复杂的相互作用，需要一种双向耦合的方法来捕获系统中目前方法所缺少的非线性动力机制和反馈（Fu and Li，2016）。为了理解这两个系统的动力学，地球系统模型必须与人类系统模型耦合，通过双向耦合来表示真实系统中存在的正反馈、负反馈和延迟反馈。特别是，人口统计、不平等、经济增长和移徙等关键的人类系统变量并没有与地球系统相结合，而是受到诸如联合国人口预测等外生变量的影响。这使得当前的模型可能会错过真实地球 - 人类系统中的重要反馈，因此需要采取不同于当前模型的政策干预（Motesharrei et al.，2016）。面对可持续发展的重要性和紧迫性的挑战，有必要通过自然地理学桥接自然科学家、社会科学家和工程师，通过多学科研究和建模，开发人地系统耦合模型，设计科学有效的政策措施，从而使当前和未来的人类受益。

5. 深化生态系统服务对人地系统的桥接作用

生态系统服务是连接自然环境与人类福祉的桥梁，是人地系统耦合研究的核心内容（赵文武等，2018）。目前，生态系统服务研究往往是在多源数据集成和复杂环境系统模拟的基础上，聚焦从自然生态系统角度出发的生态系统服务评估与机制分析、考虑生态系统服务变化对人类福祉影响的生态系统服务效应分析，以及面向生态系统管理的生态系统服务调控。其具体研究内容可分解为评估、权衡、影响因素分析、供需分析、情景预测和优化调控六个方面。其中，生态系统服务评估、生态系统服务权衡、生态系统服务影响因素分析、生态系统服务供需分析是近年来生态系统服务研究的热点和前沿问题。未来，生态系统服务研究需加强生态系统服务对全球变化的响应特征和机制分析，面向可持续发展目标的生态系统服务供给-流动-需求研究、生态系统服务的动态评价集成与优化、生态系统服务与人地系统耦合、生态系统服务与大数据集成等，是深化生态系统服务对人地系统桥接作用时必须聚焦的重点方向。

6. 为全球可持续发展提供学科支撑

进入 21 世纪，全球化发展越来越快，环境问题更加突出。2000 年，联合国千年首脑会议召开，确定了联合国千年发展目标。2015 年，联合国可持续发展峰会召开，发布了《变革我们的世界：2030 年可持续发展议程》，全球朝着可持续发展目标迈进。为了能够更好地为全球可持续发展提供坚实的科学基础和技术支撑，在国家经济、社会和生态文明建设中扮演愈来愈重要的角色，自然地理学需要进一步注重要素集成、过程耦合，推动数据融合与模式发展（傅伯杰，2018b）。具体包括：聚焦人地耦合系统要素关联，研究地表圈层之间的要素交互作用、人类与自然环境要素交互作用、要素关联的空间特征尺度及长时间序列要素作用过程演化；通过不同评价途径，明晰地球生命承载能力的极限和临界点，通过系统集成对全球环境变化进行早期预警；面向全球综合风险的系统应对，明晰风险的相互链接，关注风险的级联效应，多学科交叉填补知识缺口，多部门参与应对网络化的风险；关注人类活动对气候变化的综合影响，研究大气成分的改变、下垫面性质的变化及人为热的释放对气候变化的影响；评估并预测人类对食物、水、能源的需求，提出面向粮食安全、水安全、能源安全的可持续土地利用配置方案；强化生物多样性保护与生态系统服务管理，明晰“生物多样性—生态系统结构—过程与功能—服务”的级联关系，为面向人类福祉提升的生态系统管理提供决策依据；识别区域及全球环境污染的健康效应，研究空气、水体、土壤污染对人体健康的影响，以及海洋污染的生物多样性响应对人类健康的影响等。通过对以上研究方向的深化，强化自然地理学在可持续发展中的基础学科地位，促成自然地理学在全球和区域环境保护与可持续发展中发挥举足轻重的作用。

第三节　自然地理学学科发展的政策建议

近 30 年来，国家自然科学基金对自然地理学的资助呈逐年上升趋势，人才队伍建设取得了积极成效。面向自然地理学学科发展前沿和国家重大需求，结合我国基金资助改革方向，在推动自然地理学学科发展中，尚需重点考虑如下方面。

第一，引导支持自然与人文交叉融合的综合研究项目，推动发展综合研究的理论、方法与模型。自然地理学作为一门基础科学，其内部本就存在自然地理要素的相互交叉综合，学科外则通过物理、化学、生物、人类活动等多种途径与其他学科相联系（许学工等，2009）。国家自然科学基金委员会地球科学部曾多次以优先发展领域等方式推进过多领域的学科交叉研究（如陆地表层系统研究、生物地球化学过程、地球深部过程与表层过程耦合等）。例如，陆地表层系统综合了“水、土、气、生、人”等众多要素，以及要素间相互作用，是国家自然科学基金委员会引导深入研究的重点方向之一（冷疏影和宋长青，2013）。此外，人类活动也是地貌过程的重要营力之一，人类世作为地球的最近代历史，也成为新的地史阶段。地理过程的研究正经历着从自然向自然与人文结合方向发展，从无机向无机与有机结合方向发展，从单要素、单个过程研究向多要素、多过程耦合与综合研究方向发展，从宏观到宏观与微观结合方向发展。从整体出发的地球系统研究对于认识陆地表层系统中水、土、气、生、人相互作用，深入理解地球系统具有重要意义。综合是地理学的本质和存在依据，集成是综合的演进与升华。地理学研究中，需要综合多学科的理论和知识。多要素、多过程集成的耦合系统形成新的结构、功能与属性，需要新的理论、方法与模型进行研究。地球表层是一个复杂系统，环境要素存在着本质的内在联系，以系统的思路，开展多要素耦合、由点至面的多尺度研究势在必行。需要加强野外定位长期监测和野外基地建设，在理解地表各分量物理、化学和生物过程的基础上，从整体出发认识陆地表层系统中水、土、气、生、人相互作用，才能深入理解和把握其整体特征。因此，建议引导支持自然与人文交叉融合的综合研究项目，推动发展综合研究的理论、方法与模型。

第二，面向国家重大需求，深化重点流域、区域人地系统耦合与环境变化效应的研究。在人类活动的影响下，地球表层系统发生了前所未有的剧烈变化。全球变暖、资源匮乏、臭氧层破坏、环境恶化、水土流失、生物多样性骤减、灾害高发频发等资源环境问题日益突出，严重影响着人类的生存和发展，可持续发展逐渐成为社会各界和世界各国讨论和研究的主题。我国自然环境复杂多样，资源短缺、环境污染和生态退化仍较为突出，成为制约我国发展转型升级和现代化进程推进的核心问题。系统揭示我国自然资源与生态环境的复杂性及演变规律，确保经济社会发展与资源环境承载力相平衡、与不同类型区域主体功能相协调，已经成为国家的重大需求。在我国可持续发展研究过程中，理解人地互动的复杂性是可持续发展的核心科学问题。人地系统耦合研究需要导向性的研究框架作为理论基础。由于人地系统包括自然、生态、环境、人类活动与需求等多个方面，人地系统耦合框架往往体现为在不同时空尺度上对系统组分的耦合分析。美国国家科学基金会面向人类活动主导地球表层变化的趋势，提出了“人与自然耦合系统”的资助领域。人与自然耦合系统能够整合自然科学与社会科学的研究团队，从自然系统与社会系统耦合的视角研究地球表层的复杂变化。针对“一带一路”倡议、“美丽中国”生态文明建设、乡村振兴等国家战略和重大发展需求，建议通过深化重点流域、区域人地系统耦合与区域环境变化效应研究，揭示自然－社会系统互馈过程机理，提出可持续发展途径。

第三，推动加强全球性问题的研究，拓展国际合作研究项目，逐步发起国际重大研究计划。在气候变化、经济全球化和其他人类活动等因素的共同影响下，自然系统与社会系统的结构与功能均呈现动态变化，Rockström 等（2009）评估了九个关键的地球系统过程，发现气候变化、生物多样性损失和氮循环已经超过了地球安全界限。可持续发展的问题需要全球联动解决。目前，人地系统耦合研究正在从直接相互作用深化为间接相互作用，从邻域效应发展为远程耦合，从局地尺度拓展到全球尺度，从简单过程演化为复杂模式。模型模拟分析是开展人地系统耦合机理研究和定量评价的重要工具和技术手段。因此，在揭示自然系统与社会系统互馈作用机制的基础上，形成社会经济分量模式和其他分量双向耦合的模拟系统是支撑区域和全球可持续发展的重要基础。国际上针对人地耦合机理与区域可持续发展模拟的研究不多，基础薄弱，还有许多科学问题亟待解决。联合国《2018 年可持续发展目标报告》指出，依照当前进展，到 2030 年不足以实现联合国制定的 17 个全球可持续发展目标，其中一个重要原因就是数据指标的监测、统计及模拟预测能力不足（张军泽等，2019b）。因此，推动加强全球性问题的研究，拓展国际合作研究项目，逐步发起国际重大研究计划，是提升我国自然地理学乃至地理学学科的国际影响力，实现可持续发展的重要途径。

本章参考文献

程国栋，肖洪浪，傅伯杰，等 . 2014. 黑河流域生态—水文过程集成研究进展 . 地球科学进展，29(4): 431-437.

范闻捷，高锡章，冷疏影 . 2018. 青年科学基金助推地理学研究创新与综合 . 地理科学进展，37(4): 451-464.

傅伯杰 . 2014. 地理学综合研究的途径与方法：格局与过程耦合 . 地理学报，69(8): 1052-1059.

傅伯杰 . 2017. 地理学：从知识、科学到决策 . 地理学报，72(11): 1923-1932.

傅伯杰 . 2018a. 新时代自然地理学发展的思考 . 地理科学进展，37(1): 1-7.

傅伯杰 . 2018b. 面向全球可持续发展的地理学 . 科技导报 , 36(2): 1.

傅伯杰 , 冷疏影 , 宋长青 . 2015. 新时期地理学的特征与任务 . 地理科学 , 35(8): 939-945.

冷疏影 , 宋长青 . 2013. 加强自然科学基金资助方向引导，推动陆地表层研究深化 . 地球科学进展 , 28(4): 509-515.

李双成 , 许学工 , 蔡运龙 . 2011. 自然地理学方法研究与学科发展 . 中国科学院院刊 , 26(4): 399-406.

李双成，王珏，朱文博 , 等 . 2014. 基于空间与区域视角的生态系统服务地理学框架 . 地理学报 , 69(11): 1628-1639.

李新 . 2013. 陆地表层系统模拟和观测的不确定性及其控制 . 中国科学 : 地球科学 , 43(11): 1735-1742.

刘焱序 , 杨思琪 , 赵文武 , 等 . 2018. 变化背景下的当代中国自然地理学——2017 全国自然地理学大会述评 . 地理科学进展 , 37(1): 163-171.

彭建 , 杜悦悦 , 刘焱序 , 等 . 2017. 从自然区划、土地变化到景观服务 : 发展中的中国综合自然地理学 . 地理研究 , 36(10): 1819-1833.

彭书时 , 朴世龙 , 于家烁 , 等 . 2018. 地理系统模型研究进展 . 地理科学进展 , 37(1): 109-120.

许学工 , 李双成 , 蔡运龙 . 2009. 中国综合自然地理学的近今进展与前瞻 . 地理学报 , 64(9): 1027-1038.

张军泽 , 王帅 , 赵文武 , 等 . 2019a. 地球界限概念框架及其研究进展 . 地理科学进展 , 38(4): 465-476.

张军泽 , 王帅 , 赵文武 , 等 . 2019b. 可持续发展目标关系研究进展 . 生态学报 , 39(22): 8327-8337.

赵文武 , 刘月 , 冯强 , 等 . 2018. 人地系统耦合框架下的生态系统服务 . 地理科学进展 , 37(1): 139-151.

Bennett E M, Peterson G D, Gordon L J. 2009. Understanding relationships among multiple ecosystem services. Ecology Letters, 12(12): 1394-1404.

Daily G C. 1997. Nature' s Services: Societal Dependence on Natural Ecosystems. Washington D C: Island Press.

Folke C, Jr Pritchard L, Berkes F, et al. 2007. The problem of fit between ecosystems and institutions: ten years later. Ecology & Society, 12(1): 30.

Fu B J. 2020. Promoting geography for sustainability. Geography and Sustainability, 1(1): 1-7.

Fu B J, Li Y. 2016. Bidirectional coupling between the earth and human systems is essential for modeling sustainability. National Science Review, 3(4): 397-398.

Fu B J, Pan N Q. 2016. Integrated studies of physical geography in China: review and prospects. Journal of Geographical Sciences, 26(7): 771-790.

Fu B J, Wang S, Su C, et al. 2013. Linking ecosystem processes and ecosystem services. Current Opinion in Environmental Sustainability, 5(1): 4-10.

Fu B J, Wang S, Zhang J Z, et al. 2019. Unravelling the complexity in achieving the 17 Sustainable Development Goals. National Science Review, 6(3): 386-388.

Fu B J, Wei Y. 2018. Editorial overview: keeping fit in the dynamics of coupled natural and human systems. Current Opinion in Environmental Sustainability, 33: 1-4.

Future Earth. 2013.Future Earth Initial Design: Report of the Transition Team. Paris: International Council for Science (ICSU).

Lamarque P, Quétier F, Lavorel S. 2011. The diversity of the ecosystem services concept and its implications for their assessment and management. Comptes Rendus Biologies, 334(5-6): 441-449.

Mooney H A, Duraiappah A, Larigauderie A. 2013. Evolution of natural and social science interactions in global change research programs. Proceedings of the National Academy of Sciences of the United States of America, 110(Suppl 1): 3665-3672.

Motesharrei S, Rivas J, Kalnay E, et al. 2016. Modeling sustainability: population, inequality, consumption, and bidirectional coupling of the earth and human systems. National Science Review, 3: 470-494.

Palmer M A, Filoso S. 2009. Restoration of ecosystem services for environmental markets. Science, 325(5940): 575-576.

Potschin M B, Haines-Young R H. 2011. Ecosystem services: exploring a geographical perspective. Progress in Physical Geography, 35(5): 575-594.

Rockström J, Steffen W, Noone K, et al. 2009. A safe operating space for humanity. Nature, 461(7263): 472-475.

Steffen W, Richardson K, Rockstrom J, et al. 2015. Planetary boundaries: guiding human development on a changing planet. Science, 347(6223): 724. doi: 10. 1126 / science. 1259855.

Wang S, Fu B J, Gao G Y, et al. 2012. The hydrological responses of different land cover types in a re-vegetation catchment area of the Loess Plateau, China. Hydrology and Earth System Sciences Discussions, 9(5): 5809-5835.

Zhao W W, Liu Y, Daryanto S, et al. 2018. Metacoupling supply and demand for soil conservation service. Current Opinion in Environmental Sustainability, 33: 136-141.

第六章 地貌学发展态势与发展方向

第一节 地貌学研究任务

地貌学是研究地球表层地形和组成特征及其形成演化的科学，强调空间和时间变化过程，是联系地质学、地理学和气候学等的交叉学科。地表物质的侵蚀、搬运、堆积和地壳构造活动是控制地貌发育的重要因素。在新时代，对月球、火星等地表形态和物质组成的研究，成为地貌学研究的新内容。可以说，地貌学是揭示地表格局和过程变化的重要学科。地貌过程影响着气候、水文、生物、土壤、冰雪等地表环境要素的分布格局，是地理学的重要基础和分支，也是地球表层系统科学的重要组成部分。全球和区域构造地貌演化、河流地貌过程、冰川和冰缘地貌变化、物质重力运移、坡地发育、土壤形成与土壤侵蚀、地表物质风化、风积和沙丘过程、干旱地貌、岩溶地貌发育与演化、海岸海洋地貌过程、火山地貌、灾害与应用地貌、行星地貌等不同类型地貌发育过程的规律和驱动机制，是近十多年来地貌学研究的重要内容（图 6-1）（程维明等，2017；莫多闻等，2017；汪品先，2017；鹿化煜，2018）。

从南半球新西兰火山海岸小冰期的冰碛物组成和分布，到北美洲大平原地区沙丘活化与植被的联系；从青藏高原 - 喜马拉雅山地貌发育对大江大河水系结构的控制，到植物根系发育过程对土壤沉积物分层的控制和影响，再到海岸盐沼植物对潮滩沟脊发育的作用和围垦对淤泥质海岸发育的影响等，都是当今地貌学家关心的重要内容，是当前地貌学的热点问题。

一、构造地貌

构造地貌学是地貌学的分支学科，主要研究构造活动形成的各种类型的地

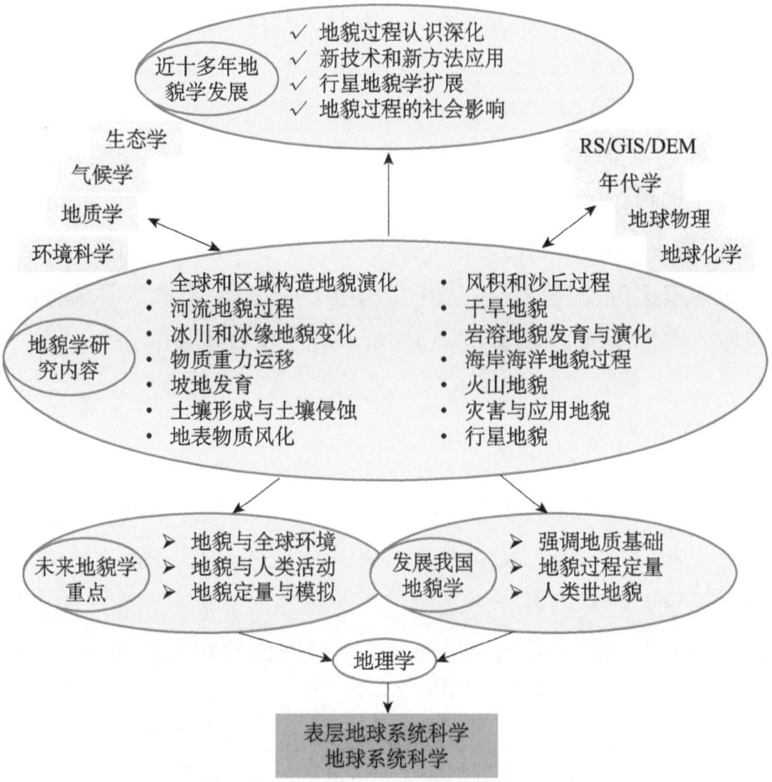

图 6-1　地貌学的研究内容及其与相邻学科的联系和未来发展

貌。在近半个世纪以来，新构造运动和板块构造的研究逐渐深入，各种大地测量手段的进步，推动了构造地貌学的发展，特别是对构造地貌的表现特征、形成机制、发展阶段、内部结构和分布规律等方面的认识有了长足进步（杨景春和李有利，2017）。

传统意义上构造地貌学是地貌学、地球动力学、构造地质学之间相互融合产生的交叉学科。其研究的主要内容包括：地貌与构造的关系，构造地貌形态和发展过程，以及构造地貌过程所揭示的地球内部构造动力过程。构造地貌学的主要研究任务是揭示构造与气候之间的相互作用，以及侵蚀和沉积等过程如何塑造活动构造区的地形、地貌（刘静等，2018）。具体内容包括：①分析由内力作用造成的地貌形态和各种地貌面变形及其反映的构造活动；②研究各种地貌体在构造作用下三维空间上的分布特征和演化规律，进一步反映地壳运动与构造应力场特征；③研究在多期构造运动背景下，同一地貌体内新老地层之间，或者新老地貌体之间的层次组合，这种组合的空间差异配合年代测定可以揭示构造变形速率和其运动学机制（史兴民和杜忠潮，2006）；④外动力过程对地貌的影响也被纳入构造地貌的相关研究中，旨在揭示构造作用、生物作用和气候变化等因素如何共同影响地貌演变，以及它们各自所起的作用。这些研究为更好地理解地球不同圈层之间（包括岩石圈、大气圈、水圈与生物圈）的相互作用提供数据支持（Molnar et al.，1993；Molnar and Stock，2009；Burbank and Anderson，2001；Zhang et al.，2001；Willett et al.，2006；Yang et al.，2017；李家彪等，2017；孟庆任，2017）。构造地貌学不但具有理论意义，在工程建设、灾害防治、地震预测和评价等方面也有重要的作用。

二、河流地貌

河流系统是陆地和海洋物质与能量循环的主要通道（图 6-2）。作为地表地貌形态的重要营力，河流系统动力过程和河流地貌演化是地球表层系统科学和自然地理学的重要研究内容。河流地貌学的研究主要集中在河流动力的侵蚀—搬运—堆积过程、河流地貌的时空演化，以及河流地貌与地球内部构造活动和地球表层气候及环境之间的相互关系。一方面，河流动力和地貌演化受构造活动和气候变化的影响；另一方面，河流侵蚀—搬运—堆积过程又在气候 - 构造相互作用中起着重要的媒介作用，是地球内部和外部相互作用的重要纽带（图 6-2）（Whipple，2009；Wang P et al.，2014）。气候变化、构造运动和人类活动引起的流量、泥沙量和坡度的变化会导致河流的沉积和侵蚀，是河流沉积和地

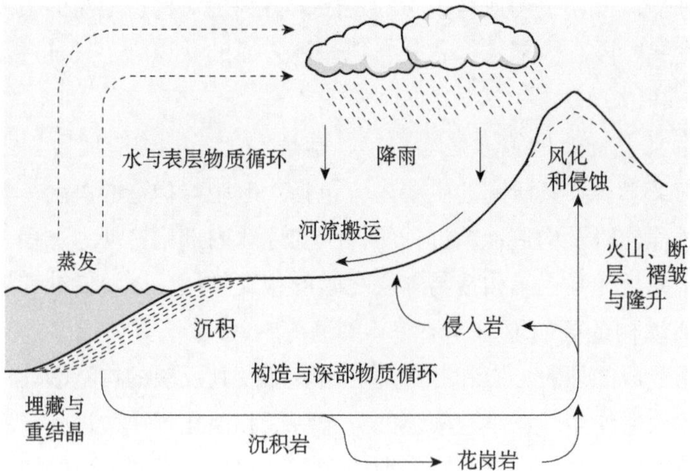

图 6-2　河流在水与表层物质循环和构造与深部物质循环联系中的作用

貌演化的重要影响因素。探讨河流系统对这些外在和内在因素的响应过程，并辨析和分离它们对河流沉积和地貌过程的相对贡献，是河流地貌研究中最具挑战性的科学问题（Vandenberghe，1995；李有利和杨景春，1997；Bridgland and Westaway，2008；Pan et al.，2009；Craddock et al.，2010；Wang X et al.，2014）。反过来，河流地貌特征和演化又被广泛应用于新构造运动研究（李长安 等，1999；Maddy et al.，2001；Zhang et al.，2014；Wang X et al.，2014），特别是被成功地应用到青藏高原隆升过程的研究（Clark et al.，2004；Lu et al.，2004；Schoenbohm et al.，2004；Yuan et al.，2011；Pan et al.，2012；Wang X et al.，2012）。

三、冰川地貌

冰川地貌是在冰川作用过程中形成的地貌类型，包括冰蚀地貌、冰碛地貌、冰水地貌，从时间尺度的视角可以划分为现代冰川地貌和古冰川地貌。冰川作用过程涉及大气圈、水圈、岩石圈之间的相互作用。此外，由冰川地貌引发的地质灾害对人类的生产、生活具有重要影响。冰川地貌虽然不像黄土沉积、深海沉积、洞穴石笋及冰心等记录连续的气候变化信息，但却忠实地记录了过去冰冻圈的变化和环境变迁。古冰川地貌是第四纪气候波动最直接、最有力的证据，也是研究过去全球变化的重要内容之一。此外，冰川地貌可以间接反映冰川的规模、范围，并结合冰川地貌的年代序列建立区域乃至全球尺度的冰川地貌演化。

因此，冰川地貌研究的主要任务有三方面：基于冰川地貌年代学研究区域乃至全球气候变化；基于冰川地貌结合 GIS、数字高程模型（digital elevation model，DEM）、模型模拟等技术手段恢复冰川作用的规模和范围及其演化过程；冰川地貌引发的地质灾害对人类社会的影响（施雅风等，2006，2011；鹿化煜，2018）。

四、干旱区与风沙地貌

如果将巴格诺尔德（Bagnold）于 1941 年发表《风沙和荒漠沙丘物理学》（*The Physics of Blown Sand and Desert Dunes*）作为现代风沙地貌学诞生的标志，风沙地貌学科仅有 80 年的发展历史。2000 年以来，随着相关技术的飞速发展，风沙地貌学在沙粒起动、沙丘发育过程、沙漠环境演变等方面取得了诸多进展，为开展沙漠化防治、干旱区资源利用和生态环境保护提供了重要的科学支撑。

风沙地貌主要发育在降水稀少的干旱地区，在湿润区的海岸湖滨地带也会出现局地的沙丘分布。对于干旱区而言，风沙地貌是其最重要的地貌类型。风沙地貌的形成演变不仅受风力作用，并且受到流水、湖泊、冰川等多种地貌动力过程的影响；同时，沙漠环境演化与宏观构造地貌格局的形成及长期气候变化等内外动力作用也密不可分。因此，作为地貌学的重要组成部分，风沙地貌学研究具有不同的时空尺度，包括分秒尺度上单个沙粒的起动与跃移、季节－年际尺度上沙丘的移动与变化、千－万年尺度上宏观沙漠环境的形成与演化。

五、海岸（含海底）地貌

海岸（含海底）地貌学是研究不同类型海岸（含海底）形成、发生和发展及其演变规律的科学。海岸（含海底）地貌是由波浪、潮汐和近岸流等海洋水动力作用所形成的地貌，它通常分布在平均海平面上下 10～20m，宽度在数千米至数十千米的地带内，分为潮上带、潮间带和潮下带（图 6-3）。其研究内容主要包括海岸（含海底）动力、海岸地质地貌、泥沙运动和海岸剖面、海岸地貌类型、海平面变化与海岸升降、海岸演化和海岸地貌等。广义的海岸带研究则可扩展至整个海岸海洋区域，将大陆架和大陆坡涵盖在内，特指陆地与大洋相互过渡的地带，既区别于陆地，又有别于深海大洋的独立环境体系，受人类活动影响较大，是研究水圈、岩石圈、大气圈、生物圈圈层交互作用的最佳切入点（王颖和牛战胜，2004）。

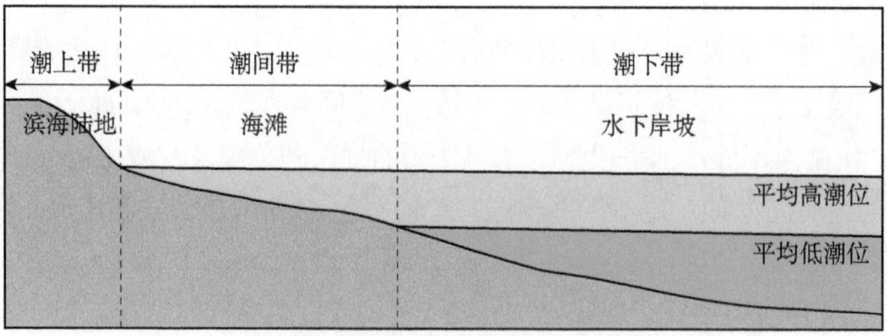

图 6-3　海岸带划分

六、灾害地貌

灾害地貌是由灾变地表过程（包括泥石流、滑坡、崩塌，以及堰塞湖形成和山洪暴发等）形成的地貌类型，属于山地灾害的研究范畴，也是重力地貌的重要组成部分。因为孕灾环境的多样性及复杂性，灾害地貌与河流、冰川等其他地貌类型存在很强的交叉性。灾害事件代表着地表过程对气候变化与构造活动的快速响应，具有超强的侵蚀与堆积效率，能够显著扰动“正常”的地貌演化。因此，作为灾变地表过程的主要研究对象，一方面，灾害地貌的深入研究可以解释“均变论”长期忽略的部分地貌现象，有助于完善地貌演变理论（Korup and Clague，2009）；另一方面，不同的地貌特征孕育着不同的山地灾害类型，这些山地灾害，破坏道路、桥梁和工程设施，摧毁城镇和乡村居民点，造成巨大的人员伤亡、财产损失和生态破坏，制约着区域发展（崔鹏，2014）。因此，灾害地貌的研究对保护人民生命与财产安全具有重要的现实意义。

灾害地貌的主要研究内容包含两个方面：不同类型山地灾害的风险分析、动力学过程和机制，以及相互关系和减灾对策；不同时空尺度，滑坡、堰塞湖、溃决洪水和泥石流等极端地表过程对于区域地貌演化的影响机制。

第二节　研究现状与发展趋势

地貌学的研究问题跨越不同的时空尺度。在宏观尺度，研究问题包括新生代欧亚板块强烈挤压控制青藏高原－喜马拉雅生长过程（鹿化煜和郭正堂，2013；汪品先，2017）；由全球气候变暖导致的热带太平洋地区数百千米区域的珊瑚死亡和珊瑚礁白化，或者是海面上升导致的全球海岸区域淹没和海岸带自然灾害加剧、影响数万千米的海岸线（Hughes et al.，2017）等。在微观尺度，研究问题可能是风蚀地区沙砾物质启动的风速阈值（崔梦淳等，2015），或者是海岸大米草盐沼植物对潮滩冲沟的影响（Wang Y P et al.，2012）等。2000 年以来，地貌学家围绕地表物质形态、地貌发育过程和驱动机制，对不同尺度地貌单元的形成、发育及它们之间的联系进行了深入研究，深化了人们对地貌过程的认识。

一、构造地貌

20 世纪中期以后，新构造运动研究广泛展开。板块构造理论诞生后，构造地貌学才作为一门独立的学科从地貌学中分化出来。构造地貌研究经历了早期的静态构造地貌研究和晚期的动态构造地貌研究两个阶段。早期的静态构造地貌研究局限于老地质构造在外动力作用下被侵蚀剥露而显现于地表的研究，侧重于岩性、产状与地貌间关系的阐述；晚期的动态构造地貌研究则强调通过地表地貌的研究来揭示岩石圈的构造运动，强调地貌的内动力作用过程，并力图排除外动力作用的干扰。一般而言，动态构造地貌研究主要涉及的是由岩石圈不同规模、层次的各种构造运动所形成的地表地貌形态，由于它受地球内部物质运动（内动力）主导，所以也称为内动力地貌（杨景春和李有利，2017）。20 世纪 90 年代以来，构造地貌的研究呈现以下两个趋势。

1. 圈层的相互作用

随着研究的不断深入，地质系统科学越来越重视地球各圈层的演化和相互作用的规律。构造作用和各种内、外动力耦合作用下形成的地球表层的各种构造地貌是各圈层相互作用的重要场所（图 6-4）。因此，构造地貌学的研究对

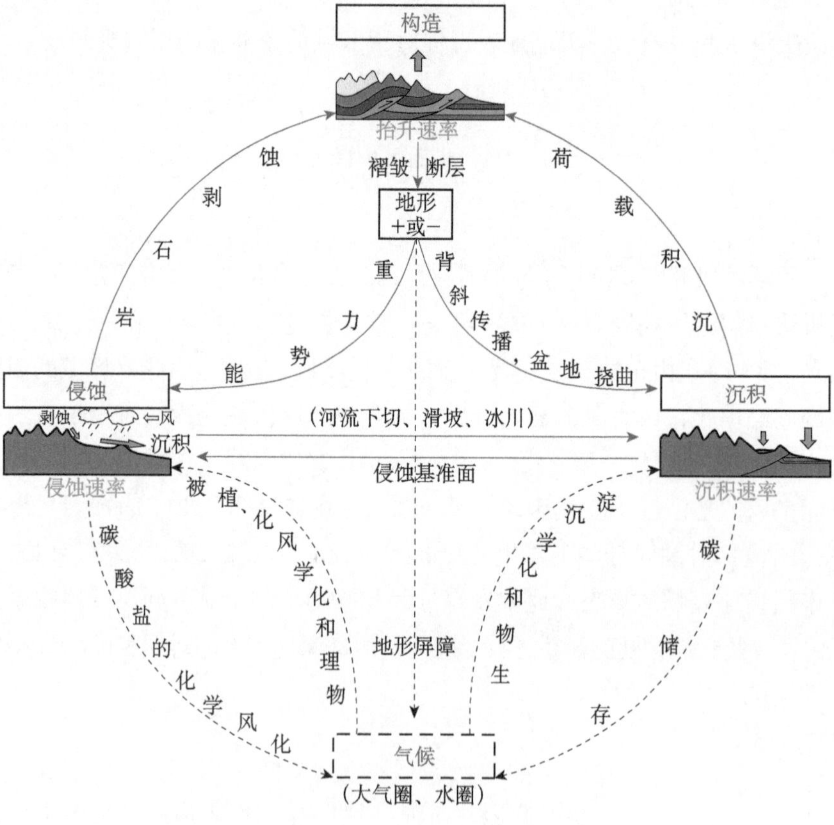

图 6-4 构造地貌揭示的多圈层相互作用

红色实线箭头代表构造和地表过程的相互作用，黑色虚线箭头代表气候和地表过程的相互作用，地形“+”或“−”代表地形抬升或降低，箭头方向表示在各种物理和化学作用下物质的循环过程

象并不仅仅局限于内动力地貌，地壳表层的地貌形态纷繁复杂，但它们主要是在内、外动力及其相互作用下形成的，单一动力成因的地貌很少。目前，更加注重地球内部的内动力作用和大气圈、水圈、生物圈等外动力作用，如何共同影响地貌形态和演化过程。构造地貌研究在21世纪将具有更广阔的发展空间，大时空尺度的构造地貌如高原隆升、海陆变迁带来的气候、生态效应及其反作用过程，是构造地貌学研究的一个重要方面（孙继敏，2014；Wang P et al.，2014；鹿化煜等，2015；郭正堂，2017；郑洪波等，2017）。

2. 新技术应用和定量化研究

随着空间探测技术［包括全球定位系统（GPS）、地理信息系统（GIS）和激光雷达测距（LiDAR）等］及新测年技术（宇宙成因核素等）的迅猛发展和应用，定量地貌学逐渐兴起。定量地貌学体现在对地貌过程的变化速率等野外观测数据的获取，以及利用物理和数学方程描述地貌的三维形态、演化过程和机制，定量化地表征构造抬升和地表侵蚀在塑造山脉或高原地形中的竞争和耦合关系（刘静等，2018）。随着DEM和数字地形的出现，卫星遥感技术及新测年技术的发展，人们可以从不同时间和空间尺度（全球、区域和局部）定量研究山脉地形、水系发育与侵蚀过程的空间分布特征和演化历史，促进了构造地貌研究由定性进入半定量化－定量化阶段。具体研究手段包括室内构造变形理论与野外构造地貌填图、DEM及地貌因子分析、高精度地形数据收集和地貌形态分析，以及三维可视化、砂箱物理模拟实验、数值模拟、低温热年代学和地貌体年龄的高精度质谱测年等（刘静等，2013）。

二、河流地貌

大量研究表明，河流的侵蚀 / 沉积旋回、河流形态、河流的沉积层序都与冰期 / 间冰期气候变化密切相关（Macklin et al.，2002；Howard et al.，2004；Pan et al.，2009）。例如，早期的气候地貌学家认为冰期主要发育辫状河流，河流主要发生沉积作用且搬运物主要为粗颗粒物质；而在间冰期主要发育曲流河，河流主要发生侵蚀下切且搬运物主要为细颗粒物质和有机质。20世纪以来，迎来了第四纪气候变化研究的革命——米兰科维奇理论的诞生，该理论提出第四纪应该存在多次冰期－间冰期的旋回。该时期河流沉积物测年的进展，揭示了河流系统的沉积 / 侵蚀旋回和河流阶地的形成在长时间尺度上与第四纪多次冰期－间冰期气候有着密切的关系；同时，不同气候带河流普遍发育多级河流阶地，阶地发育与气候变化周期（100 ka）一致（Kukla，1975；Porter et al.，1992）。但是关于河流沉积 / 侵蚀过程与气候变化的具体关系还存在分歧，如河流侵蚀下切形成阶地的时间，是在冰期 - 间冰期气候转换期（Maddy et al.，2001；Pan et al.，2003），还是在间冰期 - 冰期气候转换期（Cordier et al.，2006；Wang X et al.，2015）等。

也有学者强调构造活动因素在河流沉积 / 侵蚀过程和地貌发育中的作用，认为仅仅气候变化还不能导致河流阶地的形成，还必须有构造活动（与地壳均衡作用）才能导致地表抬升，而河流阶地序列也可以用来反演地表抬升的历史（Li et al.，1996；Veldkamp and van Dijke，2000；Maddy et al.，2001；Lu et al.，2004；Pan et al.，2009；Demoulin et al.，2017）。有学者分析全球主要区域河流阶地的分布，发现河流阶地在太古代以前形成的地块上不发育，而在太古代以后形成的年轻地块上普遍发育，表明河流阶地的形成还可能与河流所在地块形成的年代，进而与地块活动的性质和下地壳流体活动相关（Westaway et al.，2003）。一般认为，构造抬升地区河流以侵蚀作用为主，发育多级河流阶地；构造沉陷地区河流以堆积作用为主，发育厚层多期沉积物的叠加；而在构造稳定的地区河流以侧向迁移作用为主，发育多期沉积物横向连续分布的薄层沉积（Bridgland and Westaway，2014）。近年来，青藏高原东北部等地区河流沉积特征和阶地的分布表明，在区域总体抬升背景下，抬升速率的差异引发流域尺度内不同位置的相对构造活动（整体抬升、局部沉陷），进而会导致在同一流域不同的位置同时出现河流堆积（发育堆积状阶地）和河流侵蚀（发育侵蚀状阶地）（Wang X et al.，2010，2014）。

有研究发现，构造活动和气候变化对河流沉积和地貌发育的影响不是相互独立的，而是相互关联的（Lu et al.，2004；Pan et al.，2009；Bridgland and Westaway，2014；Viveen et al.，2014；Wang X et al.，2015；郑洪波等，2017）。例如，强烈构造抬升背景可能会放大气候影响效应，使河流响应的“气候阈值”降低，河流沉积 / 侵蚀过程更是敏感地响应了千年 - 百年短尺度气候事件，而在一个冰期 - 间冰期气候旋回中发育多级阶地（Wang X et al.，2015）。

20 世纪 90 年代初，随着计算机技术的发展和河流地貌演化过程研究的积累，河流地貌演化的数值模拟工作也开始得到发展。先后发展了多个数值模型，可以模拟不同时空尺度的河流 - 坡地相互作用过程、河流阶地的发育与分布、流域盆地河流沉积 - 侵蚀 - 堆积速率及时空演化、盆地沉积物物质和粒度组成、地表过程和岩石圈的耦合作用等（Lague，2014；Temme et al.，2017；

Veldkamp et al.，2017）。这些数值模型都是在权衡复杂性与数值模拟可行性的基础上，简化基本物理原理而采用经验关系推导而来的，包含根据不同研究目的而设置的参数，并且这些参数及模型的运行都与一定的时空尺度相关，数值模型的模拟结果还难以与野外观测结果进行实际对比。数值模拟结果表明，河流对内在和外在因素的响应不是简单的一一对应的线性关系，而是非线性、有时间滞后的复杂过程；并且相对于气候变化和构造活动，河流系统内部的反馈和调节可能对河流沉积和地貌记录有更显著的影响（Veldkamp et al.，2017）。数值模拟反映的内在和外在因素相互作用下河流地貌的演化，与高精度的传统的地貌分析（野外沉积、地貌填图和年代测定，特别是模拟结果指导下的靶向位置沉积和地貌分析工作）的相互对比、检验，将是深入认识河流沉积和地貌对内在和外在因素的非线性复杂响应的唯一途径。

三、冰川地貌

1. 冰川地貌年代学

纵观第四纪冰川研究，主要经历了与经典阿尔卑斯冰期模式对比（地貌地层法）（19世纪30年代至20世纪70年代）、与深海氧同位素曲线对比（20世纪70年代至20世纪末）、定量技术测年三个阶段（20世纪末以来）（周尚哲和李吉均，2003）。

目前，冰川地貌的年代学研究处于定量技术测年阶段，主要有：①地衣测年法，Chen（1989）和王宗太（1991）测定了乌鲁木齐河1号冰川前3道终碛垄的年代，是中国学者在第四纪冰川地衣测年方面最成功的范例；② ^{14}C 测年法（通常采集朽木或者一些黑色的、富含有机质的泥炭沉积，但是冰川地貌中这些物质难以寻找），Yi等（1998）利用冰碛表面次生钙膜中的无机 ^{14}C 成功测定了天山乌鲁木齐河源的冰碛物年代；③热释光（thermoluminescence，TL）测年法（崔之久等，1999）；④光释光（optically stimulated luminescence，OSL）测年法（Richards et al.，2000；Xu et al.，2010）；⑤电子自旋共振（electron spin resonance，ESR）测年法（Yi et al.，2002；Xu et al.，2009；Xu and Zhou，2009）；⑥宇宙成因核素（terrestrial cosmogenic nuclides，TCN）暴露测年法（Balco，2011；Wang et al.，2013）。

尽管冰川地貌测年手段较多，但是传统方法存在测年年限较短（ESR除外）、样品难以寻找（^{14}C）、测年误差较大（ESR、TL）、受区域限制性较强（地衣测年法）等缺陷，很难提供第四纪尺度较为准确的冰川地貌年代数据（施雅风等，2011；Balco，2011）。目前，经常使用 OSL（Richards et al.，2000；Xu et al.，2010）和 TCN（Balco，2011）测年技术测定冰川地貌的年代。尤其是 TCN 暴露测年技术，具备测年范围较广、测年物质易于寻找、可以直接测定冰碛物的暴露年代及其物理机理研究较为清楚的优势，备受冰川地质学家和年代学家的青睐。Balco（2011）总结了 1990～2010 年 TCN 测年技术在冰川地貌年代测定中的贡献及存在的问题，并统计了 2007～2010 年应用在线暴露年代计算程序（https://hess.ess.washington.edu/）获得的 TCN ^{10}Be 数据，从其测年数据分布图中可以看出 TCN 暴露测年技术几乎测定了地球上每个地方的冰川沉积物。Owen 等（2012）总结了青藏高原及其周边山地第四纪冰川作用测年研究的分布区域，其中 TCN 年代测年数据最多。Zhang 等（2018）分析了 1999～2017 年青藏高原及其邻近地区第四纪冰川地貌 TCN ^{10}Be 暴露测年研究文献，据不完全统计共发表了 1848 个 ^{10}Be 暴露年龄（图 6-5），这为青藏高原及其邻近地区建立第四纪冰川演化的年代序列及气候变化提供了年代支持。TCN 测年研究在重建南极冰盖变化、建立末次盛冰期以前山地冰川的年代框架等方面做出了很大贡献。

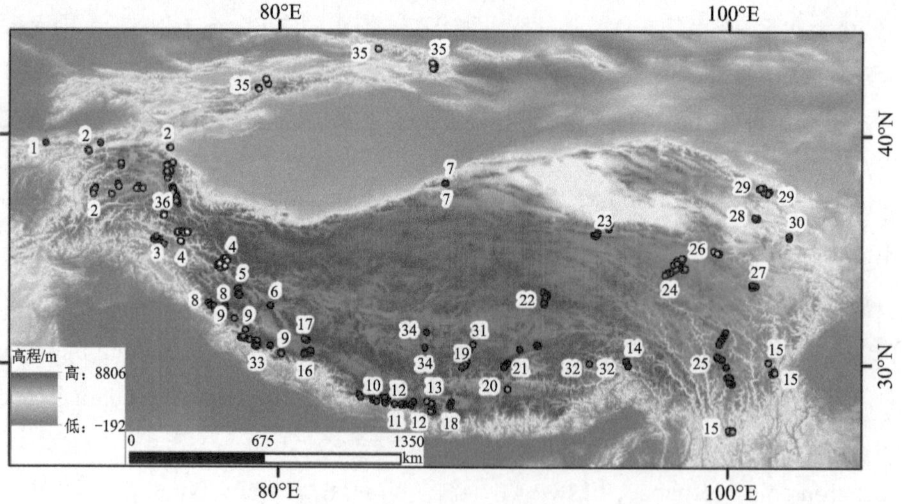

图 6-5　青藏高原地区 TCN ^{10}Be 暴露测年研究位置分布（Zhang et al.，2018）

1. 阿赖山；2. 帕米尔高原；3. 喜马拉雅山系南迦巴瓦山（Naga Parbet）山脉；4. 喀喇昆仑山脉及喜马拉雅山系 Ladakh 山脉；5. 喜马拉雅山系 Zanskar 山脉；6. 喜马拉雅山系 Ayilari 山脉；7. 阿尔金山脉；8. 喜马拉雅山系 Lahul 山脉；9. 喜马拉雅山系 Garhwal 山脉；10. 喜马拉雅山系 Annapurn 山脉；11. 喜马拉雅山系 Ganesh 山脉；12. 喜马拉雅山系 Langtang 山脉；13. 珠穆朗玛峰；14. 波堆藏布河谷；15. 横断

山脉；16. 纳木那尼山峰；17. 冈底斯山脉；18.Ama Drime 山脉；19. Xainza 山脉；20. 卡惹拉（宁金岗桑峰与卡鲁雄峰间）；21. 念青唐古拉山脉；22. 唐古拉山脉；23. 昆仑山东部；24. 巴颜喀拉山脉；25. 横断山脉（沙鲁里山）；26. 阿尼玛卿山；27. 年保玉则山；28. 拉脊山；29. 祁连山脉；30. 达里加山；31. 拉贡山；32. 喜马拉雅山系 Basongcu 流域；33. 喜马拉雅山系 Swat 等山脉；34. 喜马拉雅山系 Tangra Yum Co 地堑；35. 天山山脉；36. 塔什库尔干山脉

2. 冰川地貌制图

随着 DEM 在地貌过程中的应用，在冰川地貌实地考察的基础上应用 SRTM-DEM 和 Landsat ETM+ 遥感影像进行区域冰川分布范围、冰川地貌类型的制图，并结合冰川地貌年代结果重建冰川作用历史与规模是目前冰川地貌研究的重要方向之一。GIS、DEM 及遥感影像等在冰川地貌研究中的应用，降低了冰川考察的危险程度，扩展了冰川地貌研究的空间范围和高度，从而提高了冰川地貌研究的效率。相关学者已在全球不同冰川地貌分布区进行了冰川地貌制图，如新西兰（Borsellino et al.，2017）、格陵兰的西南部（Pearce et al.，2018）、青藏高原中部（Moren et al.，2011）、青藏高原东南部沙鲁里山区域（Fu et al.，2012）。

3. 冰川地貌模拟

基于冰川地貌分布的位置（主要是冰碛垄）及其不同地貌部位的测年结果，结合 DEM，利用相关模型（如物质平衡、冰流模型、冰川－气候模型），可以重建过去某一时间范围内某一区域冰川波动（冰川体积、冰川物质平衡线高度）情况，以及过去发生冰川前进时的温度、降水情况，并与现代气候条件进行对比，从而更好地理解冰川对气候变化的反应。目前，已有学者在青藏高原西北部冰川地貌区域进行研究，并取得了较大进展（Xu et al.，2013）。

4. 冰川地貌引发的灾害

灾害本是一种自然现象，但是涉及人类的生存和生活就必须研究其形成机制以降低灾害的影响。由冰川地貌引发的灾害有冰川洪水（本小节只指冰湖溃决）、冰川泥石流。中国的冰川灾害主要分布在青藏高原新构造活动频繁、地势起伏很大的边缘山地，冰碛湖灾害主要集中在喜马拉雅山中段和雅鲁藏布江大拐弯的周边地区，冰湖溃决最频繁的地区主要集中在喀喇昆仑山区和天山西部。这些与冰川地貌相关的灾害对周边区域居民的生存和发展影响巨大，研究这些灾害的成因和机制是冰川地貌学的任务之一（朱颖彦等，2014；秦大河等，2017）。

四、干旱区与风沙地貌

1. 风沙物理和沙丘发育过程

沙粒在一定风力作用下被起动和运移，其动力过程遵循颗粒运动物理学规律；而后在合适的地貌部位堆积，并按照一定的规律形成大小不同、形态各异的沙丘（Bagnold，1941；Tsoar，1982）。在微观尺度上，风沙物理学家关注沙粒的起动和跃移、风沙运动规律、风沙流和输沙率等科学问题（董治宝等，2003；Wiggs，2011）。流动沙丘的发育过程受到近地面风场和沙源供给等因素影响（Kocurek and Lancaster，1999）。植被生长和土壤发育会改变沙丘的流动性，从而影响沙丘的形貌特征。风沙地貌学家较早就关注了流动沙丘的发育过程，并总结了不同的沙丘类型。早期的研究强调沙丘的成因及其与风场之间的关系，主要表现在对沙丘形态学类型的划分上（费道罗维奇，1962；Breed and Grow，1979）。沙丘分类还考虑了沙的丰富程度、植被等对沙丘形态的影响（Lancaster，1995）。随着近年来遥感技术的发展和应用，研究者可以辨识复杂沙丘类型（McKee，2004）。我国学者基于我国北方沙漠地区丰富的沙丘类型，研究了一些独特的沙丘类型（Dong et al.，2010），提出了适用于我国沙漠地区的沙丘分类系统（吴正，2003；董治宝等，2003；董玉祥，2000）。此外，对复杂沙丘类型的成因和发育过程进行研究也是风沙地貌学的热点。尤其是利用数值模型，Zhang等（2012）模拟了金字塔形沙丘在多向风作用下的发育过程。Lü 等（2014，2017）利用数值模型并结合野外观测，研究了斜向沙丘（oblique dunes）和耙状线性沙丘（raked linear dunes）的发育过程。这些复杂沙丘或复合型沙丘往往反映了更复杂的风动力环境，以及沙源、下伏地形等对沙丘形态的塑造。覆草沙丘（vegetated dunes）由于其形貌上的独特性，以及在古环境重建中的意义，也引起了部分学者的持续关注（Tsoar and Blumberg，2002；Xu et al.，2015a）。

2. 沙漠形成与环境演变

沙漠宏观地貌和干旱环境的形成，与大气环流、沙源及地形等条件密切相关。长时间尺度的构造活动控制了海陆分布、山盆体系等宏观地貌格局，并通过影响气候和高山－盆地物质输运等过程来控制沙漠的长尺度演化（鹿化煜和郭正堂，2013）。地形等局地因素也会造成在湿润区或降水量充沛的海岸湖滨地带出现零星沙丘分布（邹学勇，1990；董玉祥，2006）。但就沙漠或干旱环境而言，长期气候变化是其形成演化的主要驱动力（鹿化煜和郭正堂，2013；郭正堂，2017）。我国学者在这一领域开展了长期研究，特别是在中国沙漠沙地演化及其与气候变化关系等方面，取得了一些具有国际影响力的学术成果（董光荣等，1983，2002；高尚玉等，1993；Sun et al.，1999，2006；王涛，2003；靳鹤龄等，2004；Ding et al.，2005；Yang et al.，2013，2015；Lu et al.，2005，2011；鹿化煜等，2006；Zhou et al.，2009；Yang et al.，2012；Zheng et al.，2015；Xu et al.，2015b，2020）。人类活动可以改变近现代沙漠沙地的风沙环境（王涛，2003；Mason et al.，2008；Xu et al.，2018，2020）。在地质历史时期，尤其是在长时间尺度上（如千万－百万年尺度），构造活动及长期气候变化对沙漠沙地等干旱环境的形成起主控作用（Guo et al.，2002；Ding et al.，2005；Sun and Liu，2006；Fang et al.，2003；Lu et al.，2010，2019；Zheng et al.，2015；Sun et al.，2015；郭正堂，2017）。

目前，对中国北方区域干旱化以及沙漠的形成时代和演化历史争议较大。Sun 等（2011）和 Li 等（2014）等对塔克拉玛干沙漠和腾格里沙漠等进行了钻孔研究，结果表明这些沙漠主体形成于第四纪时期。晚更新世以来沙地环境形成被认为与地表水文过程联系紧密（Yang et al.，2015）。过去两万年以来，轨道周期和北半球冰量调控的气候变化（在东亚地区主要表现为季风气候）影响了中国北方沙地的干湿变化（Lu et al.，2013a，2013b）：在气候相对暖湿的间冰期（如全新世大暖期），沙地大范围固定，而在气候相对冷干的冰期（如末次盛冰期），沙地大范围活化并且面积有所扩张。有研究认为，塔吉克盆地的沙漠和沙漠环境在约 39 Ma（百万年）前出现（Carrapa et al.，2015），这与西宁盆地沉积记录较为一致，后者认为在始新世—渐新世交界处（约 34 Ma）就可能出现干旱环境（Dupont-Nivet et al.，2007）。我国学者研究认为，塔克拉玛干沙漠形成于 26.7～22.6 Ma（Zheng et al.，2015）。虽然备受争议（Sun et al.，2015），这一结果与之前发表的指示干旱环境的最老风成红土堆积的年代结果较为一致（Guo et al.，2002；Qiang et al.，2010）。也有学者认为，沙漠形成于较晚的晚上新世或第四纪的早更新世（Ding et al.，2005；Lu et al.，2010，2019），并与全球气候变冷有关（Lu et al.，2010，2019），而其他学者认为沙漠形成于时代较晚的中更新世（Li et al.，2014；Wang F et al.，2015），甚至更晚的晚更新世（Yang et al.，2015）。

五、海岸（含海底）地貌

D. W. Johnson 于 1919 年出版了 *The Shore Processes and Shoreline Development*

一书，标志着现代海岸地貌学的建立。因此，西方国家有关海岸地貌学的研究起步早、积累多，在建立完整学科理论体系的同时，也发展了大量新技术与新方法，如沉积物输运堆积的观测、实验室粒度地球化学和测年分析、计算机数值模拟、地貌形成和演化的模型方法等。我国海岸地貌学虽然起步较晚，但在学习现代西方海岸地貌学理论体系的基础上，已经从简单的现象描述扩展到地貌形成和演化的过程及机理研究。在观测数据分析和计算机模拟方法等方面，与西方国家总体上还存在差距。

中国东部有典型的沉积物来源丰富的宽广陆架区，发育了大河河口和三角洲，沉积过程活跃、沉积体系特征鲜明，各种海岸地貌时空演化复杂多变且深受全球自然环境变化和人类活动的影响，是研究气候变化和人类活动影响下海岸地貌形成和演化的理想区域。因此，近年来国际相关研究计划，如大三角洲河口湾、河控型大陆边缘研究，大陆边缘从源到汇计划、海岸带海陆相互作用等，都将该地区作为典型区域加以关注（杨守业等，2015）。

我国河口海岸地貌在具有复杂性和典型性的同时，也具有独特性，如大河三角洲沉积体系（黄河三角洲、长江三角洲和珠江三角洲），与大河密切相关的远端泥沉积体系（黄东海陆架泥质沉积），江苏潮滩－辐射状沙脊群复合沉积体系，大型河口湾沉积体系（杭州湾和长江河口充填沉积），不同成因的生物海岸（盐沼湿地、红树林、珊瑚礁）和沙坝－潟湖沉积等。国内外学者对这些海岸沉积体系形成和演化机理及其所含的沉积记录产生了浓厚的兴趣，并对这些沉积体系进行了富有特色的深入研究。早期的研究主要是描述性的，近年来则加强了沉积体系特征刻画、过程机理研究和数值模拟研究。另外，我国地处亚洲东部，海岸带人口密集，环境压力很大，虽然在科学内容上海岸（含海底）地貌学的研究与国际上的总体趋势是一致的，但是在研究的侧重点和应用目标上却与西方发达国家不同。例如，欧洲许多国家在海岸带管理上产生了“向陆退却”的需求，而我国海岸带资源开发的需求很旺盛，如何在开发资源的同时，又保护海岸生态系统和环境健康，是海岸带管理面临的主要任务（高抒，2008）。

总体来看，我国海岸地貌学的研究在大河口三角洲、潮滩－辐射状沙脊群复合沉积体系、生物地貌的形成演化等方面取得了一系列的丰硕成果。我国东部陆架区地貌沉积体系的形成和演化与大河息息相关，基于沉积物收支理论和河口沉积物滞留指数分析，提出大河河口三角洲－远端泥和陆架边缘三角洲形成演化的新理论，突破了原有的三角洲分类框架：①提出了沉积物临界入海通量及三角洲生长极限理论（杨世伦等，2003；Yang et al.，2003；Wang et al.，

2008）；②发现了河流三角洲的动态演化谱系，即河口湾—河口三角洲—水下三角洲—陆架远端泥的演化顺序，突破了以往三角洲静态演化理论（Liu et al., 2014）；③扩大了河流三角洲的定义，将河流远端泥看作三角洲的重要组成部分，并通过远端泥沉积特征揭示了河流三角洲演化的阶段性（Liu et al., 2014; Jia et al., 2018）；④低海面时期的河流三角洲，可能由陆上三角洲、水下三角洲和远端泥组成，因此有必要建立区分水下三角洲和远端泥的沉积指标（Gao et al., 2015）。

江苏海岸的潮滩－辐射状沙脊群复合沉积体系以潮差大、潮流强、沉积物供给丰富为特征，是全国乃至全球连片面积最大、生态类型最齐全和冲淤演变最复杂的典型淤泥质潮滩。20 世纪 80 年代起，我国学者针对这一独特地貌沉积体系开展了系列研究，如沉积与地貌分带性及其形成机理（Liu et al., 2011）、潮滩－辐射状沙脊群复合沉积体系的水动力和沉积动力过程（Shi et al., 2017; Zhang, 1992）、风暴潮沉积（Ren et al., 1985）、沉积记录保存潜力（Gao, 2009）、人类活动下的潮滩地貌响应（Wang X P et al., 2012）等。潮滩－辐射状沙脊群复合沉积体系已经成为继北海潮滩之后的又一个典型研究地点（Gao, 2019）。

近年来，有关盐沼湿地、红树林、珊瑚礁、沙坝－潟湖沉积体系的研究也吸引了大量研究者的目光，并取得了众多研究成果。例如，盐沼植被（尤其是互花米草引种）对潮滩沉积动力过程及冲淤格局的影响（Gao et al., 2014）、红树林及红树林－盐沼共生区的细颗粒沉积物和有机质的累积效应（Yang et al., 2014; Feng et al., 2017）、沙坝－潟湖沉积体系的台风沉积过程等（杨保明等, 2017; Zhou et al., 2017）。但目前对珊瑚礁的关注点仍主要集中在气候和环境变化的沉积记录解译（Song et al., 2014），有关珊瑚礁沉积和地貌过程的研究仍有待加强（Yu et al., 2004; Chen et al., 2009）。

六、灾害地貌

由于山区的灾变过程直接威胁到人类的生命和财产安全，人们很早就开始了山地灾害的相关研究，1512 年时就有文献专门分析瑞士的一个滑坡（张开, 2012）。第二次世界大战后，在大规模山区经济建设过程中遇到了很多灾害问题，促进了山地灾害的研究发展，但是直到 2000 年以来，人们才逐渐认识到灾变事件是比冰川和河流更高效的塑造地貌的方式。

1. 山地灾害研究

目前，已经基本查明了山地灾害的区域分布规律，建立了比较实用的危险性分析方法，揭示不同类型灾害的形成机理和运动规律，形成了相对完善的监测预警体系，对很多灾害进行了有效治理（崔鹏，2014）。近年来，山地灾害研究的趋势主要体现在，注重采用新的监测手段［主要为 InSAR（合成孔径雷达干涉测量）］，通过灾害体的蠕变特征，对潜在灾害进行早期识别（黄润秋等，2017）。研究山地灾害对气候变化的响应，以及未来气候变化情景下的灾害预估（崔鹏等，2014）；从水土耦合的角度，对灾变过程进行微观结构土力学研究和数值模拟（崔鹏，2014）；从单一灾种的详细研究，到多灾种相互转换的山地灾害链研究（Liu and He，2018）。

2. 极端地表过程的地貌响应

近年来，越来越多的研究发现滑坡及冰川等造成的堵江事件具备显著影响河流纵剖面的能力，主导了很多河流的裂点发育（Ouimet et al.，2007；Korup et al.，2010），堰塞型的裂点至少可以持续上万年（Liu W et al.，2015，2018），这会降低利用河流形态反演构造活动的可靠性，甚至改写区域地貌形成机制的解释。同时，溃决洪水具备冲蚀形成大型壶穴、瀑布和基岩峡谷等地貌形态的能力（Lamb and Fonstad，2010；Lamb et al.，2014）。

同时，作为坡面侵蚀对河流快速下切的响应理论，临界坡度理论认为当坡体超过一定的临界值时，滑坡将主导坡面的侵蚀过程（Roering，2012）。在更短的时间尺度，地震及其数年后，普遍发育的滑坡和泥石流能够在短期内将大量的松散物质快速输送河流系统，极大地影响了其连通性（Li et al.，2016）；充足的沉积物补给导致河道的快速淤积，甚至在几十年内形成近百米高的河流阶地（Schwanghart et al.，2016）。长期以来，这种灾变过程形成的地貌体一直被认为是“正常”河流地貌演化的结果。

第三节　关键科学问题

地貌学家只有把眼光投向关系人类生存发展的重大环境、资源、灾害等问题，发挥地貌学研究的独特优势，才能提高地貌学的学科竞争力，使其真正成为地球系统科学基础的、重要的和前沿的学科方向，从而发展新时代的地貌学。基于这个原因，地貌学家不仅要开展传统的地貌学问题研究，更要进行学科交叉，发展地貌学基础理论，服务国家战略，扩大地貌学的影响。地貌过程与全球环境的相互作用是地球系统科学的前沿和重要科学问题之一。在“未来地球”研究计划中，动态的星球（内容包括观测、解释、预测地球环境和社会系统的变化趋势、驱动机制及相互作用）是三个重要议题之一。作为地球表层的重要因素，地貌过程在全球环境变化中起着重要的作用，有时甚至是决定性作用。在这一新时代背景下，人类活动已经与大气环流、生物作用、岩石圈风化和水文循环等一起，成为影响地表过程的重要因素。作为揭示地表物质形态变化过程的地貌学，考虑人类活动的影响，揭示人类活动在地貌过程中的作用，必然是重要的研究内容。作为复杂的地貌系统，简单的描述和分析，难以揭示地貌过程的真实面目、内在的动力过程和要素间复杂的响应与反馈机制；建立相应的数值模型，是认识地貌演化规律、影响因素和预测未来趋势的必由之路。

一、构造地貌

基于构造地貌的发展趋势，未来的研究应该着重解决以下关键科学问题：如何区分地球内动力和气候驱动的地貌演化，包括沉积学、地貌学、地质体定年、地球化学、大地测量学起何种作用；在不同时间和空间尺度上如何比较沉积速率、隆升速率、气候代用指标；生物控制的地表过程和岩石圈动力学过程之间存在什么样的反馈作用；地形、构造应力、水文过程、地球化学通量、破碎岩石的风化过程如何降低地表强度并影响大尺度的侵蚀通量；生物、构造、地表和气候过程如何相互作用从而影响全球碳循环；如何定量化地表征与地貌演化模型相关的岩石的力学性质。

二、河流地貌

1. 河流系统的非线性响应、反馈与演化过程

构造活动、气候变化、流域内在地质因素等对河流系统的影响并不都是直接作用，也有间接作用。例如，气候可以直接控制河流径流与泥沙量，气候也可以通过影响植被和土壤下垫面对径流和泥沙量产生影响。又如，构造活动可以直接对河流的坡度、河流的能量产生影响，也可以通过对河床岩石结构的破

坏，间接影响河流的侵蚀和搬运过程等。另外，各种内在和外在因素对河流系统的影响并不是孤立的线性作用，而是相互影响的。例如，构造活动可能使得河流对全球变化的响应更敏感（Wang X et al., 2015）。因此，需要关注河流系统对构造活动、气候变化和河流内在因素相互作用对河流系统演化过程的影响，以及河流系统对这些因素的非线性响应和反馈过程。

2. 河流地貌过程在地球内部构造活动和气候变化相互作用中起媒介作用的机理

构造抬升引起风化、河流侵蚀—搬运—堆积过程的响应，进而对大气成分和气候变化产生影响。气候变化引起的河流侵蚀和水系重组，会引起地壳均衡作用，进而影响构造应力的分布和构造活动，即河流地貌过程是气候变化和构造活动相互作用的桥梁。因此，河流地貌过程研究需要研究的关键科学问题是：具体何种地貌过程、什么时空尺度的河流地貌过程、什么样的地貌变化时空阈值才能形成有效的桥梁作用，在河流地貌过程的桥梁作用下气候变化和构造活动相互作用的时空敏感程度如何。

3. 极端（灾变）气候事件与周期性（渐变）气候事件的河流地貌效应

传统认为，气候变化的幅度和持续时间均超过一定阈值后，才能引起河流系统的变化，形成明显的地貌效应。研究表明，持续时间较短的灾变性气候事件（极端降水、冰川湖溃决洪水等）具有显著的地貌效应（Cook et al., 2018）。极端（灾变）气候事件与周期性（渐变）气候事件的河流地貌效应需要研究的科学问题是：其对地貌过程的作用机制是否有差异，极端（灾变）气候事件与周期性（渐变）气候事件对长期地貌演化过程和典型地貌形成中的贡献各自有多大。

4. 人类世人类活动对河流地貌过程的影响机制

人类活动改变了地表下垫面的特征，进而影响流域的水文特征；同时，也会改变河流的源－汇过程和泥沙在流域内的分布等，最终导致河流流量/泥沙量的关系发生变化，进而出现河流地貌过程的响应。人类活动对河流地貌过程的影响需要研究的关键科学问题是：人类活动与自然因素对河流系统的影响如何分离；人类活动在多大程度上改变了自然状态下的河流过程，是否使河流系统突破自然状态阈值进入了新的状态。

三、冰川地貌

冰川地貌包含了地理学研究的时间和空间信息，虽然分辨率较差，但是包含了过去冰川变化的规模和范围信息，可以用来对比全球不同区域冰川活动的范围和规模，这是其他高分辨气候记录指标无法替代的。冰川地貌是过去气候变化最直接的见证者。因此，冰川地貌需要研究的关键科学问题是：在冰川年代学的基础上，结合冰川地貌制图和模型模拟，建立区域冰川演化历史，并进行区域或者全球尺度的对比，最终研究气候变化的机制问题［南北半球冰川前进是否一致、触发冰川（冰盖）发育的气候原因等］。

四、干旱区与风沙地貌

虽然已有的研究深化了对构造、轨道、千年－百年尺度上沙漠和沙地形成演化的认识，但目前对于亚洲内陆和中国北方沙漠的形成时代问题仍有较大争议。在中亚和东亚地区，分布有近 400 万 km^2 的戈壁、沙漠和沙地。这一区域面积广阔，是全球风尘物质的主要排放源区。这些地区的环境变化可以通过影响粉尘物质的释放，参与全球生物地球化学循环，从而影响全球气候和能量平衡（Jickells et al.，2005）。中亚和东亚内陆沙漠的形成与演化，与全球气候变化和青藏高原隆升有关；科学揭示中亚、东亚内陆沙漠形成演化机制，对理解全球变化以及青藏高原隆升历史及其环境效应等重大科学问题具有重要意义。同时，开展中国北方沙漠和沙地环境演变的研究，有助于理解区域及全球尺度的环境相互作用关系，这对我国北方生态环境的改善以及理解这些气候敏感区域在未来全球变化背景下的区域响应和反馈机制等也有积极意义。

五、海岸（含海底）地貌

在全球气候－海面变化和人类活动作用下，海岸环境正在发生系统状态转换。这意味着，基于原有系统状态建立的一些理论和方法可能已经失效，需要研究海岸系统状态转换的特征、过程和机理，预测新状态下的演化趋势，以期为未来“海岸带蓝图重绘”提供切实可行的解决方案和路线图。

1. 在气候变化和人类活动影响下，大型流域－河口－陆架的“源－汇”过程及海岸（含海底）地貌响应机理

大型河流由于流域面积大、河口－陆架沉积体系关系复杂，先前的研究往

往更加侧重于分别在源和汇（流域和海洋）两个环节进行独立研究。因此，对气候变化和人类活动影响下陆源物质源－汇传输系统的整体变化，以及内部不同单元冲淤状态调整和相互之间的变化关系仍缺乏深入了解（Gao and Collins，2014）。今后，应更加注重流域－海岸系统的整体研究。例如，气候变化和人类活动影响下的长江流域入海输沙量有哪些阶段性变化，人类活动对输沙量变化的贡献有多大；自然状况和人类活动影响下的河口三角洲在发育规模和增长速率方面有何区别；河口三角洲的生长和发育，以及流域沉积物在三角洲的滞留指数对流域输沙量的阶段性变化有何响应；河流远端泥沉积体系的总体淤涨速率与河口三角洲的发育阶段及流域沉积物在三角洲的滞留指数有何相关关系；流域人类活动对河流远端泥沉积体系的生长速率有何影响。

2. 海岸（含海底）地貌动力学中极端事件的影响及相应的过程－产物关系解译

在通过现场观测对现象和机理进行解译的同时，海岸（含海底）地貌形态和演化的模拟已从先前的基于沉积物收支的方法逐渐深入基于过程和机制的方法（Paola，2000；Hutton and Syvitski，2008；Liu X J et al.，2015），新问题、新过程、新机理的研究仍是今后的重点。目前，我国海岸带普遍面临着流域入海输沙量锐减、海平面持续上升、海洋灾害频率和强度不断加大的影响（Muis et al.，2016），未来沿岸的三角洲和潮滩等大型地貌沉积体系均面临侵蚀消退的风险（Yang et al.，2011）。因此，目前迫切需要加强对洪水、海啸与台风等极端事件对河口海岸地貌的影响及预测研究。物理模拟和数值模拟可能是研究上述问题的重要工具，同时，数值模拟还可以连接物理模拟结果和现场观测结果，实现真正意义上的从物理模拟到现实世界的翻译，使机理研究建立在更加可靠的基础上。

3. 生物作用对海岸地貌形成和演化的影响机理

生命过程在沉积地貌体系中的位置比较清楚，但如何量化和模拟还存在方法论上的障碍。在盐沼湿地、珊瑚礁等环境下，生物过程如何表达是一个难题。在沉积和地貌动力学中，生物体的影响被表达为物理因子的函数，生物体本身的过程和机制仍然是被忽略的。总体上说，建立物理和化学过程的控制方程相对较易，但是在刻画生物过程方面却极具有挑战性。以往生物过程往往表达为物理、化学过程的效应，但是却会丢失太多的信息，亟待发展新的方法来有效刻画生物过程。人类活动过程的量化和模拟也有类似问题。对于该问题的解决，可以通过大数据的方法建立关系模型：选取一定形式的数学函数，将其中的变量分为两类，一类是与生命体本身特征相关的，如贝类生物的介壳形态；另一类是表征外部环境因素的，如底质类型。一旦实现这个目标，函数表达式中的环境参数就可以作为未知函数来对待，用以增加模拟沉积体系的方程个数。

六、灾害地貌

目前，灾害地貌主要围绕防灾减灾需求进行研究，而在灾害过程对地貌的塑造方面，可以看作是一个新领域，未来研究应着重解决以下关键科学问题。

1. 基于动力学的山地灾害的风险评估和预报

基于统计学的山地风险评价和预报模型的应用及精度均受到一定限制。通过灾害形成和运动过程了解动力学研究和表述，建立岩土体破坏和运动模型，进而得到定量的风险评估和灾害预报模型是未来研究的内容之一。

2. 山地灾害对生态的响应机制

一般而言，植被可以固定表层土体并延缓降雨入渗过程，但植被的蒸腾作用和根系造成的孔隙，有时也会增加坡体的含水量，容易加剧坡体失稳。目前对于这方面的认识还比较局限，缺少定量的功能评价方法和深入的机理分析。

3. 基于“沉积－地貌证据链”的古山地灾害重建方法

古山地灾害重建对于认识灾害的风险和其地貌响应均具有重要意义，然而由于后期作用的强烈改造，证据保存会很不完整，导致同一事件的重建结果往往差异很大。因此，急需从其源区、沉积区及影响区等多方面寻找证据，构建基于“沉积－地貌证据链”的古山地灾害重建方法，增强重建结果的可靠性。

4. 地貌对灾变事件响应的时间尺度

目前，对于灾变事件可能会在长时间尺度（10 万年以上）上对地貌过程产生的作用认识，主要依据现有的短时间尺度的结果进行逻辑推理得出结论。但是，基于不同研究对象，得出的响应时间往往差异很大。例如，基于悬移质泥沙，汶川地震后有些河流 5 年就恢复到了震前水平。但是，尼泊尔地区 650 年前的地震堆积物很多依然没有被河流搬运走（薛艳等，2015）。因此，地貌灾变事件响应的时间尺度依然是研究的重要内容。

第四节 优先研究领域

“地貌学学科发展新的生长点是什么”是未来地貌学研究需要重点思考的问题（傅伯杰，2018）。地貌学除了更深入地理解地表物质和形态的变化规律与机制外，也需要加强地貌过程的定量表达，将地貌过程研究与热点科学问题如碳循环、长期气候变化和人类行为等联系起来，可为认识地球表层环境和发展地貌学提供有力支撑。近期，地貌学的主要优先研究领域可以归纳为以下几个方面。

第一，地貌及其发育的精细过程和定量表达。具体包括：不同时间－空间尺度高精度数值地形模型的建立，准确和高精度的年代测定，地貌因子和形态的定量表达，地表物质的风化、侵蚀、搬运、堆积过程的精细和定量化刻画等。

第二，人类活动对地貌过程的影响及响应。人类活动已经成为改变地貌过程的重要应力。具体包括：土地利用与土地覆被变化、城市化、围垦、水利工程等对地貌过程的影响及其作用机制，以及旧石器时代到历史时期人类行为对区域地貌演化的响应及影响等。

第三，新技术对地貌学理论的支撑。具体包括：地表观测遥感和物联网新技术、地貌和沉积物定年新手段、物理和数值模拟新模式、机器学习和大数据分析在揭示地貌过程中的应用等。在发展相关技术过程中，也需要深入理解地貌过程和促进发展新的地貌理论。

第四，地貌过程诱发灾害的作用机制。具体包括：地貌过程在灾害的孕育、诱发和演化过程中的作用，地震、洪水、海啸与风暴潮、滑坡、泥石流、冰崩等灾害过程的地貌作用，人工地貌的防灾、减灾研究。

第五，行星地貌学。具体包括：月球和火星等行星的地表形态特征、分布及其形成原因与发育过程。

第六，地球内部过程与地貌演变和物质循环的相互作用机制。具体包括：地震地壳活动与地表形态、地表物质流动之间相互响应的过程与机制。

本章参考文献

程维明，周成虎，申元村，等 . 2017. 中国近 40 年来地貌学研究的回顾与展望 . 地理学报，72(05): 755-775.

崔梦淳，鹿化煜，Sweeney M，等 . 2015. 便携式粉尘观测仪测定腾格里沙漠和毛乌素沙地 PM_(10) 释放通量 . 科学通报 , 60(17): 1621-1630.

崔鹏 . 2014. 中国山地灾害研究进展与未来应关注的科学问题 . 地理科学进展 , 33(2): 145-152.

崔鹏 , 陈容 , 向灵芝 , 等 . 2014. 气候变暖背景下青藏高原山地灾害及其风险分析 . 气候变化研究进展 , 10(2): 103-109.

崔之久 , 杨健夫 , 刘耕年 , 等 . 1999. 中国台湾高山第四纪冰川之确证 . 科学通报 , 44: 2220-2224.

董光荣 , 李保生 , 高尚玉 , 等 . 1983. 鄂尔多斯高原的第四纪古风成沙 . 地理学报 , 38(4): 341-347，450-451.

董光荣，等 . 2002. 中国沙漠形成演化气候变化与沙漠化研究 . 北京 : 海洋出版社 .

董玉祥 . 2000. 中国温带海岸沙丘分类系统初步探讨 . 中国沙漠 , 20(2): 159-165.

董玉祥 . 2006. 中国海岸风沙地貌的类型及其分布规律 . 海洋地质与第四纪地质 , 26(4): 99-104.

董治宝 , 王涛 , 屈建军 . 2003. 100 a 来沙漠科学的发展 . 中国沙漠 , 23(1): 1-5.

费道罗维奇 Б А . 1962. 沙漠地貌的起源及研究方法 . 陈治平，译 . 北京 : 科学出版社 .

傅伯杰 . 2018. 新时代自然地理学发展的思考 . 地理科学进展 , 37(1): 1-7.

高尚玉 , 陈渭南 , 靳鹤龄 , 等 . 1993. 全新世中国季风区西北缘沙漠演化初步研究 . 中国科学 : B 辑 , 23(2): 202-208.

高抒 . 2008. 海岸带陆海相互作用及其环境影响 // 中国海洋学会 . 2007-2008 海洋科学学科发展报告 . 北京 : 中国科学技术出版社 : 79-87, 165-166.

郭正堂 . 2017. 黄土高原见证季风和荒漠的由来 . 中国科学 : 地球科学 , 47: 421-437.

黄润秋 , 陈国庆 , 唐鹏程 . 2017. 基于动态演化特征的锁固段型岩质滑坡前兆信息研究 . 岩石力学与工程学报 , 36(3): 521-533.

靳鹤龄 , 苏志珠 , 孙良英 , 等 . 2004. 浑善达克沙地全新世气候变化 . 科学通报 , 49 (15): 1532-1536.

李华，杨世伦 . 2007. 潮间带盐沼植物对海岸沉积动力过程影响的研究进展 . 地球科学进展，22(6): 583-591.

李家彪，丁巍伟，吴自银，等 . 2017. 东海的来历 . 中国科学：地球科学，47: 406-411.

李有利，杨景春 . 1997. 河西走廊平原区全新世河流阶地对气候变化的响应 . 地理科学，17(3): 248-252.

李长安，殷鸿福，于庆文 . 1999. 东昆仑山构造隆升与水系演化及其发展趋势 . 科学通报，44(2): 211-214.

刘静，陈涛，张培震，等 . 2013. 机载激光雷达扫描揭示海原断裂带微地貌的精细结构 . 科学通报，58(1): 41-45.

刘静，张金玉，葛玉魁，等 . 2018. 构造地貌学：构造－气候－地表过程相互作用的交叉研究 . 科学通报，63(30): 3070-3088.

鹿化煜 . 2018. 试论地貌学的新进展和新趋势 . 地理科学进展，37(1): 8-15.

鹿化煜，郭正堂 . 2013. 晚新生代东亚气候变化：进展与问题 . 中国科学：地球科学，43(12): 1907-1918.

鹿化煜，常宏，郭正堂，等 . 2015. 大陆碰撞、高原生长和气候演化——2014 年 Crafoord 奖获得者 Peter Molnar 教授成就解读 . 中国科学：地球科学，45: 770-779.

鹿化煜，周亚利，Mason J，等 . 2006. 中国北方晚第四纪气候变化的沙漠与黄土记录——以光释光年代为基础的直接对比 . 第四纪研究，26(6): 888-894.

孟庆任 . 2017. 秦岭的由来 . 中国科学：地球科学，47: 412-420.

莫多闻，周力平，刘耕年，等 . 2017. 北京大学地貌第四纪学科的创建与发展 . 地理学报，72(11): 1974-1996.

秦大河，姚檀栋，丁永建，等 . 2017. 冰冻圈科学概论 . 北京：科学出版社 .

施雅风，崔之久，苏珍 . 2006. 中国第四纪冰川与环境变化 . 石家庄：河北科学技术出版社 .

施雅风，赵井东，王杰 . 2011. 第四纪冰川新论 . 上海：上海科学普及出版社 .

史兴民，杜忠潮 . 2006. 中国构造地貌学的回顾与展望 . 西北地震学报，28(3): 280-284.

孙继敏 . 2014. 地球系统科学的研究范例——青藏高原隆升的地貌、环境、气候效应 . 中山大学学报（自然科学版），53(6): 1-9.

汪品先 . 2017. 华夏山水的由来 . 中国科学：地球科学，47: 383-384.

王涛 . 2003. 中国沙漠与沙漠化 . 石家庄：河北科学技术出版社 .

王颖，牛战胜 . 2004. 全球变化与海岸海洋科学发展 . 海洋地质与第四纪地质，24(1): 1-6.

王颖，朱大奎 . 1994. 海岸地貌学 . 北京：高等教育出版社 .

王宗太 . 1991. 天山中段及祁连山东段小冰期以来的冰川及环境 . 地理学报，46(2): 160-168.

吴正 . 2003. 风沙地貌与治沙工程学 . 北京：科学出版社 .

薛艳，刘杰，刘双庆，等 . 2015. 2015 年尼泊尔 Ms8.1 与 Ms7.5 级地震活动特征 . 科学通报，

60(36) : 3617-3626.

徐志伟 , 鹿化煜 . 2018. 自然地理学发展迎来新时代——从“2017 年全国自然地理学大会”看自然地理学新发展与新挑战 . 地理学报 , 73(1): 192-196.

杨保明 , 高抒 , 周亮 , 等 .2017. 海南岛东南部海岸沙丘风暴冲越沉积记录 . 沉积学报 , 35(6): 1133-1143.

杨景春 , 李有利 . 2017. 地貌学原理（第 4 版）. 北京：北京大学出版社 .

杨世伦 , 朱骏 , 赵庆英 . 2003. 长江供沙量减少对水下三角洲发育影响的初步研究——近期证据分析和未来趋势估计 . 海洋学报 , 25(5): 83-91.

杨守业 , 韦刚健 , 石学法 . 2015. 地球化学方法示踪东亚大陆边缘源汇沉积过程与环境演变 . 矿物岩石地球化学通报 , 34(5): 902-910，884.

张开 . 2012. 滑坡国内外研究概况的综述 . 科技创新导报 , (4): 102-103.

郑洪波 , 魏晓椿 , 王平 , 等 . 2017. 长江的前世今生 . 中国科学 : 地球科学 , 47: 385-393.

周尚哲 , 李吉均 . 2003. 第四纪冰川测年研究新进展 . 冰川冻土 , 25(6): 660-666.

朱颖彦 , 杨志全 , 廖丽萍 , 等 . 2014. 中巴喀喇昆仑公路冰川地貌地质灾害 . 灾害学 , 29(3): 81-90.

邹学勇 . 1990. 中国亚热带湿润地区风沙地貌的研究——以江西省新建县厚田为例 . 中国沙漠 , 10(2): 43-53.

Bagnold R A. 1941. The Physics of Blown Sand and Desert Dunes. London: Chapman and Hall.

Balco G. 2011. Contributions and unrealized potential contributions of cosmogenic-nuclide exposure dating to glacier chronology, 1990-2010. Quaternary Science Reviews, 30(1-2): 3-27.

Borsellino R, Shulmeister J, Winkler S. 2017. Glacial geomorphology of the Brabazon & Butler Downs Rangitata Valley South Island New Zealand. Journal of Maps, 13(2): 502-510.

Breed C S, Grow T. 1979. Morphology and distribution of dunes in sand seas observed by remote sensing//McKee E D. A Study of Global Sand Seas. Honolulu: University Press of the Pacific: 253-302.

Bridgland D R, Westaway R. 2008. Climatically controlled river terrace staircases: a worldwide Quaternary phenomenon. Geomorphology, 98: 285-315.

Bridgland D R, Westaway R. 2014. Quaternary fluvial archives and landscape evolution: a global synthesis. Proceedings of the Geologists Association, 125: 600-629.

Burbank D W, Anderson R S. 2011. Tectonic Geomorphology. America: John Wiley & Sons.

Carrapa B, DeCelles P G, Wang X, et al. 2015. Tectono-climatic implications of Eocene Paratethys regression in the Tajik basin of central Asia. Earth and Planetary Science Letters, 424: 168-178.

Chen J Y. 1989. Preliminary researches on lichenometric chronology of Holocene glacial fluctuations and on other topics in the headwater of Urumqi River, Tianshan Mountains. Science in China (Series B), 32(12): 1487-1500.

Chen T R, Yu K F, Shi Q, et al. 2009. Twenty-five years of change in scleractinian coral communities of Daya Bay (northern South China Sea) and its response to the 2008 AD extreme cold climate event. Chinese Science Bulletin, 54(12): 2107-2117.

Clark M K, Schoenbohm L M, Royden L H, et al. 2004. Surface uplift, tectonics, and erosion of eastern Tibet from large-scale drainage patterns. Tectonics, 23: 1-20.

Cook K L, Andermann C, Gimbert F, et al. 2018. Glacial lake outburst floods as drivers of fluvial erosion in the Himalaya. Science, 362: 53-57.

Cordier S, Harmand D, Frechen M, et al. 2006. Fluvial system response to Middle and Upper Pleistocene climate change in the Meurthe and Moselle valleys (Eastern Paris Basin and Rhenish Massif). Quaternary Science Reviews, 25: 1460-1474.

Craddock H W, Kirby E, Harkins W N, et al. 2010. Rapid fluvial incision along the Yellow River during headward basin integration. Nature Geoscience, 3: 209-213.

Demoulin A, Mather A, Whittaker A. 2017. Fluvial archives, a valuable record of vertical crustal deformation. Quaternary Science Reviews, 166: 10-37.

Ding Z, Derbyshire E, Yang S, et al. 2005. Stepwise expansion of desert environment across northern China in the past 3.5 Ma and implications for monsoon evolution. Earth and Planetary Science Letters, 237(1-2): 45-55.

Dong Z, Wei Z, Qian G, et al. 2010. Raked linear dunes in the Kumtagh Desert, China. Geomorphology, 123(1): 122-128.

Dupont-Nivet G, Krijgsman W, Langereis C G, et al. 2007. Tibetan plateau aridification linked to global cooling at the Eocene-Oligocene transition. Nature, 445: 635-638.

Fang X, Garzione C, Voo R V D, et al. 2003. Flexural subsidence by 29 ma on the ne edge of Tibet from the magnetostratigraphy of Linxia basin, China. Earth & Planetary Science Letters, 210(3-4): 545-560.

Feng J, Zhou J, Wang L, et al. 2017. Effects of short-term invasion of *Spartina alterniflora* and the subsequent restoration of native mangroves on the soil organic carbon, nitrogen and phosphorus stock. Chemosphere, 184: 774-783.

Fu P, Heyman J, Hättestrand C, et al. 2012. Glacial geomorphology of the Shaluli Shan area, southeastern Tibetan Plateau. Journal of Maps, 8(1): 48-55.

Gao S. 2009. Modeling the preservation potential of tidal flat sedimentary records, Jiangsu coast, eastern China. Continental Shelf Research, 29: 1927-1936.

Gao S. 2019. Geomorphology and sedimentology of tidal flats//Perillo G M E, Wolanski E, Cahoon D, et al. Coastal Wetlands: An Ecosystem Integrated Approach. Amsterdam: Elsevier: 359-381.

Gao S, Collins M B. 2014. Holocene sedimentary systems on continental shelves. Marine Geology, 352: 268-294.

Gao S, Du Y, Xie W J, et al. 2014. Environment-ecosystem dynamic processes of *Spartina alterniflora* salt-marshes along the eastern China coastlines. Science China Earth Sciences, 57(11): 2567-2586.

Gao S, Liu Y L, Yang Y, et al. 2015. Evolution status of the distal mud deposit associated with the Pearl River, northern South China Sea continental shelf. Journal of Asian Earth Sciences, 114(3): 562-573.

Guo Z, Ruddiman W F, Hao Q Z, et al. 2002. Onset of Asian desertification by 22 Myr ago inferred from loess deposits in China. Nature, 416: 159-163.

Howard A J, Macklin M G, Bailey D W, et al. 2004. Late-glacial and Holocene river development in the Teleorman Valley on the southern Romanian Plain. Journal of Quaternary Science, 19: 271-280.

Hughes T P, Kerry J T, Álvarez-Noriega M, et al. 2017. Global warming and recurrent mass bleaching of corals. Nature, 543(7645): 373-377.

Hutton E W, Syvitski J P. 2008. Sedflux 2.0: an advanced process-response model that generates three-dimensional stratigraphy. Computers & Geosciences, 34(10): 1319-1337.

Jia J, Gao J, Cai T L, et al. 2018. Sediment accumulation and retention of the Changjiang (Yangtze River) subaqueous delta and its distal muds over the last century. Marine Geology, 401: 2-16.

Jickells T D, An Z S, Andersen K K, et al. 2005. Global iron connections between desert dust, ocean biogeochemistry, and climate. Science, 308(5718): 67-71.

Kassab C, Wang J, Harbor J. 2013. Glacial geomorphology of the Dalijia Shan region, northeastern Tibetan Plateau. Journal of Maps, 9(1): 98-105.

Kocurek G, Lancaster N. 1999. Aeolian system sediment state:theory and Mojave Desert Kelso dune field example. Sedimentology, 46: 505-515.

Korup O, Clague J J. 2009. Natural hazards, extreme events, and mountain topography. Quaternary Science Reviews, 28(11-12): 977-990.

Korup O, Montgomery D R, Hewitt K. 2010. Glacier and landslide feedbacks to topographic relief in the Himalayan syntaxes. Proceedings of the National Academy of Sciences of the United States of America, 107(12): 5317-5322.

Kukla G J. 1975. Loess stratigraphy of Central Europe//Butzer K W, Isaac L I. After the Australopithecines: Stratigraphy, Ecology and Culture Change in the Middle Pleistocene. The Hague: Mouton :99-188.

Lague D. 2014. The stream power river incision model: evidence, theory and beyond. Earth Surface Processes and Landforms, 39: 38-61.

Lamb M P, Fonstad M A. 2010. Rapid formation of a modern bedrock canyon by a single flood event. Nature Geoscience, 3(7): 477-481.

Lamb M P, Mackey B H, Farley K A. 2014. Amphitheater-headed canyons formed by megaflooding at Malad Gorge, Idaho. Proceedings of the National Academy of Sciences of the United States of America, 111(1): 57-62.

Lancaster N. 1995. Geomorphology of Desert Dunes. London: Routledge.

Li G, West A J, Densmore A L, et al. 2016. Connectivity of earthquake-triggered landslides with the fluvial network: implications for landslide sediment transport after the 2008 Wenchuan earthquake. Journal of Geophysical Research: Earth Surface, 121(4): 703-724.

Li J J, Fang X, Ma H, et al. 1996. Geomorphological and environmental evolution in the upper reaches of the Yellow River during the Late Cenozoic. Science in China, 39: 380-390.

Li Z, Sun D, Chen F, et al. 2014. Chronology and paleoenvironmental records of a drill core in the central Tengger Desert of China. Quaternary Science Reviews, 85: 85-98.

Liu W, He S. 2018. Dynamic simulation of a mountain disaster chain: landslides, barrier lakes, and outburst floods. Natural Hazards, 90(2): 757-775.

Liu W, Hu K, Carling P A, et al. 2018. The establishment and influence of Baimakou paleo-dam in an upstream reach of the Yangtze River, southeastern margin of the Tibetan Plateau. Geomorphology, 321: 167-173.

Liu W, Lai Z, Hu K, et al. 2015. Age and extent of a giant glacial-dammed lake at Yarlung Tsangpo gorge in the Tibetan Plateau. Geomorphology, 246: 370-376.

Liu X J, Gao S, Wang Y P. 2011. Modeling profile shape evolution for accreting tidal flats composed of mud and sand: a case study of the central Jiangsu coast, China. Continental Shelf Research, 31(16): 1750-1760.

Liu X J, Gao S, Wang Y P. 2015. Modeling the deposition system evolution of accreting tidal flats: a case study from the coastal plain of central Jiangsu, China. Journal of Coastal Research, 31:

107-118.

Liu Y L, Gao S, Wang Y P, et al. 2014. Distal mud deposits associated with the Pearl River over the northwestern continental shelf of the South China Sea. Marine Geology, 347:43-57.

Lu H Y, Mason J A, Stevens T, et al. 2011. Response of surface processes to climatic change in the dunefields and Loess Plateau of North China during the late Quaternary. Earth Surface Processes and Landforms, 36(12): 1590-1603.

Lu H Y, Miao X D, Zhou Y L, et al. 2005. Late Quaternary aeolian activity in the Mu Us and Otindag dune fields (north China) and lagged response to insolation forcing. Geophysical Research Letters, 32(21): L21716.

Lu H Y, Wang X Y, An Z S, et al. 2004. Geomorphologic evidence of phased uplift of the northeastern Qinghai-Tibet Plateau since 14 million years ago. Science in China, 47(9): 822-833.

Lu H Y, Wang X Y, Li L P. 2010. Aeolian sediment evidence that global cooling has driven late Cenozoic stepwise aridification in central Asia. Geological Society London Special Publications, 342(1): 29-44.

Lu H Y, Wang X Y, Wang X Y, et al. 2019. Formation and evolution of desert-Gobi in central and eastern Asia. Earth-Science Reviews, 194: 251-263.

Lu H Y, Yi S W, Xu Z W, et al. 2013a. Chinese deserts and sand fields in Last Glacial Maximum and Holocene Optimum. Science Bulletin, 58(23): 2775-2783.

Lu H Y, Yi S W, Liu Z Y, et al. 2013b. Variation of East Asian monsoon precipitation during the past 21 ky and potential CO_2 forcing. Geology, 41(9): 1023-1026.

Lü P, Narteau C, Dong Z B, et al. 2014. Emergence of oblique dunes in a landscape-scale experiment. Nature Geoscience, 7: 99-103.

Lü P, Narteau C, Dong Z B, et al. 2017. Unravelling raked linear dunes to explain the coexistence of bedforms in complex dunefields. Nature Communications, 8: 14239.

Macklin M G, Fuller I C, Lewin J, et al. 2002. Correlation of fluvial sequences in the Mediterranean basin over the last 200 ka and their relationship to climate change. Quaternary Science Reviews, 21: 1633-1641.

Maddy D, Bridgland D, Westaway R. 2001. Uplift-driven valley incision and climate-controlled river terrace development in the Thames Valley, UK. Quaternary International, 79: 23-36.

Mason J A, Swinehart J B, Lu H, et al. 2008. Limited change in dune mobility in response to a large decrease in wind power in semi-arid northern China since the 1970s. Geomorphology, 102(3): 351-363.

McKee E D. 2004. A Study of Global Sand Seas. Honolulu: University Press of the Pacific.

Molnar P, England P, Martinod J. 1993. Mantle dynamics, uplift of the Tibetan plateau, and the Indian Monsoon. Reviews of Geophysics, 31(4): 357-396.

Molnar P, Stock J M. 2009. Slowing of India' s convergence with Eurasia since 20 Ma and its implications for Tibetan mantle dynamics. Tectonics, 28(3): TC3001.

Moren B, Heyman J, Stroeven A P. 2011. Glacial geomorphology of the central Tibetan Plateau. Journal of Maps, 7: 115-125.

Muis S, Verlaan M, Winsemius H C, et al. 2016. A global reanalysis of storm surges and extreme sea levels. Nature Communications, 7: 11969.

Ouimet W B, Whipple K X, Royden L H, et al. 2007. The influence of large landslides on river incision in a transient landscape: eastern margin of the Tibetan Plateau (Sichuan, China). Geological Society of America Bulletin, 119(11-12): 1462-1476.

Owen L A, Chen J, Hedrick K A, et al. 2012. Quaternary glaciation of the Tashkurgan Valley, Southeast Pamir. Quaternary Science Reviews, 47: 56-72.

Pan B, Burbank D, Wang Y X, et al. 2003. A 900 k.y. record of strath terrace formation during glacial-interglacial transitions in northwest China. Geogogy, 31(11): 956-960.

Pan B, Hu Z, Wen Y, et al. 2012. The approximate age of the planation surface and the incision of the Yellow River. Palaeogeography, Palaeoclimatology, Palaeoecology, 356-357: 54-61.

Pan B, Su H, Hu Z, et al. 2009. Evaluating the role of climate and tectonics during non-steady incision of the Yellow river: evidence from a 1.24 Ma terrace record near Lanzhou, China. Quaternary Science Reviews, 28: 3281-3290.

Paola C. 2000. Quantitative models of sedimentary basin filling. Sedimentology, 47(s1): 121-178.

Pearce D M, Mair D W F, Rea B R, et al. 2018. The glacial geomorphology of upper Godth bsfjord (*Nuup Kangerlua*) in southwest Greenland. Journal of Maps, 14(2): 45-55.

Porter S C, An Z S, Zheng H B. 1992. Cyclic Quaternary alluviation and terracing in a nonglaciated drainage basin on the north flank of the Qingling Shan, central China. Quaternary Research, 38: 157-169.

Qiang X, An Z S, Song Y, et al. 2010. New eolian red clay sequence on the western Chinese Loess Plateau linked to onset of Asian desertification about 25 Ma ago. Science China-Earth Sciences, 54: 136-144.

Ren M E, Zhang R S, Yang J H. 1985. Effect of typhoon no. 8114 on coastal morphology and sedimentation of Jiangsu Province, People' s Republic of China. Journal of Coastal Research, 1:

21-28.

Richards B W M, Owen L A, Rhodes E J. 2000. Timing of Late Quaternary glaciations in the Himalayas of northern Pakistan. Journal of Quaternary Science, 15(3): 283-297.

Roering J. 2012. Tectonic geomorphology: landslides limit mountain relief. Nature Geoscience, 5(7): 446-447.

Schoenbohm L M, Whipple K X, Burchfiel B C, et al. 2004. Geomorphic constraints on surface uplift, exhumation, and plateau growth in the Red River region, Yunnan Province, China. Geological Society of America Bulletin, 116: 895-909.

Schumm S A. 1965. Quaternary palaeohydrology//Wright H E,Frey D G. The Quaternary of the United States. Princeton: Princeton University Press: 783-794.

Schwanghart W, Bernhardt A, Stolle A, et al. 2016. Repeated catastrophic valley infill following medieval earthquakes in the Nepal Himalaya. Science, 351(6269): 147-150.

Shi B W, Cooper J R, Pratolongo P D, et al. 2017. Erosion and accretion on a mudflat: the importance of very shallow water effects. Journal of Geophysical Research: Oceans, 122: 9476-9499.

Song Y, Yu K, Zhao J, et al. 2014. Past 140-year environmental record in the northern South China Sea: evidence from coral skeletal trace metal variations. Environmental pollution, 185: 97-106.

Sun D, Bloemendal J, Yi Z, et al. 2011. Palaeomagnetic and palaeoenvironmental study of two parallel sections of late Cenozoic strata in the central Taklimakan Desert: implications for the desertification of the Tarim Basin. Palaeogeography, Palaeoclimatology, Palaeoecology, 300: 1-10.

Sun J, Liu T. 2006. The age of the Taklimakan Desert. Science, 312(5780): 1621.

Sun J, Alloway B, Fang X, et al. 2015. Refuting the evidence for an earlier birth of the Taklimakan Desert. Proceedings of the National Academy of Sciences of the United States of America, 112(41): 5556-5557.

Sun J, Ding Z, Liu T, et al. 1999. 580,000-year environmental reconstruction from aeolian deposits at the Mu Us Desert margin, China. Quaternary Science Reviews, 18: 1351-1364.

Sun J, Li S H, Han P, et al. 2006. Holocene environmental changes in the central Inner Mongolia, based on single-aliquot-quartz optical dating and multi-proxy study of dune sands. Palaeogeography, Palaeoclimatology, Palaeoecology, 233(1-2): 51-62.

Temme A J A M, Armitage J, Attal M, et al. 2017. Developing, choosing and using landscape evolution models to inform fieldstratigraphy and landscape reconstruction studies. Earth Surface

Processes and Landforms, 42(13): 2167-2183.

Tsoar H. 1982. Internal structure and surface geometry of longitudinal (seif) dunes. Journal of Sedimentary Petrology, 52: 823-831.

Tsoar H, Blumberg D G. 2002. Formation of parabolic dunes from barchan and transverse dunes along Israel' s Mediterranean coast. Earth Surface Processes and Landforms, 27: 1147-1161.

Vandenberghe J. 1995. Timescales, climate and river development. Quaternary Science Reviews, 14: 631-638.

Veldkamp A, Baartman J, Coulthard T, et al. 2017. Two decades of numerical modelling to understand long term fluvial archives: advances and future perspectives. Quaternary Science Reviews, 166: 177-187.

Veldkamp A, van Dijke J J. 2000. Simulating internal and external controls on fluvial terrace stratigraphy: a qualitative comparison with the Maas record. Geomorphology, 33(3-4): 225-236.

Viveen W, Schoorl J, Veldkamp A, et al. 2014. Modelling the impact of regional uplift and local tectonics on fluvial terrace preservation. Geomorphology, 210: 119-135.

Wang F, Sun D, Chen F, et al. 2015. Formation and evolution of the Badain Jaran Desert, North China, as revealed by a drill core from the desert centre and by geological survey. Palaeogeography, Palaeoclimatology, Palaeoecology, 426: 139-158.

Wang H J, Yang Z S, Wang Y, et al. 2008. Reconstruction of sediment flux from the Changjiang (Yangtze River) to the sea since the 1860s. Journal of Hydrology, 349: 318-332.

Wang J, Kassab C, Harbor J M, et al. 2013. Cosmogenic nuclide constraints on late Quaternary glacial chronology on the Dalijia Shan, northeastern Tibetan Plateau. Quaternary Research, 79(3): 439-451.

Wang P, Scherler D, Zeng J L, et al. 2014. Tectonic control of Yarlung Tsangpo Gorge revealed by a buried canyon in Southern Tibet. Science, 346: 978-981.

Wang X, Lu H, Vandenberghe J, et al. 2010. Distribution and Forming Model of Fluvial Terrace in the Huangshui Catchment and its Tectonic Indication. Acta Geologica Sinica, 84(2): 415-423.

Wang X, Lu H, Vandenberghe J. et al. 2012. Late Miocene uplift of the NE Tibetan Plateau inferred from basin filling, planation and fluvialterraces in the Huang Shui catchment. Global and Planetary Change, 88-89: 10-19.

Wang X, van Balen R, Yi S, et al. 2014. Differential tectonic movements in the confluence area of the Huang Shui and Huang He rivers (Yellow River), NE Tibetan Plateau, as inferred from fluvial terrace positions. Boreas, 43: 469-484.

Wang X, Vandenberghe J, Yi S, et al. 2015. Climate dependent fluvial architecture and processes on a suborbital timescale in areas of rapid tectonic uplift: an example from the NE Tibetan Plateau. Global and Planetary Change, 133: 318-329.

Wang Y P, Gao S, Jia J J, et al. 2012. Sediment transport over an accretional intertidal flat with influences of reclamation, Jiangsu coast, China. Marine Geology, 291: 147-161.

Westaway R, Bridgland D, Mishra S. 2003. Rheological differences between Archaean and younger crust can determine rates of Quaternary vertical motions revealed by fluvial geomorphology. Terra Nova, 15:287-298.

Whipple K X. 2009. The influence of climate on the tectonic evolution of mountain belts. Nature Geoscience, 2: 97-104.

Wiggs G F S. 2011. Sediment mobilisation by the wind//Thomas D S G. Arid Zone Geomorphology: Process, Form and Change in Drylands.Third Edition. Chichester: John Wiley & Sons, Ltd: 455-486.

Willett S D, Schlunegger F, Picotti V. 2006. Messinian climate change and erosional destruction of the central European Alps. Geology, 34(8): 613-616.

Xu L B, Ou X J, Lai Z P, et al. 2010. Timing and style of Late Pleistocene glaciation in the Queer Shan, northern Hengduan Mountains in the eastern Tibetan Plateau. Journal of Quaternary Science, 25: 957-966.

Xu L B, Zhou S Z. 2009. Quaternary glaciations recorded by glacial and fluvial landforms in the Shaluli Mountains, Southeastern Tibetan Plateau. Geomorphology, 103: 268-275.

Xu X, Yang J, Dong G, et al. 2009. OSL dating of glacier extent during the Last Glacial and the Kanas Lake basin formation in Kanas River valley, Altai Mountains, China. Geomorphology, 112: 306-317.

Xu X K, Hu G, Qiao B J. 2013. Last glacial maximum climate based on cosmogenic 10Be exposure ages and glacier modeling for the head of Tashkurgan Valley, northwest Tibetan Plateau. Quaternary Science Reviews, 80: 91-101.

Xu Z, Hu R, Wang K, et al. 2018. Recent greening (1981-2013) in the Mu Us dune field, north-central China, and its potential causes. Land Degradation and Development, 29(5): 1509-1520.

Xu Z, Lu H, Yi S, et al. 2015a. Climate-driven changes to dune activity during the Last Glacial Maximum and deglaciation in the Mu Us dune field, north-central China. Earth and Planetary Science Letters, 427: 149-159.

Xu Z, Mason J A, Lu H. 2015b. Vegetated dune morphodynamics during recent stabilization of the

Mu Us dune field, north-central China. Geomorphology, 228: 486-503.

Xu Z, Mason J A, Xu C, et al. 2020. Critical transitions in Chinese dunes during the past 12,000 years. Science Advances, 6(9): eaay8020.

Yang H, Chen B, Barter M, et al. 2011. Impacts of tidal land reclamation in Bohai Bay, China: ongoing losses of critical Yellow Sea waterbird staging and wintering sites. Bird Conservation International, 21(3): 241-259.

Yang J, Gao J, Liu B, et al. 2014. Sediment deposits and organic carbon sequestration along mangrove coasts of the Leizhou Peninsula, southern China. Estuarine, Coastal and Shelf Science, 136: 3-10.

Yang L R, Li J X, Yue L P, et al. 2017. Paleogene-Neogene stratigraphic realm and tectonic-sedimentary evolution of the Qilian Mountains and their surrounding areas. Science China Earth Sciences, 60: 992-1009.

Yang L, Wang T, Zhou J, et al. 2012. OSL chronology and possible forcing mechanisms of dune evolution in the Horqin dunefield in northern China since the Last Glacial Maximum. Quaternary Research, 78(2): 185-196.

Yang S L, Belkin I M, Belkina A I, et al. 2003. Delta response to decline in sediment supply from the Yangtze River: evidence of the recent four decades and expectations for the next half-century. Estuarine Coastal and Shelf Science, 57(4): 689-699.

Yang X, Scuderi L A, Wang X, et al. 2015. Groundwater sapping as the cause of irreversible desertification of hunshandake sandy lands, inner Mongolia, northern China. Proceedings of the National Academy of Sciences of the United States of America, 112(3): 702-706.

Yang X, Wang X, Liu Z, et al. 2013. Initiation and variation of the dune fields in semi-arid China–with a special reference to the Hunshandake Sandy Land, Inner Mongolia. Quaternary Science Reviews, 78: 369-380.

Yi C L, Li X Z, Qu J J. 2002. Quaternary glaciation of Puruogangri—the largest modern ice field in Tibet. Quaternary International, 97-98: 111-121.

Yi C L, Liu K X, Cui Z J. 1998. AMS dating on glacial tills at the source area of Urumqi River in Tianshan Mountains and its implications. Chinese Science Bulletin, 43(20): 1749-1751.

Yu K F, Zhao J X, Collerson K D, et al. 2004. Storm cycles in the last millennium recorded in Yongshu Reef, southern South China Sea. Palaeogeography, Palaeoclimatology, Palaeoecology, 210(1): 89-100.

Yuan D Y, Champagnac J, Ge W, et al. 2011. Late Quaternary right-lateral slip rates of faults adjacent to the lake Qinghai, northeastern margin of the Tibetan Plateau. Geological Society of America Bulletin, 123: 2016-2030.

Zhang D, Narteau C, Rozier O, et al. 2012. Morphology and dynamics of star dunes from numerical modelling. Nature Geoscience, 5(7): 463-467.

Zhang K, Ma Z, Grapes R. et al. 2014. Asymmetrical river valleys in response to tectonic tilting and strike-slip faulting, northeastmargin of Tibetan Plateau. Earth surface Processes and Landforms, 39: 1642-1650.

Zhang M, Mei J, Zhang Z. et al. 2018. Be-10 Exposure Ages Obtained From Quaternary Glacial Landforms on the Tibetan Plateau and in the Surrounding Area. Acta Geologica Sinica-English Edition, 92(2): 786-800.

Zhang P Z, Molnar P, Downs W R. 2001. Increased sedimentation rates and grain sizes 2-4 Myr ago due to the influence of climate changes on erosion rates. Nature, 410: 891-897.

Zhang R S. 1992. Suspended sediment transport processes on Tidal Mud Flat in Jiangsu Province, China. Estuarine Coastal and Shelf Science, 35(3): 225-233.

Zheng H, Wei X, Tada R, et al. 2015. Late oligocene-early miocene birth of the Taklimakan Desert. Proceedings of the National Academy of Sciences of the United States of America, 112(25): 7662-7667.

Zhou L, Gao S, Yang Y, et al. 2017. Typhoon events recorded in coastal lagoon deposits, southeastern Hainan Island. Acta Oceanologica Sinica, 38(4): 37-45.

Zhou Y, Lu H, Zhang J, et al. 2009. Luminescence dating of sand-loess sequences and response of Mu Us and Otindag sand fields (north China) to climatic changes. Journal of Quaternary Science, 24(4): 336-344.

第七章 气候学发展态势与发展方向

气候学是自然地理学的重要组成部分，也是大气科学的重要分支，气候变化是气候学研究的传统领域。随着气候变暖问题的日益突出，气候变化已成为当今国际社会关注的全球性问题，气候学研究也在不断接受新的挑战。鉴于人类活动对气候变化影响的日益加剧，如何客观地认识当前气候的状态，并准确预估未来气候的趋势及其潜在影响，是目前气候学研究的核心科学问题，也是人类应对气候变化的科学基础。中国自然地理学中的气候变化研究侧重于“过去气候变化”，特别是全新世以来的气候变化。随着代用资料的不断丰富和精度的提高，对过去气候变化研究的时空分辨率在不断提高；基于新的方法和技术，对过去气候变化的定量化研究也在日趋改进，为客观评估现代气候变化提供了重要的科学依据。现代气候学研究主要聚焦在器测记录以来的气候变化。基于不断加密的气象观测资料和不断改进的气候数值模拟结果，现代气候学研究在精准认识近代气候变化和未来气候趋势方面取得了关键认识。基于多源数据融合，通过学科交叉，并从气候系统多圈层相互作用的视角来开展气候学研究是当前及今后气候学研究发展的主要态势。

第一节　气候学研究任务

以气候系统（包括大气圈、水圈、冰雪圈、岩石圈和生物圈）为研究对象，揭示气候变化的原因、动力机制和时空特征，及其与其他自然环境因子和人类活动的相互关系是气候学研究的基本任务。气候与地貌是自然环境的两个最主要的基本要素，因此气候学是自然地理学的重要基础学科，气候变化就成为自然地理学的重要研究内容（陈发虎等，2019）。中国自然地理学者在气候变化领域开展研究较多的是过去气候变化和当代气候增暖的影响与适应，特别是全新世（11 700 年前）以来和近 2000 年的气候变化（郑景云等，2018；陈发虎等，2019）。基于中国丰富的历史气候代用资料（如历史文献、黄土－古土壤序列、湖泊沉积、泥炭、石笋、树轮），历史气候学者在全新世、近 2000 年及近几百年来的多个不同历史时段的气候和环境变化方面取得了丰硕研究成果（陈发虎等，2019）。

我国地形复杂、气候多样、气象和气候灾害频发。在全球气候变化背景下，需加强我国区域气候变化问题的研究，特别是极端天气气候事件研究。通过融合历史气候研究和现代气候研究，获取多源气候观测和代用数据并提高其精度，基于观测、分析、模拟、预测相结合的研究手段，充分考虑中国自然环境要素的综合性和独特性，围绕当前国际和国内气候变化研究的发展态势和我国社会经济发展的需求，在全球气候变化背景下从多时间尺度、多圈层相互作用的视角开展我国区域气候学研究，可为我国防灾减灾和可持续发展提供科学基础。在开展气候变化特征和驱动机制研究的基础上，更需辨识自然和人为强迫对气候变化的影响并定量估算其贡献。可以说，重视地球系统各圈层相互作用并考虑人类活动的影响（图 7-1）是气候学研究发展的一个里程碑。在此基础上，完善和改进气候预测方法、预估未来气候变化及其可能影响，是当前我国适应和减缓气候变化及参与国际气候谈判的基本需求。具体的研究任务可围绕以下几方面重点展开。

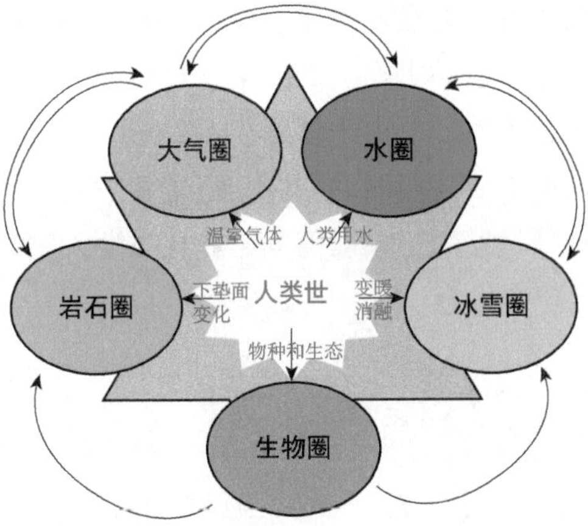

图 7-1 气候系统各圈层与人类活动的相互作用

一、历史气候和现代气候的对比研究

基于不断加密的气象观测资料、其他气候要素的监测资料（如冰川变化、水文水资源和物候）、遥感和卫星资料，从多圈层相互作用的视角揭示近几十年我国气候变化的基本事实和区域性特征，拓展对当代气候变化幅度和趋势的认知，仍是今后需要开展的主要研究内容。此外，基于历史气候代用资料评估当代气候变化在历史时期所处的位置，从长时间尺度揭示气候变化的演变规律，不断减少不确定性，也是我国气候学研究需开展的重点内容。将历史气候变化和现代气候变化相结合，同时考虑科学技术和经济社会的发展需求，培育新的学科增长点，既是推动气候学研究发展的机遇，也是气候学研究面临的新挑战（郑景云等，2018）。

二、气候变率和人类活动影响的区分

气候变化的原因和机制是应对和适应气候变化的科学基础，也是改进气候预测方法和途径的基本需要。关于这方面的工作已有大量研究，未来不仅要注重内部变率和外强迫（包括自然的强迫过程和人类活动的影响）的机制分析，更应注重多圈层的相互作用及反馈机制，特别需要区分自然变率和人为强迫的影响。人类活动和气候变化的关系，既是历史气候研究的重要内容，也是现代气候研究的关键科学问题。在历史气候研究中，我国学者研究了气候波动对社会发展和朝代演替的关系，但在定量化方面的研究较少。在现代气候变化研究中，主要侧重于观测记录以来人类活动（温室气体和气溶胶排放，土地利用变化）对气候变化的定量贡献，但由于器测记录较短，对器测记录以前人类活动对气候变化贡献的认识仍较为薄弱。因此，定量评估人类活动对不同时段气候变化的影响程度，特别是器测记录以前和工业化早期人类对气候变化的定量贡献是亟须加强的重要研究内容。

三、全球和高分辨率区域模式的发展

大气环流模式的发展起始于1956年Phillips发表具有里程碑式的论文，随后美国国家海洋和大气管理局（National Oceanic and Atmospheric Administration，NOAA）的地球流体力学实验室（Geophysical Fluid Dynamics Laboratory，GFDL）开发出大气环流模式，其包括大气、海洋、陆地和海冰过程，这也是最早的气候模式。伴随气候科学理论和计算机技术的发展，模式的物理过程得到系统考虑，模拟的空间范围也从区域扩展到全球，形成现在相对完善和成熟的全球气候模式，这些气候模式的应用对气候学理论的发展及未来气候预测具有积极的推动作用。然而，地球系统是一个巨大而复杂的系统，是一个多圈层相互作用的整体。尽管气候模拟的理论和应用已日趋成熟，但对气候系统过程的描述还存在不确定性，从气候系统科学或地球系统科学视角开展研究，气候模式仍然有很大的不确定性。为此，从气候模式走向地球系统模式是当前气候模式的发展趋势。地球系统模式包含地球系统中物理、化学和生物过程，大气圈、岩石圈、水圈、冰雪圈和生物圈的变化及其相互作用过程。在区域尺度上，高分辨区域地球系统模式的发展将是研究区域气候变化的有效工具（IPCC，2013）。全球和高分辨率区域地球系统模式是气候学研究中一个长期而重要的任务。

模式的发展和改进不仅有助于研究气候变化的动力成因，而且是进行气候变化定量检测和归因分析的基础，最为重要的是气候数值模拟是评估未来气候变化情景的唯一途径和有效方法。在目前国际和国内气候模式发展的基础上，针对特定极端气候事件（如北方干旱化、中国东部热浪、极端降水事件）改进气候变化的预测技巧，是我国区域气候研究今后需要加强的主要任务。

四、气候系统的多学科交叉研究

气候学从最初的研究气象要素的平均状况到现在的研究地球系统大气圈、岩石圈、水圈、冰冻圈和生物圈相互作用，从研究单纯的气象要素的演变特征到研究大气过程和陆地、海洋、生物、水文及人类社会等的相互作用，涉及地理、地质、水文、生态等学科的交叉与协同研究。从多气候要素、多时空尺度、多圈层的视角揭示整个地球系统气候变化的基本特征和反馈机制是气候学研究的核心目标。为实现这一研究目标，不仅需要不同学科多源数据的融合，而且需要将观测资料和气候代用资料相结合以延伸气候变化研究的时间长度和空间广度，更需要基于地球系统多个学科的基础理论知识开展交叉学科研究。

第二节　研究现状与发展趋势

一、气候变化的事实和基本特征研究

随着观测资料的不断丰富和完善，人们对中国气候变化的事实和基本特征的认识也在不断深化。《第三次气候变化国家评估报告》指出，近百年（1909～2011 年）来中国陆地区域平均增温幅度为 0.9～1.5℃，高于《第二次气候变化国家评估报告》中平均增温 0.5～0.8℃的结论；最近 50～60 年全国年平均气温上升速率为 0.21～0.25℃/10a，增幅高于全球平均水平；近百年和近 60 年全国平均年降水量均未显示出显著的变化趋势，但具有明显的年代际变化与区域分布差异，全国蒸发普遍减少，七大流域径流呈减少趋势（《第三次气候变化国家评估报告》编写委员会，2015）。基于新数据集的分析发现，1900～2017 年全球陆地区域平均气温变暖趋势为 0.100±0.006℃/10a，全球、北半球、南半球和热带区域平均表面温度的变暖趋势分别为 0.086±0.006℃/10a、0.092±0 005℃/10a、0.079±0.003℃/10a 和 0.082±0.005℃/10a；全球降水在 1900～2013 年表现为上升趋势，主要是因为北半球降水为上升趋势；20 世纪 70 年代以来，大气环流格局的变化主要表现为热带变宽，风暴路径和急流向极区移动且北极极涡收紧，对大气环流其他特征的长期变化的认识程度尚处于较低水平。

过去气候变化是全球变化研究的重要内容之一。1991 年，国际上推动实施了过去全球变化计划（Past Global Changes，PAGES），重点关注过去 2000 年、全新世、过去 15 万年三个重点时域和年代至万年尺度的变化史实与机制问题（PAGES，2009）；同时，PAGES 和气候变率与可预测性（Climate Variability and Predictabilit，CLIVAR）研究计划共同发起了“提供古气候图景：理解气候变率与可预报性的需要”的交叉计划（Duplessy and Overpeck，1994），紧密地将气候变化历史重建与气候变化的时空特征分析及预测等问题结合起来（郑景云等，2018）。

中国在历史气候代用资料方面具有独特的优势，是开展过去全球变化研究的理想区域。基于过去 2000 年的代用资料，对历史时期不同时段暖期的认识也取得了重要进展（郑景云等，2018）。研究发现，尽管历史时期有与现代暖期相当的时段，但这些暖期在大空间尺度上的一致性要远低于现代暖期，这表明了工业化以来人类活动对当代增暖的影响。然而，早期时段的器测资料不仅站点稀疏而且空间分布不均，不确定性相对较大。在未来的研究中，需要进一步加强关于如何丰富早期器测资料的研究，同时也需改进其他气候要素观测站点的时空分布，进一步明确我国多气候要素不同时空尺度的变化特征及事实。

二、气候变化的原因和人类影响信号的识别

地质时期的气候变化受到地球轨道的偏心率、黄道倾斜和岁差等天文学因素，太阳辐射和大气透明度变化、火山喷发等大气物理学因素，以及极点移动、海陆分布变迁和地质构造运动等地质地理学因素的影响。现代气候变化，特别是工业革命以来气候系统变化的原因可以分为自然因子和人为因子两大类。前者包括太阳活动的变化、火山活动以及气候系统内部变率等；后者包括人类导致的大气中温室气体浓度的增加，大气中气溶胶浓度的变化，以及土地利用和陆面覆盖的变化等（IPCC，2013）。

对于现代气候变化的原因研究，除了传统的机理和机制研究外，气候变化检测归因研究也在不断发展。检测归因的目标是检测并量化由外强迫引起的变化，识别人为和自然强迫对气候变化的相对贡献（Hegerl et al.，2010）。检测归因研究既有针对长期气候变化趋势的研究，也有仅针对单个气候事件的研究。大量检测归因研究结果表明，人类活动对当前气候变化产生了重要影响，中国区域很多气候指标的变化特征符合 IPCC 关于人类活动影响的相关认识（IPCC，2013）。有研究指出，人类活动对区域极端气候事件的发生频次和强度以及长时间尺度气温季节性弱化发挥了关键作用（Sun et al.，2014，2016；Duan et al.，2019）。尽管气候系统内部变率对我国南涝北旱具有重要的驱动作用（Yang et al.，2017），但随着人类活动的加剧，特别是人类用水量的快速增加，我国旱涝格局和陆地水储量的变化在近 10 年来出现了不对应的情形（马柱国等，2018）。这些研究表明，对于不同气候要素在我国不同区域和时间尺度的变化机制及归因研究仍需加强。如何区分人类活动和自然气候变率的相对贡献，仍然是气候学研究面临的难点之一。

三、从气候模式到地球系统模式

气候动力学与气候系统模式的发展是现代气候学研究的理论基础和数值工具，气候系统模式的研发和应用是当代气候学的一个重要研究方向（黄建平等，2019）。中国科学家自 20 世纪 70 年代开始发展气候模式，并将其广泛地应用在地球科学的研究中（黄荣辉和吴国雄，2016）。总体来说，现有的模式已能模拟出当今和古环境条件下的全球气候大格局，甚至可以用来做季度至年度的短期气候预测，以及做全球气候变暖趋势的情景预测。但是，目前模式性能尚不能完全满足气候变化模拟和预测研究的需求，模拟或预测的结果尚有较大的不确定性或误差，如大气中的云、辐射及与之相关的过程十分复杂，大气边界层过程、海洋混合等过程及复杂地表特征等的描述和模拟尚待进一步完善，热带模拟误差、云-气溶胶-辐射气候反馈过程、区域尺度气候模拟、极端事件模拟等方面，尚有待于进一步加强，以求更加精细准确（栾贻花等，2016；黄建平等，2019）。大量研究指出，提高模式空间分辨率，直接分辨更多的中小尺度动力过程，从而减少对参数化过程的依赖性，是目前物理气候系统模式的重要发展趋势之一。然而，仅依赖于气候模式还不能系统地诠释气候系统多圈层的过程及其相互作用。近年来，全球和区域高分辨率地球系统模式的研制、评估和应用研究已经受到相当多的关注（黄荣辉等，2014，2016）。为了从多圈层相互作用角度研究气候系统的变化，经过十几年的努力，已经形成地球系统模式的雏形，正在成为研究当前气候的特征和行为、了解其过去演变、预测和预估其未来变化的不可替代的工具。地球系统模式的优势在于系统地考虑了地球系统各圈层的物理过程、化学过程和生物过程（图 7-2），然而，由于地球系统各圈层及其相互作用的复杂性（图 7-1），现有地球系统模式尽管已经包括全球变化三大主要过程的各个分量（图 7-2），但仍然存在很大的不完备性，需要在对地球系统相互作用过程认识的不断深化中加以完善。地球系统模式尤其是区域尺度地球系统模式的发展，将是未来研究气候系统变化机制及其预测的主要任务。人类活动对气候的影响越来越重要，如何区分和定量评估人类的影响也是未来一段时间的一个重要问题，因此在地球系统模式中发展与人类活动有关的模块是地球系统模式的一个难点。

图 7-2　地球系统模式中的主要过程

四、气候变化的影响及其评估

历史时期气候变化对社会经济发展的影响是全球变化研究的内容之一。我国学者在集成中国区域历史时期气温、湿度与极端旱涝事件等高分辨率重建结果的基础上，结合历史文献重建的丰歉、经济、财政、社会兴衰等级与人口增长率、饥荒指数、农民起义频次和农牧民族战争频次等社会经济序列，揭示了气候变化与社会经济发展过程的宏观对应特征及极端气候在其中的可能影响（Fang et al.，2015；方修琦等，2017）。这些结果表明，中国历史上的社会经济波动与气候变化之间总体上存在“冷抑暖扬”的对应关系。即在暖期时，中国往往呈现农业生产发达、经济繁荣、人口增加、国力强盛态势。反之，寒冷时段往往农业萎缩、经济衰退、国力式微、社会动荡；而在 15 次王朝更替中，有 11 次出现在冷期或相对寒冷时段（葛全胜等，2011）。人类对气候变化影响的响应手段与方式多样，从农业生产、赈济、移民到社会危机处置等的响应层序，既与气候变化幅度之间存在一定的对应关系，也与社会脆弱性密切相关；其响应过程中增强的适应能力往往还是促进后续社会发展的重要因素（葛全胜等，2014）。然而，应当指出的是，气候变化对社会经济发展的影响不仅受制于气候和极端事件变化的冲击，更多地还取决于由人口、经济、文化、体制、管理等众多人文因素组成的社会经济系统的脆弱性，这些人文因素又有其自身变化规律。

近几十年的气候变化已导致了前所未有的极端天气和气候事件，由此引发的自然灾害和造成的直接经济损失有明显的上升趋势。气候灾害影响的范围在逐渐扩大，影响程度也日趋严重，防灾减灾已成为应对气候变化的主要内容。尽管我国在自然灾害综合防范能力方面取得了可喜的成就，但我国对气候变化的敏感性及灾害风险存在明显的区域差异，仍需把气候变化造成的自然灾害作为应对气候变化发展战略的重要组成部分（科学技术部社会发展科技司和中国 21 世纪议程管理中心，2013）。我国处于工业化中后期和以城市社会为主体的时期，减排和适应具有很大难度，如何协调好发展与适应和减缓气候变化的关系仍是当前研究的重点。

五、多学科交叉研究

自然地理学研究分支学科多，涉及领域广、研究方向多，随着气候系统和地球系统科学的相继创立与发展，多学科间的相互交叉和渗透日益显著，使气候学研究成为其他多个学科研究关注的“热点”（郑景云等，2018）。根据自然地理学研究的区域性、综合性强的特点，进一步发挥气候变化领域多学科交叉特征显著的优势，深入开展过去气候变化和现代全球气候变化影响问题的对比研究，结合科学技术和经济社会的发展需求，为我国气候变化风险评估和全球气候变化应对做出贡献。

多学科交叉研究不仅是实现不同学科（大气、地理、地质、生态和水文）多源数据融合和相互验证的重要手段，也是在时间尺度上将过去气候、现代气候和未来气候融为一体的有效途径。基于多学科交叉研究，可将研究视野从区域拓展到全球，从地球系统科学和多圈层相互作用的视角认识气候变化，定量区分自然强迫和人类活动对气候变化的影响，进而客观评估和应对未来气候变化所面临的风险。多学科交叉研究也有利于培育新的学科增长点，深化对气候变化的认识，推动气候学研究的发展。

第三节　关键科学问题

依据国内外气候学研究的现状和发展趋势，结合国家发展需求，提出下述几条亟须解决的关键科学问题。

一、历史时期的气候变化研究

历史时期的气候变化研究对辨识现代气候变化是否超出自然变率、区分自然与人为驱动对气候变化的贡献、诊断气候在年代际至百年尺度上的变化机制、了解气候多尺度变化的影响与适应特征、预估和应对未来气候变化等具有独特价值。近年来，利用冰心、树轮、珊瑚、湖泊沉积物、石笋等地质、生物载体所蕴含的古气候信息，人们已开展了广泛的历史气候重建及模拟研究，为进一步探索气候的自然变化特征和动力学机制提供了有利条件。在此基础上，通过对比历史时期气候变化，研究认识当前气候并评估未来气候情景，是气候学研究中的重要科学问题。该领域亟待解决的关键科学问题包括：①历史时期温暖时段的气候时间变化和空间特征，以及与现代气候变暖的对比；②工业革命以来自然和人类强迫信号的区分及其定量贡献；③工业革命早期气候变化的人类强迫信号识别；④不同时间尺度气候变化的控制因子和动力学机制。

二、极端气候事件发生的特征、成因及预警研究

极端气象灾害是最为严重的灾害之一。近年来，干旱、洪涝、高温、冷害、雪灾等极端事件的频繁发生，已造成严重的经济损失和人员伤亡。例如，在全球变暖背景下，全球各地高温热浪事件普遍呈增多趋势。就全球平均而言，20 世纪 70 年代以后，高温热浪的持续时间在过去几十年增加了约 15 天。伴随高温热浪的快速发展，骤发干旱的发生频率也显著升高，它们具有发展迅速、强度大的特点，严重威胁着受灾区域的粮食安全和生态安全。鉴于极端气象灾害的严重性，以及提高灾害预测和预报的迫切性需求，开展极端气候事件发生机理及其预测预警研究是我国气候学研究中最重要的科学问题。相对于气候预测，极端气候事件的成因更复杂，预测更困难（任福民等，2014）。然而，

我国针对极端气候的预测预警研究起步较晚，在区域尺度上，对极端气象灾害的预报水平较发达国家还有一定的差距，尚不能满足国家发展的需求。在未来数年内，需要围绕极端气候事件的发生演变、时空特征、主导因子及预测预警方法开展重点研究。该领域亟待解决的关键科学问题包括：①极端气候事件的发生特征及机制；②气候系统变异对极端气候事件的影响机理；③极端气候事件的综合风险评估；④极端气候事件的前兆信号、可预报性及预测方法。

三、东亚气候对全球气候变化的影响、响应和机理

东亚地区背靠世界上最大的陆地——欧亚大陆，东临世界上最大的海洋——太平洋，西南耸立着世界上最大的高原——青藏高原，这些独特的地理环境决定了东亚气候的特殊性。典型的季风气候、干旱－半干旱气候、高原气候等是该地区独特性的主要体现。东亚季风不仅只是一个东亚上空随季节有明显变化的环流系统，更是一种海－陆－气相互作用的耦合系统，受到海洋、陆面、冰雪和高原等的影响，并会对全球气候变化产生反馈作用。青藏高原独特的地形对全球大气环流及演变有极重要的影响。通过对大气环流的调控，青藏高原地－气耦合系统的变化可对全球能量、水分循环、东亚地区灾害性天气气候产生影响（黄建平等，2019）。我国西北部的干旱－半干旱气候区是全球气候变化的敏感响应区。近年来，该区出现了变湿的趋势，但华北地区的干旱化趋势却愈发引人注意，直接影响着水资源的供应和社会经济发展的稳定。鉴于东亚气候的复杂性及其与全球气候的紧密联系，开展东亚气候对全球气候变化的影响、响应和机理研究是我国气候学研究中的一个重大科学问题。该领域亟待解决的关键科学问题包括：①东亚不同下垫面能量水分循环过程及其对气候的影响机理；②东亚区域干旱化的演变特征、机制及未来情景；③东亚气候对全球气候变化的响应及反馈过程；④东亚气候变化对人类活动的影响。

四、年代际气候变化的机理、可预报性及预报方法

年代际气候变化过程既不同于主要受初始值影响的天气尺度变化，又不同于主要受外强迫影响的百年以上尺度的气候变化。年代际气候变化过程的复杂性受初始值（就是前期的气候过程）和边值条件的共同影响，是气候系统内部变率和外强迫共同作用的产物。工业革命以后人类活动的影响更增加了年代际变化过程的复杂性（图 7-3），是当前研究气候变化的难点。近年来，针对

未来 10～30 年尺度的年代际气候预测（国际上也称为“近期气候预测”）已经成为气候领域的研究热点（Meehl et al.，2009）。在第五次耦合模式比较计划（CMIP5）中，年代际气候预测首次被列为核心试验之一（Taylor et al.，2011），并在过去几年内推动了关于年代际气候预测机理诊断、技巧评估、模式研发、可预报性理论等多方面的研究（Meehl et al.，2014；周天军和吴波，2017；Cassou et al.，2018）。在 CMIP6 模拟试验中，围绕年代际气候预测问题，更是成立了专门的科学计划——年代际气候预测计划（Decadal Climate Prediction Project，DCPP）（Boer et al.，2016）。这一计划有望在未来数年内进一步掀起年代际气候预测研究的热潮。相较于历史模拟及不同排放情境下未来预估试验，年代际预测试验的主要改进是对模式进行了初始化。初始化后的年代际气候预测确实在大西洋和赤道东太平洋展现出了较高的预测能力，但在与我国年代际气候密切相关的北太平洋区域，其预测能力依然很低（Doblas-Reyes et al.，2013）。造成当前年代际预测难的一个主要原因是对年代际气候变化的机理研究尚存不足。鉴于年代际气候预测对国家中长期社会发展、经济政策的制定具有重要的科学参考价值，开展年代际气候变化的机理、可预报性及预测方法研究是我国气候学研究中的一个重大科学问题。该领域亟待解决的关键科学问题包括：①年代际和多年代际气候变化的特征；②年代际气候变化的前兆因子及可预报性；③气候多尺度变化对年代际气候变化的贡献；④人类活动对年代际转折性变化影响的事实和机理；⑤年代际气候变化的预测方法。

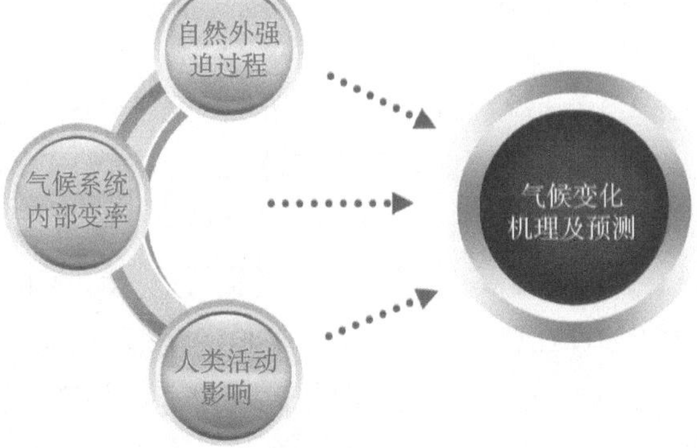

图 7-3　气候变化研究的复杂性

五、气候系统各圈层之间的相互作用机制

地球系统包括大气圈、水圈、冰雪圈、岩石圈、生物圈五大圈层（图 7-1），它不仅包括气候系统各圈层相互作用的物理过程，而且包括气候系统中各圈层相互作用的化学和生物过程（图 7-2），是一个复杂的开放系统。由于学科发展的不平衡、观测条件的限制等，目前跨学科的多圈层相互作用研究尚处于初步阶段，地理学、地质学、大气科学、海洋学、生物学等相互交叉研究远远不能满足气候系统变化机制认识的需求，无法定量区分气候系统内部变率与外强迫在气候变化形成中的作用大小。工业革命以来，化石燃料的大量使用导致大气中二氧化碳含量增加，引起全球气候变暖，使得气候系统格局发生了显著变化。全球变暖导致极端天气气候事件发生频率增加，强度不断增强。在区域尺度上，由于人类活动的影响，土地利用 / 覆盖发生了显著变化，势必对区域气候产生重要影响，大气污染的加重也成为影响气候变化不可忽视的因素。然而，至今我们对各种人类活动的影响仍然不能进行定量区分。因此，从地球系统科学的多圈层相互作用来认识气候系统的变化及其人类影响是当前气候学研究的前沿领域，其关键科学问题包括：①陆地过程和大气的相互作用；②如何定量区分气候系统内部变率与人类活动对气候变化的影响；③地球化学过程与生物过程和大气相互作用的机制；④土地利用和变化对全球和区域的影响；⑤植被和大气相互作用的机制；⑥冰雪对气候的反馈作用。

六、气候变化的影响及适应研究

全球气候变化及其对区域气候环境影响的研究和评估已成为世界科学研究的热点。其不仅是国际上重要的科学研究课题，还是各国政府在制定政策与进行经济建设决策时必须考虑的一个重要问题。已有研究表明，气候变化对农业、水资源、自然生态系统、人体健康和环境等领域具有显著影响（吴绍洪和赵东升，2020）。如何适应气候变化、减缓气候变化的影响已成为全人类共同关注的重大问题。受全球气候变化的影响，我国气候灾害不仅灾种多、范围广，而且造成的损失巨大。因此，气候变化的适应研究不仅对国家防灾减灾具有重大意义，而且可为我国可持续发展提供科学支撑，以及为制定气候变化应对措施和履行气候变化国际公约提供科学基础。因此，开展气候变化的影响及适应研究是我国气候学研究中的一个重大科学问题。近年来，我国在适应气候

变化的研究和实践上有了长足的进步，包括创新性地提出“季风驱动生态系统”的科学概念、“广义季风系统”理论、人类有序适应气候变化理论设想及开展人类有序适应气候变化对策的虚拟试验等。但在该领域，当前仍有许多问题需要进一步深入研究。该领域亟待解决的关键科学问题包括：①气候变化的自然和人为强迫信号的识别和定量归因；②全球气候变暖的区域响应理论；③人类有序适应气候变化的理论和策略；④不同区域气候变化差异和适应策略；⑤人类活动与自然系统的相互作用机理。

第四节 优先研究领域

依据上述关键科学问题，结合国家发展需要，提出下述几方面的优先研究领域。

一、历史气候变化事实及驱动机制研究

对于历史气候研究，自然地理学主要关注全新世以来，特别是过去2000年及近几百年来的气候变化。因为这些时段是气候从仅受自然驱动到叠加人类影响的衔接时段，对辨识当代增暖是否超出自然变率、区分自然与人为驱动对气候变化的贡献、诊断气候在年代至百年尺度上的变化机制、了解气候多尺度变化的影响与适应特征、预估和应对未来气候变化等具有独特价值（郑景云等，2018）。当前，该领域亟待开展的研究内容包括：①基于多源代用资料和气候模式资料的全球和区域历史气候变化研究；②人类活动驱动气候变化的早期信号识别及定量归因；③工业革命前后气候变率及幅度的对比及模拟；④历史时期东亚地区不同时空尺度气候变化的控制因子及动力学机制研究；⑤不同外强迫因子对历史气候变化影响的定量分析。

二、区域尺度极端气候事件发生机理及其预测研究

在全球变暖背景下，区域尺度极端气候事件的发生频率和强度都发生了显著变化，如20世纪持续几十年的非洲干旱和我国华北的干旱化（马柱国等，2018），欧洲（Stott et al.，2004）和中国区域的高温热浪（Li et al.，2020）。然

而，人们对这种极端气候事件发生频率增加的机制还不甚清楚，对极端气候事件的预测水平还不高。当前，该领域亟待开展的研究内容包括：①全球增暖和人类活动共同作用下极端气候事件发生频率增加的机制；②全球和区域气候系统变异与我国极端气候事件的关系研究；③变暖背景下我国极端气候事件演变特征及未来趋势研究；④我国极端气候及重大气候事件预测理论研究；⑤气候灾害风险区划和评估技术研究。

三、东亚气候的变化机制及预测研究

受青藏高原和海陆差异的共同影响，东亚地区是全球季风最强烈地区，也是全球气候灾害最严重的地区之一，加之复杂的下垫面过程和强烈的人类活动，使得东亚地区气候变化的形成原因异常复杂。尽管过去在东亚气候的变化事实和形成机制等方面开展了大量研究工作（黄荣辉等，2016），但仍然满足不了对东亚气候开展预测的需求。当前，该领域亟待开展的研究内容包括：①青藏高原气候变化的特征及气候环境效应研究；②东亚气候变化对全球气候变化的响应反馈机制研究；③变暖背景下东亚区域能量和水分循环变化及其对中国极端气候的影响研究；④人类活动与东亚区域气候变化的影响和互馈机制；⑤气候变化对东亚区域经济、环境、生态、水资源、人类健康等影响的评估；⑥东亚地区适应气候变化的关键技术研发。

四、年代际气候变化的机理及预测研究

20 世纪 90 年代以来，年代际气候变化的研究引起了国内外学者的极大关注，并开展了大量富有成效的研究工作。然而，由于年代际气候变化形成过程极为复杂，人们对其历史演变规律及其形成机理的认识还很薄弱，年代际气候变化及重大气候事件的预测还处于探索阶段。当前，该领域亟待开展的研究内容包括：①历史时期年代际气候变化的规律、区域差异及驱动机制；②年代际气候变化的前兆因子及可预报性；③如何定量区分气候系统内部变率、自然外强迫因子和人类活动对年代际气候变化及重大事件的相对贡献；④年代际重大气候事件的预测方法。

五、全球和区域地球系统模式的发展

地球系统模式是研究地球系统各圈层之间相互作用机制的有效工具。地球系统模式的发展水平已成为国际学术界综合评估一个国家在全球气候变化科学领域整体研究能力的重要指标，即一个国家的地球系统模式发展水平的高低及模拟性能的好坏，不仅可以反映这个国家的地球科学研究实力，而且可以在很大程度上体现这个国家的综合科学技术水平。当前，我国地球系统模式的发展存在“多而不强”、“低水平重复”和“碎片化发展”的问题（周天军等，2020）。发展全球和区域地球系统模式，是我国气候学研究和适应气候变化的不可或缺的研究领域和关键技术。当前，该领域亟待开展的研究内容包括：①地球系统模式中的物理、生物和化学过程参数化的建立优化；②区域高分辨率地球系统模式的发展；③水文模式、生态模式和社会经济模式的发展及其与地球系统模式的耦合。

六、气候变化的影响及适应研究

除了节能减排等延缓气候变化的措施以外，应对气候变化的一个重要任务是适应气候变化。由于主要温室气体在大气中的寿命为几十年到上百年，人类即使从现在开始严格控制各种温室气体的排放，气候变暖仍将继续。此外，即使没有人为气候变化的影响，在各种自然因子的作用下，地球气候总是在变化中。因此，适应气候变化是永恒的课题。如何科学应对气候变化，达到“有序应对、整体最优、长期受益”，对实现国家社会经济可持续发展具有重要意义（叶笃正等，2001；符淙斌等，2003）。如何适应气候变化、减缓气候变化的影响也已成为全人类共同面临的巨大挑战。当前，该领域亟待开展的研究内容包括：①我国气候模式对不同排放情境下气候变化的模拟和预估；②气候变化对环境、生态、水资源、食品、人类健康等影响评估的关键技术；③气候变化对东亚区域工农业生产和经济发展的影响评估；④社会经济分量模式与地球系统模式的双向耦合。

本章参考文献

《第二次气候变化国家评估报告》编写委员会 . 2011. 第二次气候变化国家评估报告 . 北京：科学出版社 .

《第三次气候变化国家评估报告》编写委员会 . 2015. 第三次气候变化国家评估报告 . 北京：科学出版社 .

陈发虎 , 傅伯杰 , 夏军， 等 . 2019. 近 70 年来中国自然地理与生存环境基础研究的重要进展与展望 . 中国科学 : 地球科学 , 49:1659-1696.

方修琦 , 萧凌波 , 苏筠 , 等 . 2017. 中国历史时期气候变化对社会发展的影响 . 古地理学报 , 19: 729-736.

符淙斌， 董文杰， 温刚， 等 .2003. 全球变化的区域响应和适应 . 气象学报， 61（2）：245-250.

葛全胜 , 等 . 2011. 中国历朝气候变化 . 北京 : 科学出版社 .

葛全胜 , 方修琦 , 郑景云 . 2014. 中国历史时期气候变化影响及其应对的启示 . 地球科学进展 , 29: 23-29.

黄建平 , 陈文 , 温之平 , 等 . 2019. 新中国成立 70 年以来的中国大气科学研究 : 气候与气候变化篇 . 中国科学 : 地球科学 , 49:1607-1640.

黄荣辉， 吴国雄 . 2016. 大气科学 . 北京 : 科学出版社 .

黄荣辉 , 吴国雄 , 陈文 , 等 . 2014. 大气科学和全球气候变化研究进展与前沿 . 北京 : 科学出版社 .

黄荣辉 , 吴国雄 , 陈文 , 等 . 2016. 大气科学和全球气候变化研究 . 北京 : 科学出版社 .

姜世中 . 2010. 气象学与气候学 . 北京：科学出版社 .

科学技术部社会发展科技司， 中国 21 世纪议程管理中心 . 2013. 国家“十一五”应对气候变化科技工作 . 北京：科学出版社 .

栾贻花 , 俞永强 , 郑伟鹏 . 2016. 全球高分辨率气候系统模式研究进展 . 地球科学进展 ,31: 258-268.

马柱国 , 符淙斌 , 杨庆 , 等 . 2018. 关于我国北方干旱化及其转折性变化 . 大气科学 ,42(4): 951-961.

任福民, 高辉, 刘绿柳, 等 . 2014. 极端天气气候事件监测与预测研究进展及其应用综述. 气象, 40: 860-874.

吴绍洪 , 赵东升 . 2020. 中国气候变化影响、风险与适应研究新进展 . 中国人口 • 资源与环境 ,

30: 1-9.

叶笃正，符淙斌，季劲钧，等. 2001. 有序人类活动与生存环境. 地球科学进展，16(4): 453-460.

郑景云，方修琦，吴绍洪. 2018. 中国自然地理学中的气候变化研究前沿进展. 地理科学进展，37:16-27.

周天军，陈梓明，邹立维，等. 2020. 中国地球气候系统模式的发展及其模拟和预估. 气象学报，78：332-350.

周天军，吴波. 2017. 年代际气候预测问题：科学前沿与挑战. 地球科学进展，32: 331-341.

Boer G J, Smith D M, Cassou C, et al. 2016. The decadal climate prediction project (DCPP) contribution to CMIP6. Geoscientific Model Development, 9: 3751-3777.

Cassou C, Kushnir Y, Hawkins E, et al. 2018. Decadal climate variability and predictability: challenges and opportunities. Bulletin of the American Meteorological Society, 99: 479-490.

Doblas-Reyes F J, Andreuburillo I, Chikamoto Y, et al. 2013. Initialized near-term regional climate change prediction. Nature Communications, 4: 1715.

Duan J, Ma Z, Wu P, et al. 2019. Detection of human influences on temperature seasonality from the nineteenth century. Nature Sustainability, 2: 484-490.

Duplessy J C, Overpeck J. 1994. Report of a Joint IGBP- WCRP Workshop. Venice: PAGES Core Project Office.

Fang X Q, Su Y, Yin J, et al. 2015. Transmission of climate change impacts from temperature change to grain harvests, famines and peasant uprisings in the historical China. Science China Earth Sciences, 58(8): 1427-1439.

Hegerl G C, Hoeghguldberg O, Casassa G. 2010. Good practice guidance paper on detection and attribution related to anthropogenic climate change// Stocker T F, Field C B, Qin D H, et al. Meeting Report of the 10 Intergovernmental Panel on Climate Change Expert Meeting on Detection and 11 Attribution of Anthropogenic Climate Change. IPCC 12 Working Group I Technical Support Unit. Bern: University of Bern: 138.

IPCC. 2013. Climate Change 2013：The Physical Science Basis//Stocker T F, Qin D H, Plattner G K, et al. Contribution of Working Group I to the Fifth Assessment Report of the Intergovernmental Panel on Climate Change. Cambridge and New York: Cambridge University Press: 33-115 .

Li M, Luo D, Yao Y, et al. 2020. Large-scale atmospheric circulation control of summer extreme hot events over China. International Journal of Climatology, 40(3): 1456-1476.

Luo D, Yao Y, Feldstein S B, et al. 2014. Regime transition of the North Atlantic Oscillation and the extreme cold event over Europe in January–February 2012. Monthly Weather Review, 142(12): 4735-4757.

Ma Z G, Fu C B. 2006. Some evidences of drying trend over North China from 1951 to 2004. Chinese Science Bulletin, 51(23): 2913-2925.

Meehl G A, Goddard L, Boer G, et al. 2014. Decadal climate prediction: an update from the trenches. Bulletin of the American Meteorological Society, 95: 243-267.

Meehl G A, Goddard L, Murphy J, et al. 2009. Decadal prediction: can it be skillful? Bulletin of the American Meteorological Society, 90: 1467-1485.

PAGES. 2009. Science Plan and Implementation Strategy. IGBP Report No.57. Stockholm: IGBP Secretariat.

Stott P, Stone D, Allen M. 2004. Human contribution to the European heatwave of 2003. Nature, 432: 610-614.

Sun Y, Zhang X, Zwiers F W, et al. 2014. Rapid increase in the risk of extreme summer heat in Eastern China. Nature Climate Change, 4(12): 1082-1085.

Sun Y, Zhang X, Ren G, et al. 2016. Contribution of urbanization to warming in China. Nature Climate Change, 6: 706-709.

Taylor K E, Stouffer R J, Meehl G A. 2011. An overview of CMIP5 and the experiment design. Bulletin of the American Meteorological Society, 93: 485-498.

Yang Q, Ma Z, Fan X, et al. 2017. Decadal modulation of precipitation patterns over East China by sea surface temperature anomalies. Journal of Climate, 30(17): 7017-7033.

第八章
水文学发展态势与发展方向

水是地球各种生命（包括人类）赖以生存与发展的基础，水对人类有着广泛而深刻的影响。为了满足防洪、供水、发电和灌溉等需求，水文学在水利工程和农业工程的实践中诞生、发展和不断完善。现代水文学以研究地球表面不同时间和空间尺度的水循环过程为主要内容，包括水循环的物理过程，以及伴随水循环过程的生物地球化学过程和植被生态过程等。现代水文学更是地球科学与工程科学的交叉学科。

在太阳辐射的驱动作用下，海洋和陆地水通过蒸发进入大气，经由大气环流运动，部分水汽成为雨（雪）降落到陆地表面，形成地表径流、土壤水和地下径流；部分地表径流和地下径流最终回到海洋，形成生生不息的地球水循环。水循环包括陆地水循环、海洋水循环及海陆间水循环。其中，陆地水循环与人类社会发展关系最为密切，人们认识水循环规律的科学研究和开发水资源的工程实践贯穿了人类文明和社会发展的全过程。陆地水资源仅占全球水资源总量的3%左右，其中地表水占陆地水资源的70%。水循环使得有限的陆地水资源不断更新，水资源因此得以循环利用，成为某种意义上的可更新资源。然而，这并不意味着水资源取之不尽、用之不竭。相反，自然地理条件和气候变化等因素导致全球水资源分布具有很大的时空差异，加之第二次世界大战结束以来全球经济社会快速发展、人口急剧膨胀，世界相当多地区的人类用水需求大幅增长，以及水污染造成水资源的使用功能减少，导致缺水问题日趋严重。此外，气候变化导致陆地水循环发生显著变化，极端水文事件（如洪涝、干旱）有增加或加重趋势。水文学的一个重要研究领域就是变化环境下的水循环，这是人类开发、利用和保护水资源以及防治水旱灾害等工程实践的科学基础。

第一节　水文学研究任务

水文学是关于地球上水的起源、存在、分布、循环、运动等变化规律和运用这些规律为人类服务的知识体系，认识地球上的水循环机理与规律是水文学研究的主要任务。现代水文学更加强调地球科学与工程科学的结合，其另一个主要任务就是架设从科学认知通向工程实践的桥梁。这就需要利用水循环变化机理与规律的科学认知，发展不同时空尺度的水文模型，为水文水资源预测、预报及涉水基础设施的规划与设计等生产实践提供有效手段，服务于水资源管理、防洪、抗旱等“兴水利、除水害”的社会经济发展需求。如图 8-1 所示，如果将水文学形象地描述为一座大厦，那么其基础就是水文观测、实验和水文基础数据，水循环变化机理与规律的认知是大厦的重要支撑，水文模型、水文水资源预测预报和工程水文设计是重要组成部分，水资源管理与防洪抗旱是基于水循环的科学认知、准确预测和预报等做出的水管理决策，位于大厦的顶层。总之，水文学研究任务就是不断丰富和完善水文学的知识体系，服务于社会经济的可持续发展。

图 8-1　水文学研究的主要任务

水文观测是水文学的一个重要方面，其主要任务是掌握陆地上不同水体的储量，以及流入和流出水体的水通量，如降水、蒸发、流量等。传统水文观测以降水和径流观测为主，现代水文观测则针对水文过程的各个环节，全方位观测降水、蒸散发、径流、土壤水、地下水等各水文变量的时空变化。遥测技术的应用是现代水文观测的主要特征。近30年来，卫星遥感已被广泛应用于获取陆地表面的生态水文特征，包括地形地貌、植被类型、土地利用等，为发展分布式水文模型和陆面过程模型提供了丰富的地理信息。随着卫星遥感技术的发展，卫星遥感观测还提供了越来越多的地表水文特征变量信息，如降水量、地表温度、土壤水分等，推动了大尺度水文水资源研究和大尺度水文陆面模型的发展，尤其是全球模型的发展。同时，卫星遥感观测也为无资料及缺资料地区的水文模拟提供了数据，对提高水文水资源预测能力发挥着越来越重要的作用。为了推动全球或热点区域的水循环研究，国内外开展了一系列卓有成效的大型观测计划，如全球能量与水循环实验计划（Global Energy and Water Cycle Exchanges，GEWEX），强化了典型区域的地面综合观测和国际合作观测。例如，国家自然科学基金重大研究计划“黑河流域生态－水文过程集成研究”目前已形成覆盖黑河上游的观测系统，构成了一个空间密度较高的气象水文观测网络。这些观测和数据，为辨析黑河上游的关键生态水文过程提供了科学基础。总之，地面观测和遥感观测的结合将有效推动区域水循环和水资源研究，促使人们对水文现象有更进一步的理解和认识。

水循环连接了地球圈层的多种地表过程，是联系地球大气圈、岩石圈和生物圈的纽带，与人类活动、社会发展过程之间存在交互与反馈作用。这些自然和人为的影响和反馈增加了水循环变化规律的复杂程度，突出了水循环在地球系统研究中的重要地位和纽带作用，水循环研究的突破甚至可能影响其他相关学科的发展。从地球系统研究和多学科交叉研究角度来看，陆地水循环的发展可以促进不同地表过程的相互作用和反馈研究，主要研究内容包括以下四个方面：气候变化的影响与水循环的反馈作用；水循环与生态过程 / 土壤之间的生物化学过程联系；水循环与社会发展的联系，如人类用水和水资源承载力、城市发展的水资源约束、水利工程等；水循环变化对自然灾害的影响及灾害防治措施。因此，变化环境下的水循环演变机理与规律，既是水文学研究的核心科学问题，也是水文学研究的中心任务。

水文科学经历了由经验到理论、由简单过程到复杂系统、由定性描述到定量模拟的发展历程。水文科学由现象观察上升到理论研究的过程并非孤立发生的，很大程度上是由多个相关学科（如气象学、生态学和社会科学等）共同发展推进的（王根绪等，2001）。多学科交叉发展促使水文科学从工程水文学关注的降水－产流－汇流等水文过程的观测与模拟，发展到当前的气候－水文－

生态 - 社会综合系统研究体系（Tang and Oki，2016），如土壤 - 植物 - 大气 - 连续体（soil-plant-atmosphere continuum，SPAC）（刘昌明等，2009；杨大文等，2016）、水 - 能源 - 粮食纽带关系研究等（Bazilian et al.，2011）。水循环研究与多学科交叉，由此衍生了多个水文学分支，如生态水文学、气象水文学、冰冻圈水文学、城市水文学、社会水文学等。

水文模型是描述水文现象和水文过程的有效工具，概念性水文模型用概化的方法表达流域的水文过程，虽然有一定的物理基础，但都是经验性的概化。分布式物理模型的参数具有明确的物理意义，可以通过连续方程和动力方程求解，更准确地描述水文过程。20 世纪后半叶，地理信息系统、计算机技术、遥感技术迅速发展，在此期间水文模型得到迅速发展（Döll et al.，2016）。地理信息系统和遥感的分布式水文模型，在研究人类活动和自然环境变化对流域水循环时空过程的影响、研究区域水资源形成与演变规律等方面，具有独特的优势。地理信息系统和遥感的分布式水文模型是水循环研究的理想工具，是未来水文模型发展的主要方向。水文模型的应用，从洪水预报、水资源评价与管理，到水利工程规划与设计，一直到人类活动与气候变化对水循环的影响评估等。水文模型的发展不仅是水文学研究的重要内容，也是水文学发展的重要标志。

水文预报和预测是水资源管理和水旱灾害防治的基础，但是缺乏资料往往是水文预报的难题之一，也是国际水文科学协会（International Association of Hydrological Sciences，IAHS）在 21 世纪的第一个 10 年研究计划无资料流域水文预报（Prediction in Ungauged Basins，PUB，2003～2012 年）的主题（Sivapalan et al.，2003；杨大文等，2004）。因此，水文观测尤其是水文遥测技术，在水文预报特别是实时洪水预报中发挥了重要作用。20 世纪末以来，气候 / 天气预报模式在一定程度上推动着水文预报的发展，使得大范围中长期水文预报成为可能（Mitchell et al.，2004；Tang et al.，2016）。工程水文计算的目的在于预估未来水文情势变化，为工程规划与设计以及水资源管理提供水文依据。基于历史观测数据的水文统计与频率分析方法在工程水文计算中被广泛采用。长久以来，人们基于物理成因一致且观测样本相互独立的"一致性"水文序列来认识水文统计规律。受气候变化、流域下垫面变化和强烈的人类活动等影响，水文序列发生了变异，其"一致性"不复存在（Milly et al.，2008），水资源管理需要新的理论与方法。在气候变化和人类活动对水循环影响不断加剧的背景下，如何实现变化环境下的水安全是人类发展面临的一个战略问题，也是水文学研究的重要内容。总之，认识全球变化下陆地水循环演变机理与规律，不断提高水文水资源的模拟和预测能力，提出维持社会经济可持续发展的水资源管理科学方案和水安全保障合理措施，是水文学研究的根本任务。

第二节　研究现状与发展趋势

一、水文观测手段革新与多源观测数据融合

水文观测是认识陆地水循环变化规律、提高水文模拟能力的重要基础。加强对陆地水循环的观测，有助于深入理解陆地水循环变化规律与机理，进而模拟并预估陆地水循环变化及其影响，为应对水循环变化提供科技支撑。世界各国家和地区建立的水文和气象地面站点网络，有长期的观测记录积累，已形成包括全球和区域的水文数据中心（Kalnay et al.，1996；Sheffield et al.，2006；Weedon et al.，2011）。为了理解不同过程之间的相互关系、构建不同尺度之间的转换方法，需要多尺度的综合观测提供数据支撑。流域生态水文综合观测计划的主体都是地表水分–能量–碳通量，最常用的观测手段是以涡度相关技术为核心的通量观测（Wilson et al.，2002）。国内外陆续开展了诸如全球能量与水循环实验（The Global Energy and Water Exchanges，GEWEX）、陆地水分–能量–碳通量大型观测网络（FLUXNET）、美国陆地生态系统通量观测研究网络（AmeriFlux）、中国陆地生态系统通量观测研究网络（ChinaFLUX）等（Baldocchi et al.，2001；Yu et al.，2006）大型观测计划。全球陆地水分–能量–碳通量大型观测网络几乎涵盖了所有主要陆地生态系统，中国陆地生态系统研究网络（ChinaFLUX）覆盖了 10 种不同的陆地生态系统类型。近年来，在国家自然科学基金重大研究计划“黑河流域生态–水文过程集成研究”的支持下，我国依托西北内陆河——黑河流域建设了一个系统的多尺度气象、生态、水文观测系统，这是一个以完整流域为基本观测对象的流域水循环综合观测的典型范例。

近年来，遥感技术已广泛应用于陆地水循环研究中，包括陆地表面的地形地貌、植被分布类型、土地利用等地理信息，以及日益丰富的高分辨率水文变量实时动态监测信息，如降水量、蒸散发、土壤水分、水储量变化等（Wood et al.，2011；Lettenmaier et al.，2015；汤秋鸿等，2018）。卫星遥感技术的发展是人类对地观测的重大进步，具有服务于水循环过程关键要素反演与流域水文模拟的巨大应用潜力。现有卫星遥感及相关技术可以观测到具有不同时空分辨率的水文通量和状态变量，已经广泛应用于水文气象预报、洪涝干旱和土壤墒情监测、气候变化和人类活动的水文影响、作物耗水监测和产量预测、流域水资源管理、全球变化等领域，极大地丰富了现代水文学的内涵，由此发展形成了遥感水文学的学科分支。水文学研究对象具有空间尺度的复杂性与变异性，因此遥感观测具有优势，但由于水文研究尺度与遥感观测尺度的不同，尺度匹配是遥感水文应用需要解决的关键问题之一。水文学的发展在很大程度上取决于水文数据的获取和精度，多传感器联合观测可整合各种算法和传感器的优点，提高水循环要素观测精度和频率。因此，建立水循环要素立体观测体系，实现多传感器联合观测、多源数据融合的水循环观测是重点研究领域之一。

在全球多圈层相互作用中，水在大气圈－水圈－生物圈的循环过程中都伴随着同位素的分馏。大气环流决定了全球尺度的水汽输送过程及降水的时空分布，而内陆水循环影响局地气候。水体稳定同位素为研究全球水循环过程及局地水循环过程提供了一个有效途径，形成了同位素水文学研究方向。大气环流形式的变化导致降水的空间分布发生改变，影响局地水循环；升温导致冰川加速融化、冻土退化，将影响到许多江河源区的水资源；水电开发、跨流域调水、农业灌溉、地表覆被改变等，改变了地表水与地下水的时空分布，给水循环规律的认识与水资源的可持续利用带来挑战。水体稳定同位素技术将为揭示大尺度的水循环、局地水循环、气候变化、生态水文关键过程研究提供观测手段和研究途径。

基于空天地的多源观测提供了大量水循环和水资源研究所需的数据，但是不同来源的观测信息具有各异的时空分辨率，而且不同的观测原理可能导致水循环变量的观测精度不同。因此，需要开展多源观测信息的融合和数据同化研究。通过对多源观测信息的融合与数据同化，提供全球、区域和流域的水文水资源数据集，为多尺度水循环过程、水文模型和水文预测预报研究提供基础数据。

二、水文分析和水文模拟工具

时间序列分析是早期人们开展定量水文研究的重要工具，在水文情势预测、水资源评价管理和综合规划等方面发挥了重要作用。早期研究多将水文序列看作平稳和线性的序列，利用序列自相关特性进行分析和描述，如自回归、滑动平均等方法（Yule，1927；Walker，1931）。此后，研究者还利用模糊数学、信息熵等方法研究水文系统的不确定性（Singh，1997），引入混沌动力学方法研究水文系统的混沌特性（Hense，1987），利用小波分析法揭示水文序列的非平稳性（Kumar and Foufoula-Georgiou，1997）。变化环境下，非一致性水文分析面临三个问题：①影响水文序列变异的因素在不同权重的因素影响下，水文序列变异程度如何，即非一致性水文变异分级；②判断在什么时间以何种形式发生了变异，即非一致性水文变异诊断；③如何处理非一致性水文序列来推求适应变化环境的频率分布，即非一致性水文频率计算。

为了掌握和利用水循环变化规律，水文模拟和预测一直是水文科学研究的重要内容，水文模型则是模拟和预测的基本工具。流域水文模型从初期基于集总式结构的“黑箱”模型、概念性模型，逐渐发展到具有物理机制的分布式水文模型。相比于集总式模型，分布式水文模型不仅充分考虑下垫面的空间异质性对水循环过程的影响，还加大对蒸散发过程、土壤水分运动等关键过程的刻画描述，在揭示水循环的时空变化特征和规律方面更具优势。传统水文模型对植被生理、生态作用描述较为简略，但实际上气候变化对植被生理过程及水分利用效率均有影响，因此发展生态－水文模型是当前陆地水循环模拟的研究热点之一（杨大文等，2010）。同时，由于传统水文模型还对地表水分能量交换、碳氮物质循环及其他生物化学过程考虑不足，通过耦合陆面模型中的相关过程进而发展陆面水文模型，可提升变化环境下水循环变化模拟和预测能力（Wagener et al.，2010），这也是当前陆地水循环研究的重要发展方向（Tang and Oki，2016）。陆面过程模型通常采用分布式结构，其发展大致经历了 Bucket 模型、土壤－植被－大气系统的水热传输模型（soil-vegetation-atmosphere transfer，SVAT 模型）及考虑多过程（水文过程、碳氮循环、作物生长等）耦合的新一代陆面过程模型，如简单生物圈模型（simple biosphere model，SiB 模型）（Sellers et al.，1996）、通用陆面模型（community land model，CLM）（Dai et al.，2003）等。现有的分布式水文模型注重流域地形地貌的表征，而缺乏对影响蒸散发过程的植被格局的有效描述。探讨刻画流域下垫面空间异质性及其与植被格局和水文特征之间联系的分布式模型结构，量化不同生态和水文过程之间的动态耦合和反馈机制，是流域生态水文模型研究的发展趋势之一。随着机器学习方法的不断发展，尝试将机器学习方法应用于流域水文模拟也是近年来的一个新研究方向（Yang et al.，2020）。

模型参数率定是影响模型模拟和预测能力的重要因素（Duan et al.，1992），然而日益复杂的分布式结构、冗余的模型参数，加之有限的观测资料，导致模型参数估计存在较大的不确定性（如常见的“异参同效”现象）。关于数学模型的参数优化方法在数学上已有很深入的研究，应用于分布式水文模型参数率定的常用算法包括面向全局优化的遗传算法和 SCE-UA 算法。遗传算法由美国霍兰德（Holland）等于 1975 年提出，并由其他学者不断发展和完善。遗传算法在水文模型参数率定中的应用，本质上是一个多目标优化问题。SCE-UA 算法由段（Duan）等于 1992 年提出，它综合了遗传算法、Nelder 算法与最速下降法等的优点，引入种群杂交的概念，应用于非线性优化问题时具有很好的效果。近年来，基于不确定性分析的参数估计方法应运而生，主要包括广义似然不确定性估计（Beven and Binley，1992）、贝叶斯概率模型估计和蒙特卡罗模拟（Vrugt et al.，2003）等方法，用于模型参数不确定性分析（Madsen，2000）。未来，水文模型不确定性研究的重点有两个：①对传统描述水文过程物理机制的理论和方法进行正确性和可靠性分析，提出更加科学和完善的水文理论和方法；②从水文过程状态变量的模拟误差入手，提高水文预报的精度，减少不确定性。

数据同化技术是提高陆地水循环模拟及预测精度的重要途径。数据同化技术是将不同来源、不同时空分辨率、不同精度的数据整合起来，并集成到模型中，通过数学算法对模型中的状态变量进行优化，以期提高模拟结果的精度，减少模型的不确定性。日益丰富的多源观测数据是水文科学向大数据时代发展的必然趋势，采用不同来源、不同时空尺度的观测数据可以对陆地水循环进行多尺度解析与集成（Gupta et al.，2014）。水文模型因存在参数、输入及结构误差而不可避免地表现出不确定性（Moradkhani and Sorooshian，2008），而数据同化技术则可利用多源观测信息来约束、修正和优化模拟状态变量，进而提高水循环模拟和预报精度。近年来，包括集合卡尔曼滤波（EnKF）、集合调整卡尔曼滤波（EAKF）（Anderson，2001）、集合平方根滤波（EnSRF）（Whitaker and Hamill，2002）等在内的多种数据同化算法在水循环模拟中得到广泛应用，通过同化土壤含水量、径流量、蒸散发等观测信息预期可改善模拟和预报精度（Liu et al.，2012）。但事实上，由于模型结构和同化算法存在差异，其实际改进效果也不尽相同，因此结合流域水文特征和多源观测数据的实际情况，选择合理的模型结构及有效的同化算法成为研究重点（Reich and Cotter，2015）。未来，伴随大数据分析、人工智能、机器学习等领域的新理论和新技术突破，综合水循环多源观测和多过程模拟的数据同化技术将成为未来水文科学发展的重要方向（National Research Council，2012）。

三、水文循环变化及其归因研究

在气候变化、土地利用 / 覆盖变化、人类用水活动等因素影响下，陆地水循环正发生着快速变化，水文过程呈现非稳态特征。全球气候变化导致的冰冻圈变化，直接和间接地影响了许多水文过程，使得对冰冻圈水文过程的探索成为现在的热点问题。由于冰冻圈对温度的变化异常敏感，青藏高原地区地表环境已经发生了深刻的变化，这一变化主要表现为雪线上升、冰川退缩、冻土退化和湖泊面积的急剧变化。近年来，有基于 ICESat/ICESat-2 卫星数据的研究（Zhang et al.，2019）指出，2003～2018 年青藏高原 62 个湖泊中，58 个湖泊的水位呈升高趋势，平均每年升高 0.30 ± 0.03m，只有 4 个湖泊的水位呈下降趋势（平均水位变化速率为 −0.12 ± 0.06 m/a），引起湖泊扩张的主要原因不是冰川融化而是降水量的增加。评估气候变化对水循环的影响受到国内外学者的高度重视，如跨部门影响模型比较计划（Inter-Sectoral Impact Model Intercomparison Project，ISIMIP）（Warszawski et al.，2014）。一些国际研究计划，如国际水文计划（International Hydrological Programme，IHP）、世界气候研究计划（World Climate Research Programme，WCRP）、国际地圈–生物圈计划（International Geosphere-Biosphere Programme，IGBP）的水文循环生物圈方面（Biospheric Aspects of Hydrological Cycle，BAHC）、地球系统科学联盟（Earth System Science Partnership，ESSP）及国际全球环境变化人文因素计划（International Human Dimensions Programme on Global Environmental Change，IHDP）等均涉及气候变化对陆地水循环的影响研究。2013 年启动的“未来地球”研究计划，更是将“当代和未来的水问题”列为十大关注问题之首位。此类评估工作的基本框架是将大气环流模型（global atmospheric general circulation models，GCMs）提供的未来不同情景下的气候输出降尺度处理到与陆面水文模型相匹配的时空尺度，然后驱动陆面水文模型估算未来不同情景下的水循环变化（Schewe et al.，2014；Haddeland et al.，2014）。在此过程中，降尺度方法选择、水文模型选择及预估结果不确定性分析等受到广泛关注（徐宗学等，2016）。

近几十年来，伴随社会经济迅速发展和人口数量剧增，人类活动成为驱动陆地水循环变化的关键因子（汤秋鸿等，2015）。如何区分变化环境下自然与人类活动的影响也是当前研究的热点领域。传统方法通常是将两者看作相对独立的组分，通过设计敏感性对比实验，简单分离两者的相对贡献（Tang et al., 2008）。受益于前期水文模型的发展和观测资料的长期积累，现阶段研究通过将人类用水参数化方案（如水库、灌溉）耦合到水文模型中，定量评估人类活动对水文过程的影响（Döll et al.，2003）。比较典型的模型，如基于流域水热耦合平衡假设的 Budyko 模型（Xu et al.，2014）、分布式水文模型（Ma et al., 2010）、“自然－社会”二元水循环模型（王浩等，2013）、耦合灌溉参数化方案的分布式生物圈水文模型 DBH（Tang et al.，2006），以及集成作物需水、人类用水、河道汇流及水库调度模块的 H08 模型（Hanasaki et al.，2008）和 LHF 模型（Pokhrel et al.，2013，2014）等。然而，地球系统是个复杂的巨系统，水循环与陆地表层其他系统间存在复杂的交互过程（Vitousek et al.，1997）。例如，人类砍伐树木导致流域下垫面发生变化；下垫面变化不仅直接影响地表产汇流过程，还能通过反馈作用影响当地气候系统，进而改变降水－径流过程（Brown et al.，2005；Davidson et al.，2012）。随着城市化进程的不断发展，人类社会与水系统之间的关系趋于复杂。城市土地利用变化改变了城市流域水生态系统的物理、化学与生物特性，引发城市河流综合症。城市发展改变了流域河网的形态，造成河流缩窄变短、湖泊河网衰退消亡，引起河流生态退化。城市化使城市人口不断增加、城市规模不断扩大，城市用水量和用水结构及用水效率都随之发生变化。为此，发展集成自然－社会－生态等多过程的陆面水文模型，有助于全面、深入地认识水循环与其他系统（如大气、生态和人类社会）之间的交互作用对陆地水循环的影响。

全球变化背景下陆地水循环变化的驱动因素非常复杂，体现在气候变化、土地利用 / 覆盖变化、人类用水活动等多个方面，而上述各方面都有自然和人文因素的影响（图 8-2）。但是，当前水循环变化的归因研究主要分离某个或者部分驱动因子的自然和人文因素，或者将气候变化简单地归类为自然因素，将土地利用 / 覆盖变化和人类用水活动简单地认为是人文因素。区分自然和人文因素对水循环变化各驱动因子的影响，科学严格归因全球变化下水循环演变的自然和人文因素是水文循环变化归因研究的热点和难点（汤秋鸿，2020）。

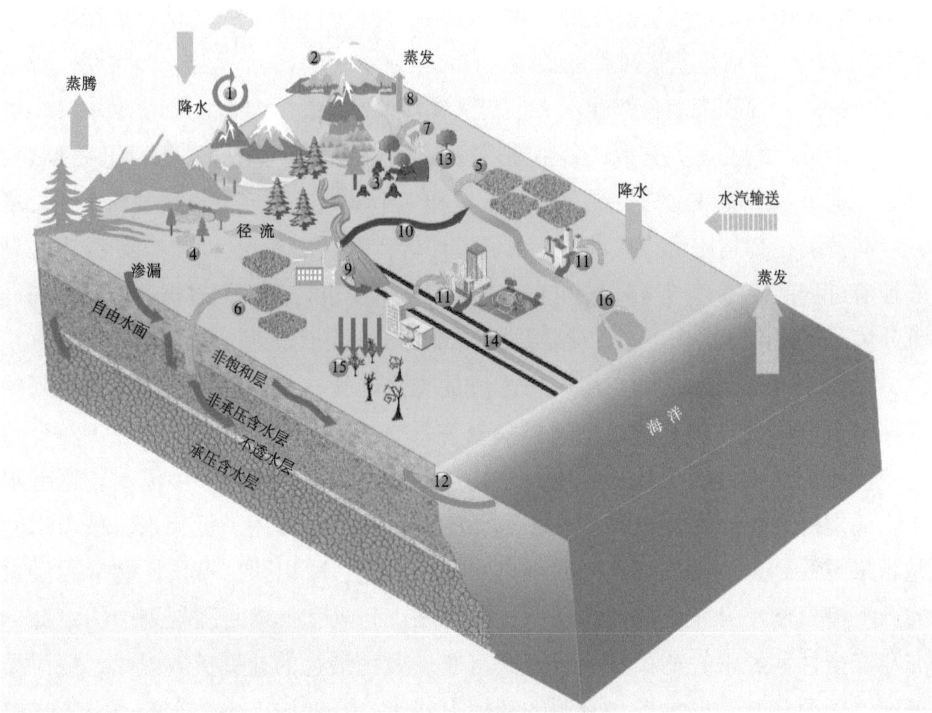

图 8-2　水循环变化及其归因

1. 极端气候事件；2. 冰雪消融；3. 森林砍伐；4. 湿地干涸；5,6. 地表、地下水灌溉；7,8. 大坝截流、水库蒸发增加；9. 工业冷却用水、排放水蒸气和高温废水；10. 跨流域调水；11. 城市、采矿等取用水及废水排放；12. 海水入侵；13. 水库调控减少流量；14. 防洪设施和引水渠改变水流向；15. 酸雨；16. 侵蚀、淤积

四、水文学的主要分支领域

数字化技术正在对人类的生产和生活产生极其深刻的影响，对水文科学而言，不仅使水文信息的采集、传输、储存、处理和显示方法发生了根本性的改变，而且也使揭示和探索水文规律的手段发生了巨大变化，从而导致数字水文学的诞生。数字化技术对揭示和探索水文规律或机理带来的影响更值得水文学家关注。在数字化平台上开展水文研究，可以在一定程度上克服传统研究方法的局限性，得到用传统研究方法几乎无法得到的结论。例如，水文学家已能根据 DEM 构建的数字流域平台直接从机理上求得流域的瞬时单位线，这些将有力地推动和促进数字水文学的研究工作（张金存和芮孝芳，2007）。科学家们正致力于建立模拟陆地水文循环的计算工具，并将这些计算工具用于广泛的水文研究，计算水

文学正处于蓬勃发展之势。然而，由于许多模型代码和数据都无法开放获取，计算水文学面临着可重复性较差的质疑（Hutton et al.，2016）。这进一步说明，数据共享、代码开源和交流合作在水文学交叉领域研究中的重要性。同位素水文学也是一个十分活跃的研究领域，其主要研究内容包括：①利用示踪技术直接观察地表水及地下水出流的动力特征，确定干旱和半干旱地区的地下水流量和包气带水分运动情况；②利用示踪技术进行水资源评价；③利用荧光示踪物，研究山区湖泊径流过程的模拟和产流过程；④应用示踪技术改进径流模拟过程，识别不同径流分量，了解雨水去向、水和化学物质的滞留时间，以及地下水渗流。

生态水文学是水文学与生态学形成的交叉学科，以生态过程和生态格局的水文学机制研究为核心，以植物与水分关系为基础，将尺度问题贯穿于整个研究中，研究对象涉及旱地、湿地、森林、草地、山地、湖泊、河流等。生态水文学的发展对生态环境建设产生了重要的促进和推动作用。近年来，城市水问题越来越受到人们的关注。开展城市水文学研究，可以研究城市流域暴雨洪水的产汇流机制，开发雨洪计算模型，探讨城市防洪和排水工程规划中的设计标准与安全性和经济性的关系，研究城市非点源污染物的迁移扩散规律，探讨城市雨洪资源和其他非传统水资源的利用方式等。开展城市水文学的研究工作对于解决中国城市发展中存在的具体问题，减轻城市洪涝灾害，促进经济社会可持续发展，构建和谐社会都具有十分重要的意义（徐宗学和李景玉，2010）。

随着地球演化进入人类主导的新地质时代——“人类世”，理解水循环变化的自然波动和人类“印记”，发展人类世的水文学变得尤其重要。在此背景下，水文学与全球变化研究交叉融合，形成了全球变化水文学这一新的研究领域（Tang and Oki，2016；汤秋鸿，2020）。全球变化水文学综合水文学、气候学和地理学，研究不同时间和空间尺度上陆地水循环与全球变化相互作用，其核心目标是理解陆地水循环演变的自然和人文因素及其影响与反馈，以更好地理解水循环变化，为水资源可持续管理服务（汤秋鸿，2020）。

第三节　关键科学问题

传统陆地水循环研究多集中于认识不同时空尺度的水量平衡及水循环要素特征，但伴随着全球变化影响日益加剧，研究逐渐转向关注陆地水循环的变化规律及其水资源效应，其关键问题主要集中在三个方面：水循环变化特征和机理、水循环变化趋势预估、水循环变化的自然与社会影响（图 8-3）。

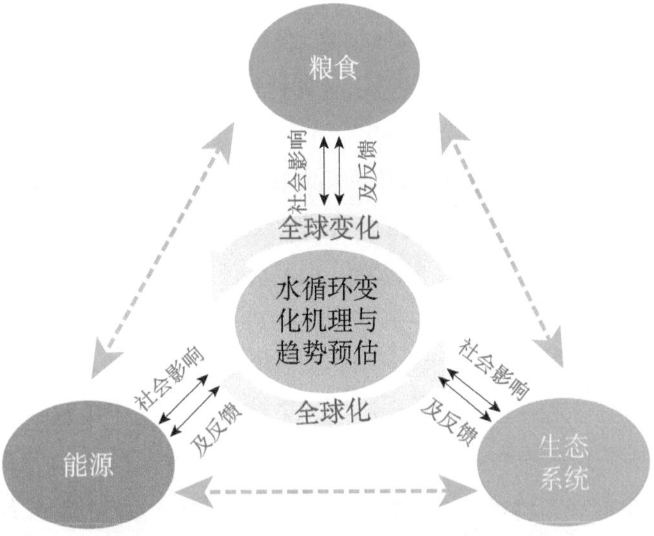

图 8-3　水文学的关键科学问题

（1）水循环变化特征和机理。过去几十年，全球气候系统发生了显著变化（IPCC，2013），陆面水循环过程受到不同程度的影响，但降水、蒸发及径流等水循环要素的具体变化规律仍不甚清楚。研究发现，伴随着全球气温上升，过去几十年全球降雨没有发生显著变化，但趋势分析结果在某种程度上和采用的数据集密切相关（Gu et al.，2007；Ren et al.，2013）。从理论上来说，气温上升会导致蒸发能力的增强和实际蒸发量的增加，但全球不同地区长期资料显示蒸发皿实际蒸发量却呈现下降趋势（Roderick and Farquhar，2002；Roderick et al.，2007），即“蒸发悖论”（Roderick and Farquhar，2002）。径流量通常受到气象驱动、人类活动和陆表覆被变化等多种因素的影响，其变化趋势因数据来源而异，不确定性较大而难以准确评估（Labat et al.，2004；Dai，2011）。受限于观测数据的覆盖度和数据质量，当前全面评估水文循环变化特征还存在较大的不确定性。在全球降雨、径流、干旱面积等关键水文参量的整体变化趋势方面，采用不同的数据和分析可能会得到不同的结论。因此，进一步加强水文气象观测能力建设，建立长期水文一致的水热通量数据集，有效整合已有的观测数据，是揭示水文循环变化特征和机理的基础。

（2）水循环变化趋势预估。评估陆地水循环未来如何变化，对人类科学认识气候变化对陆面水文过程的影响、制定适应性应对措施具有重大战略意义（Vörösmarty et al.，2000），但目前陆地水循环预估仍存在较大的不确定性。基于多个气候模式预估结果显示，未来全球极端降水将随升温而增加，但不同气候模式之间结果差异显著，表现为降水预估结果可靠性较差（Westra et al.，2014）。同样地，多模式评估结果显示全球径流随全球升温大体呈线性变化，但变化趋势存在明显的区域差异（Milly et al.，2005；Zhang et al.，2014）。IPCC第五次评估报告（AR5）ISIMIP的模拟结果显示，全球水文模型导致的预估不确定性甚至超过了全球气候模式的不确定性（Schewe et al.，2014），成为水文预估不确定性的重要来源。因此，在认识水循环变化机理的基础上，亟待发展水循环综合集成模拟模型，加强全球变化背景下的水循环变化模拟研究，提高陆地水循环变化趋势预估可靠性，为应对未来气候和水循环变化提供科技支撑。

（3）水循环变化的自然与社会影响。全球环境变化将导致陆地水循环发生改变，进而引起水资源及洪水、干旱等水灾害时空分布变化，导致全球和各国水安全保障面临诸多挑战（Wheater and Gober，2013）。研究表明，气候变化引起极端降水事件增加可导致洪涝灾害风险升高（IPCC，2013）；温度升高引发冰川退缩及冰雪融化可能导致径流情势发生改变（Barnett et al.，2008），而农业灌溉用水增加将导致水资源短缺；海平面上升则可能带来土地淹没、盐渍化、海水入侵等一系列风险（丁一汇，2008）；此外，环境变化还可能引起或加剧东南亚、南亚、中亚、北非等地区的水冲突（Kreamer，2012）。同时，未来水资源管理将从单一部门水资源安全保障目标转变为跨部门水安全与水资源管理，水资源安全不单单是水资源系统自身的安全，还将涉及粮食、生态、能源等领域，影响人类正常生产、生活及社会安定（McLaughlin and Kinzelbach，2015；Cosgrove and Loucks，2015），需要深入研究水系统安全与粮食、能源、生态环境安全协同变化机制，揭示水资源－能源－粮食、气候－水资源－能源－生态等纽带关系。未来，水循环变化的自然与社会影响研究应该具有全球视野，支撑国家水资源安全的全球战略制定，提升全球水治理水平。

第四节　优先研究领域

水循环与地球表层各圈层相互联系，涉及要素众多、过程复杂，水文学研究已经从流域降雨–径流关系扩展到考虑大气圈–水圈–生物圈等各圈层耦合作用，研究手段也趋于复杂化和多样化。伴随着水循环观测和模拟技术的发展，人们对水文循环过程的认识更全面、更深入。水文学研究的焦点已经从流域降雨–径流关系，转向在地球表层系统综合分析框架下的以水循环为纽带的多尺度、多过程相互作用和耦合研究。研究问题呈现明显的多学科交叉特征，研究方法更加强调多学科交叉与融合，所采用的技术手段更加先进和综合，这些转变将给未来几十年的水文学研究带来全新面貌，进一步促进水文学在自然地理综合研究中发挥日益重要的作用。

（1）水文循环变化与气候变化的相互作用依然是重要研究内容。陆地水文循环过程受到大气环流水汽输送及其变化的直接影响，伴随着水体同位素技术的不断发展，需进一步明晰大气环流过程中水汽输送途径、大尺度水汽来源解析与变化、陆气耦合关系等关键科学问题。未来，陆气耦合模型还需加强陆面过程模型中对水文循环时空演变的描述，陆地水文循环模拟精度尚待提高，同时需要进一步区分自然气候变率或外界强迫引起的气候变化及其对水循环和水资源的影响。

（2）人类活动对水文循环变化的影响作用日益凸显，亟须发展能定量描述人类用水活动过程的社会水文模型。目前，仅有部分水文模型能够考虑社会经济取用水、工程调节等人类用水活动，未来开展社会需水–工程调节–生态用水等关键过程的综合集成研究仍是水文学发展面临的重大挑战。基于人地耦合系统协同演变的水循环机理研究将会是水文学研究的热点和关键点。进一步挖掘不同来源的数据和资料，丰富社会水文学案例研究，并对不同自然和社会条件下的水循环和水资源演变进行对比研究，有利于揭示人地耦合系统中的水循环演变机理。用人地耦合系统协同演化理论指导水资源管理和其他与水资源相关的社会经济规划，也是社会水文学研究的重要方向。

（3）从自然地理综合分析视角来看，未来水文学研究将逐渐发展为强调多要素、多过程、多尺度、多界面、自然和社会科学的综合交叉集成研究范式，以准确评估水文循环变化及其效应。围绕水循环变化及其伴生的生态安全问题，研究多尺度生态过程与水文循环耦合机理及其模拟方法是发展趋势，但其核心是统筹考虑水文循环与气候、自然地理等多圈层、多要素的耦合关系，包括气候变化和水分胁迫对生态水文过程的影响、气候–土壤–植被系统与水文相互作用机理、气候变化对作物耗水与产量的影响、生态系统对气候变化和人类活动的响应、植被变化对水文过程的影响等方面。

（4）冰冻圈是水文循环变化与气候变化相互作用的敏感区域，未来冰冻圈水文过程研究将进一步向机理分析、数值模拟方向发展，野外观测与数值模拟的结合将更加有效。利用遥感技术手段加强对冰冻圈水文循环变化的监测，进而开展冰冻圈－水圈－大气圈－生物圈相互作用的模拟研究。

（5）随着城市内涝问题的日益凸显，城市建成区短历时暴雨洪水的精细模拟预测、城市水文极值事件的定量描述、“海绵型”社区建设（低影响开发社区）模式及其水文响应规律等也是城市水文学研究的重要方向。从城市化的发展趋势、水资源消耗的空间分布、城市化对水分收支影响等关键科学问题来看，城市水热交换过程的内在机理和耗水过程的研究将是现代城市水文学研究的前沿和热点领域。

（6）极端气象水文事件变化及其风险评估是水文循环变化效应评估的重要方面，加强综合集成研究是提升极端气象水文事件可预报性的重要途径。在全球变化背景下，需从海－陆－气相互作用的综合分析角度，综合研究洪水、干旱、台风暴雨等极端事件的发生和演变机理，综合使用雷达、卫星等多源观测技术提高对极端气象水文事件的监测能力，提升对极端气象水文事件的预报能力。

（7）遥感观测技术与水文大数据是未来水文学发展的重要基础。在水文数据获取方面，无人机平台、无处不在的移动设备是扩大传统观测网络（如地面观测站和遥感卫星等）的新手段，为未来的水文学研究提供了大数据。在实现遥感技术与水文模拟技术无缝耦合的基础上，建立遥感数据驱动、率定和验证的分布式水文模型系统对缺/少资料地区十分重要。发展基于水文大数据的水循环分析和水文预报方法，将是未来水文学研究的新方向。

（8）水体同位素技术在水循环研究中的应用是水文学研究的新热点。水体同位素测量技术的飞速发展，使得野外直接测量大气水汽与土壤植被水体同位素成为可能，为同位素水文学研究提供了新的契机。通过卫星遥感方法测量大空间尺度上水同位素的时空变化，揭示大尺度大气水汽同位素空间变化及其与大气环流过程中水汽输送的关系，是全球/区域水循环研究的方向之一。

（9）水文尺度与水文相似性问题是水文学研究的另一个热点研究领域，水文尺度问题与水文相似性问题密切相关。近年来，研究发现有些水文现象受到分形理论的支配，其局部与整体之间存在着称为自相似性的水文相似性。在一定尺度范围内，具有自相似性的水文现象，其不同尺度的规律性之间的关系，取决于一种称为标度变换的简单变换。因此，对于具有自相似性的水文现象，通过标度变换就可以将该水文现象从一种尺度下获得的规律变换成另一种尺度的规律。由于水文现象的复杂性，目前水文学家对水文相似性的了解刚刚开始，有待于进一步深入探讨和研究。

（10）地表水与地下水的相互作用一直是水文科学研究的热点问题之一。地下水与地表水的相互作用受地形、水文地质、气候和人文因素的综合影响，补排关系复杂，尤其是在华北、西北等干旱半干旱地区，定量揭示地表水、地下水的补排关系，对于当地水资源合理开发与利用具有十分重要的意义，也是亟待研究的热点领域。

（11）水文循环与生物圈的相互作用研究仍然是水文学研究的热点研究领域，传统的水文学研究只考虑水量的自然变化，现代水文循环需要考虑地球生物圈、全球气候变化及人类活动等各个方面的影响。例如，植被如何与水文循环的物理过程相互作用？改变陆面生态过程的直接原因是什么？通过这些研究，将为认识自然变化和人类活动影响下的土地利用 / 土地覆被变化与陆地表层生命物质过程、评估人类活动对生物圈的影响、保护生态环境和维持水资源可持续利用提供科学基础和决策依据。

本章参考文献

丁一汇 . 2008. 人类活动与全球气候变化及其对水资源的影响 . 中国水利 , (2): 20-27.

刘昌明 , 张喜英 , 胡春胜 , 2009. SPAC 界面水分通量调控理论及其在农业节水中的应用 . 北京师范大学学报（自然科学版）, 45(Z1): 446-451.

汤秋鸿 . 2020. 全球变化水文学 : 陆地水循环与全球变化 . 中国科学 : 地球科学 , 50(3): 436-438.

汤秋鸿, 黄忠伟, 刘星才, 等. 2015. 人类用水活动对大尺度陆地水循环的影响. 地球科学进展, 30(10): 1091-1099.

汤秋鸿 , 张学君 , 戚友存 , 等 . 2018. 遥感陆地水循环的进展与展望 . 武汉大学学报（信息科学版）, 43(12): 1872-1884.

王根绪 , 钱鞠 , 程国栋 . 2001. 生态水文科学研究的现状与展望 . 地球科学进展 , 16(3): 314-323.

王浩 , 贾仰文 , 杨贵羽 , 等 . 2013. 海河流域二元水循环及其伴生过程综合模拟 . 科学通报 ,

58(12): 1064-1077.

徐宗学，李景玉. 2010. 水文科学研究进展的回顾与展望. 水科学进展，21(4): 450-459.

徐宗学，刘晓婉，刘浏，2016. 气候变化影响下的流域水循环：回顾与展望. 北京师范大学学报（自然科学版），52(6): 722-730, 839.

杨大文，丛振涛，尚松浩，等. 2016. 从土壤水动力学到生态水文学的发展与展望. 水利学报，47(3): 390-397.

杨大文，雷慧闽，丛振涛. 2010. 流域水文过程与植被相互作用研究现状评述. 水利学报，41(10): 1142-1149.

杨大文，夏军，张建云. 2004. 中国 PUB 研究与发展 // 水问题的复杂性与不确定性研究与进展——第二届全国水问题研究学术研讨会论文集. 北京：中国水利水电出版社：47-54.

张金存，芮孝芳，2007. 分布式水文模型构建理论与方法述评. 水科学进展，18(2): 286-292.

Anderson J L. 2001. An ensemble adjustment Kalman filter for data assimilation. Monthly Weather Review, 129(12): 2884-2903.

Baldocchi D, Falge E, Gu L, et al. 2001. FLUXNET: a new tool to study the temporal and spatial variability of ecosystem-scale carbon dioxide, water vapor, and energy flux densities. Bulletin of the American Meteorological Society, 82(11): 2415-2434.

Barnett T P, Pierce D W, Hidalgo H G, et al. 2008. Human-induced changes in the hydrology of the Western United States. Science, 319: 1080-1083.

Bazilian M, Rogner H, Howells M, et al. 2011. Considering the energy, water and food nexus: towards an integrated modelling approach. Energy Policy, 39(12): 7896-7906.

Beven K, Binley A. 1992. The future of distributed models: model calibration and uncertainty prediction. Hydrological Processes, 6(3): 279-298.

Brown A E, Zhang L, McMahon T A, et al. 2005. A review of paired catchment studies for determining changes in water yield resulting from alterations in vegetation. Journal of Hydrology, 310: 28-61.

Cosgrove W J, Loucks D P. 2015. Water management: current and future challenges and research directions. Water Resources Research, 51(6): 4823-4839.

Dai A G, 2011. Drought under global warming: a review. Wiley Interdisciplinary Reviews: Climate Change, 2(1): 45-65.

Dai Y, Zeng X, Dickinson R E, et al. 2003. The Common Land Model (CLM). Bulletin of the American Meteorological Society, 84(8): 1013-1023.

Davidson E A, Araujo A C D, Artaxo P, et al. 2012. The Amazon basin in transition. Nature,

481(7381): 321-328.

Defries R, Eshleman K N. 2004. Impact of California' s climatic regimes and coastal land use change on streamflow characteristics. Journal of the American Water Resources Association, 39: 1419-1433.

Döll P, Douville H, Güntner A, et al. 2016. Modelling freshwater resources at the global scale: challenges and prospects. Surveys in Geophysics, 37(2): 195-221.

Döll P, Kaspar F, Lehner B. 2003. A global hydrological model for deriving water availability indicators: model tuning and validation. Journal of Hydrology, 270: 105-134.

Duan Q, Sorooshian S, Gupta V K. 1992. Effective and efficient global optimization for conceptual rainfall-runoff models. Water Resources Research, 28(4): 1015-1031.

Foufoula-Georgiou E, Kumar P. 1994. Wavelets in Geophysics. San Diego: Academic Press.

Gu G J, Adler R F, Huffman G J, et al. 2007. Tropical rainfall variability on interannual-to-interdecadal and longer time scales derived from the GPCP monthly product. Journal of Climate, 20(15): 4033-4046.

Gupta H V, Perrin C, Blöschl G, et al. 2014. Large-sample hydrology: a need to balance depth with breadth. Hydrology and Earth System Sciences, 18(2): 463-477.

Haddeland I, Heinke J, Biemans H, et al. 2014. Global water resources affected by human interventions and climate change. Proceedings of the National Academy of Sciences of The United States of America, 111: 3251-3256.

Hanasaki N, Kanae S, Oki T, et al. 2008. An integrated model for the assessment of global water resources-Part 1: model description and input meteorological forcing. Hydrology and Earth System Sciences, 12(4): 1007-1025.

Hense A. 1987. On the possible existence of a strange attractor for the Southern Oscillatio. Beiträge zur Atmosphärenphysik, 60(1): 34-47.

Hutton C, Wagener T, Freer J, et al. 2016. Most computational hydrology is not reproducible, so is it really science? Water Resources Research, 52(10): 7548-7555.

IPCC. 2013. Climate change 2013: The Physical Science Basis. Cambridge, United Kingdom: Cambridge University Press.

Kalnay E, Kanamitsu M, Kistler R, et al. 1996. The NCEP/NCAR 40-year reanalysis project. Bulletin of the American Meteorological Society, 77(3): 437-472.

Kreamer D K. 2012. Water and international security. Journal of Contemporary Water Research & Education, 149(1): 1-3.

Kumar P, Foufoula-Georgiou E. 1997. Wavelet analysis for geophysical applications. Reviews of Geophysics, 35(4): 385-412.

Labat D, Goddéris Y, Probst J L, et al. 2004. Evidence for global runoff increase related to climate warming. Advances in Water Resources, 27(6): 631-642.

Lettenmaier D P, Alsdorf D, Dozier J, et al. 2015. Inroads of remote sensing into hydrologic science during the WRR era. Water Resources Research, 51(9): 7309-7342.

Liu Y Y, Dorigo W A, Parinussa R M, et al. 2012. Trend-preserving blending of passive and active microwave soil moisture retrieves. Remote Sensing of Environment, 123: 280-297.

Ma H, Yang D, Tan S K, et al. 2010. Impact of climate variability and human activity on streamflow decrease in the Miyun Reservoir catchment. Journal of Hydrology, 389： 317-324.

Madsen H. 2000. Automatic calibration of a conceptual rainfall-runoff model using multiple objectives. Journal of Hydrology, 235(3-4): 276-288.

McLaughlin D, Kinzelbach W. 2015. Food security and sustainable resource management. Water Resources Research, 51(7): 4966-4985.

Milly P C D, Betancourt J, Falkenmark M, et al. 2008. Stationarity is dead: whither water management. Science, 319: 573-574.

Milly P C D, Dunne K A, Vecchia A V. 2005. Global pattern of trends in streamflow and water availability in a changing climate. Nature, 438: 347-350.

Mitchell K E, Lohmann D, Houser P R, et al. 2004. The multi-institution North American land data assimilation system (NLDAS): utilizing multiple GCIP products and partners in a continental distributed hydrological modeling system. Journal of Geophysical Research Atmospheres, 109(D7):585-587.

Moradkhani H, Sorooshian S. 2008. General review of rainfall-runoff modeling: model calibration, data assimilation, and uncertainty analysis//Sorooshian S, Hsu K L, Coppola E, et al. Hydrological Modelling and the Water Cycle. Berlin, Heidelberg: Springer: 1-24.

National Research Council. 2012. Challenges and Opportunities in the Hydrologic Sciences. Washington, DC: National Academies Press.

Pokhrel Y N, Fan Y, Miguez-Macho G, et al. 2013. The role of groundwater in the Amazon water cycle: 3. Influence on terrestrial water storage computations and comparison with GRACE. Journal of Geophysical Research: Atmospheres, 118(8): 3233-3244.

Pokhrel Y N, Fan Y, Miguez-Macho G. 2014. Potential hydrologic changes in the Amazon by the end of the 21st century and the groundwater buffer. Environmental Research Letters, 9(8):

084004.

Reich S, Cotter C. 2015. Probabilistic forecasting and Bayesian data assimilation. Cambridge: Cambridge University Press.

Ren L, Arkin P, Smith T M, et al. 2013. Global precipitation trends in 1900-2005 from a reconstruction and coupled model simulations. Journal of Geophysical Research: Atmospheres, 118(4): 1679-1689.

Roderick M L, Farquhar G D. 2002. The cause of decreased pan evaporation over the past 50 years. Science, 298(5597): 1410-1411.

Roderick M L, Rotstayn L D, Farquhar G D, et al. 2007. On the attribution of changing pan evaporation. Geophysical Research Letters, 34(17): L17403.

Schewe J, Heinke J, Gerten D, et al. 2014. Multi-model assessment of water scarcity under climate change. Proceedings of the National Academy of Sciences of the United States of America, 111: 3245-3250.

Sellers P J, Randall D A, Collatz G J, et al. 1996. A revised land surface parameterization (SiB2) for atmospheric GCMs. Journal of Climate, 9(4): 676-705.

Sheffield J, Goteti G, Wood E F. 2006. Development of a 50-year high-resolution global dataset of meteorological forcings for land surface modeling. Journal of Climate, 19(13): 3088-3111.

Singh V P. 1997. The use of entropy in hydrology and water resources. Hydrological Processes, 11: 587-626.

Sivapalan M, Takeuchi K, Franks S W, et al. 2003. IAHS Decade on Predictions in Ungauged Basins (PUB), 2003–2012: shaping an exciting future for the hydrological sciences. Hydrological Sciences Journal, 48(6) : 857-880.

Tang Q, Oki T. 2016. Terrestrial Water Cycle and Climate Change: Natural and Human-induced Impacts. New York: John Wiley & Sons.

Tang Q, Oki T, Kanae S. 2006. A distributed biosphere hydrological model (DBHM) for large river basin. Annual Journal of Hydraulic Engineering, JSCE, 50: 37-42.

Tang Q, Oki T, Kanae S, et al. 2008. Hydrological cycles change in the Yellow River Basin during the last half of the 20th Century. Journal of Climate, 21: 1790-1806.

Tang Q, Zhang X, Duan Q, et al. 2016. Hydrological monitoring and seasonal forecasting: progress and perspectives. Journal of Geographical Sciences, 26(7): 904-920.

Vitousek P M, Mooney H A, Lubchenco J, et al. 1997. Human domination of Earth' s ecosystems. Science, 277(5352): 494-499.

Vörösmarty C J, Green P, Salisbury J, et al. 2000. Global water resources: vulnerability from climate change and population growth. Science, 289(5477): 284-288.

Vrugt J A, Gupta H V, Bouten W, et al. 2003. A Shuffled Complex Evolution Metropolis algorithm for optimization and uncertainty assessment of hydrologic model parameters. Water Resources Research, 39(8): 1201.

Wagener T, Sivapalan M, Troch P A, et al. 2010. The future of hydrology: an evolving science for a changing world. Water Resources Research, 46: W05301.

Walker G. 1931. On periodicity in series of related terms. Philosophical Transactions of the Royal Society of London Series A, 131: 518-532.

Warszawski L, Frieler K, Huber V, et al. 2014. The inter-sectoral impact model intercomparison project (ISI-MIP): project framework. Proceedings of the National Academy of Sciences of the United States of America, 111: 3228-3232.

Weedon G P, Gomes S, Viterbo P, et al. 2011. Creation of the WATCH forcing data and its use to assess global and regional reference crop evaporation over land during the twentieth century. Journal of Hydrometeorology, 12(5): 823-848.

Westra S, Fowler H J, Evans J P, et al. 2014. Future changes to the intensity and frequency of short-duration extreme rainfall. Reviews of Geophysics, 52(3): 522-555.

Wheater H, Gober P. 2013. Water security in the Canadian Prairies: science and management challenges. Philosophical Transactions: Mathematical, Physical and Engineering Sciences, 371(2002): 1-21.

Wheater H S. 2015. Water security-science and management challenges// Ruiz L, Sekhar M, Thomas A, et al. Proceedings of the 11th Kovacs Colloquium on Hydrological Sciences and Water Security: Past, Present and Future. Paris, France: International Association of Hydrological Sciences (IAHS): 23-30.

Whitaker J S, Hamill T M. 2002. Ensemble data assimilation without perturbed observations. Monthly Weather Review, 130(7): 1913-1924.

Wilson K, Goldstein A, Falge E, et al. 2002. Energy balance closure at FLUXNET sites. Agricultural and Forest Meteorology, 113(1-4): 223-243.

Wood E F, Roundy J K, Troy T J, et al. 2011. Hyperresolution global land surface modeling: meeting a grand challenge for monitoring Earth' s terrestrial water. Water Resources Research, 47(5): W05301.

Xu X, Yang D, Yang H, et al. 2014. Attribution analysis based on the Budyko hypothesis for detecting the dominant cause of runoff decline in Haihe basin. Journal of Hydrology, 510: 530-540.

Yang S, Yang D, Chen J, et al. 2020. A physical process and machine learning combined hydrological model for daily streamflow simulations of large watersheds with limited observation data. Journal of Hydrology, 590:125206.

Yu G R, Wen X F, Sun X M, et al. 2006. Overview of ChinaFLUX and evaluation of its eddy covariance measurement. Agricultural and Forest Meteorology, 137(3-4): 125-137.

Yule G U. 1927. On a method of investigating periodicities in disturbed series, with special reference to Wofer' s sunspot numbers. Philosophical Transactions of the Royal Society of London Series A, 127(226): 267-298.

Zhang G, Chen W, Xie H. 2019. Tibetan Plateau' s lake level and volume changes from NASA' s ICESat/ICESat-2 and Landsat missions. Geophysical Research Letters, 46(22): 13107-13118.

Zhang X J, Tang Q H, Zhang X Z, et al. 2014. Runoff sensitivity to global mean temperature change in the CMIP5 models. Geophysical Research Letters, 41(15): 5492-5498.

第九章
生物地理学发展态势与发展方向

第一节　生物地理学研究任务

生物地理学是自然地理学最早发展的学科分支。早期的生物地理学主要研究生物有机体及其组合（植被类型）的空间分布（Spellerberg and Sawyer，1999）。过去20年来，生物地理学发展迅速，对生物地理学研究任务的界定也在发生变化。除生物有机体的当前空间分布以外，研究内容还进一步拓展到其分布随时间的演化过程及演化机理（MacDonald，2003；Whittaker et al.，2005）。空间尺度的概念也进一步受到重视，对生物有机体分布及其随时间变化的研究也由某些特定尺度拓展到所有可能的尺度（Whittaker et al.，2005）。

生物地理学与生态学的研究既有交叉，又相互独立。生物地理学侧重物种分布和物种迁移扩散，而生态学侧重种类组成与生态系统的结构功能。生物地理学和生态学的时空尺度不同，在中等空间尺度有交集。从学科发展来看，生物地理学与生态学的有机结合不可避免，它们相当于一个望远镜的两个镜筒。

具体来说，现阶段生物地理学的主要任务包括两个方面：一是生物有机体空间分布对全球变化的响应，特别是全球变化如何改变地球生物地理格局、全球变化对生物地理格局的影响机制、生物地理格局变化如何影响生态系统服务和人类福祉；二是生物多样性保护，特别是当前生物多样性格局的形成和维持机制、生物多样性保护的热点区确定、全球变化背景下的生物多样性保护对策。

传统的生物地理学根据生物的门类被划分为植物地理学、动物地理学和微生物地理学。随着学科的发展，形成了谱系地理学、属性生物地理学、全球变化生物地理学、生物多样性大尺度格局四个方向，各个方向的任务如下。

1. 谱系地理学

谱系地理学（phylogeography）正式提出于 1987 年，它基于种群的遗传差异性研究物种的形成和迁移历史，是种群遗传学和群系遗传学的一个结合，得益于 20 世纪 70 年代种群线粒体标记和 DNA 技术的发展。谱系地理学从系统发育角度探讨生物类群的现代空间格局，并推断形成现代空间格局的地理隔离因素以及相应的物种形成和迁移扩散过程，尤其关注近缘种间和种内基因谱系地理格局的历史演化过程和机制、种群基因谱系格局及演化历史。

2. 属性生物地理学

属性生物地理学（trait biogeography）也称为功能生物地理学（functional biogeography），研究不同水平（种、群落、生态系统）的生物属性的地理分布规律，是植物地理分布格局及机制研究的新手段。作为生物地理学的一个前沿方向，于 2014 年在《美国科学院院报》（PNAS）的“Functional Biogeography”专辑中给出了明确的定义。属性生物地理学源自生态学中的功能属性研究，对认识生态系统的功能及影响机制具有不可替代的作用。

3. 全球变化生物地理学

全球变化生物地理学重点研究全球变化对生物物种和生物群区地理格局的影响，始于 20 世纪 80 年代，主要关注全球变化敏感区域（如高山林线、北极等）。1998 年以来，动态全球植被模型的发展促进了全球尺度的动态模拟，但主要侧重于碳循环的模拟。2007 年，IGBP 的全球变化与陆地生态系统（Global Change and Terrestrial Ecosystems，GCTE）核心计划与 IGBP 的土地利用与土地覆被变化（Land Use and Land Cover Changes，LUCC）核心计划合并，形成了全球土地研究计划（Global Land Project，GLP），代表了气候变化和土地利用与土地覆被变化综合研究的形成。近年来，一项更加综合的研究计划“未来地球”研究计划将自然因素与社会经济因素进一步整合。另外，古生态学的研究进一步与生态学的研究结合，从而能够更好地回答生物地理格局变化的机制。同时，由于大数据的发展，可以更好地开展全球变化的情景预测。

4. 生物多样性大尺度格局

生物多样性包括遗传多样性、物种多样性和生态系统多样性，其中物种多样性是最基本的层次。早期，对于植物群落种类多样性的研究往往局限于局地尺度，对于区域生物多样性格局则以定性描述为主。20 世纪 60 年代，随着物种分类及其分布与组成数据的快速积累，多个基于数量分析的理论被提出，如岛屿生物地理学、种面积关系、生态位理论等。当前，生物地理学进入大数据时代，物种分布数据、气候与环境数据、分子数据和谱系数据的结合使用，极大地促进了物种多样性大尺度格局的快速发展，其目的是解释地球表面复杂的生物多样性大尺度格局的形成和维持机制。

第二节　研究现状与发展趋势

1807 年，洪堡的著作《植物地理学知识》标志着植物地理学作为一个学科分支出现，1859 年，达尔文的《物种起源》正式出版。1869 年，海克尔（Haeckel）提出了“生态学”的概念。进化和生态的理论驱动了植物地理学的发展，形成了植物区系地理学、植物历史地理学、植物生态地理学三个分支。20 世纪初至 70 年代，植物地理学的发展主要受技术方法的驱动，如比较形态分类法促进了植物群落学的发展、^{14}C 测年技术促进了古生态学的发展、DNA 测序促进了谱系地理学的发展。动物地理学经历了类似的发展，早期主要研究动物分类、动物地理分布、动物地理区划和动物形态发育等方向，对动物的起源、扩散、辐射和灭绝进行了大量研究；后期板块构造学、系统发育、生态生物地理学、限制生物分布机理及动物进化机理与过程研究深化了动物地理学的研究方向。

过去 30 年来，全球气候变化和生物多样性保护的需要大大促进了生物地理学的发展。随着新的研究手段的出现，生物地理学从传统的生物有机体空间分布的描述走向了探索生物地理格局的形成机制、变化过程与影响因素。从研究对象来看，出现了从物种分布到融合谱系和属性的多元研究；从研究内容来看，出现了从物种分布格局到融合生态过程的成因探究；从研究手段来看，出现了从物种分布静态描述到整合多时空尺度数据的动态变化重建。未来一定时间内，生物地理学的发展仍然将围绕全球气候变化和生物多样性保护的核心科学问题展开。下面从全球变化与生物多样性两个方面分析生物地理学的研究现状和发展趋势。

一、全球变化驱动的生物地理学研究

在全球变化研究的推动下，生物地理学从“研究生物有机体分布的学科”

发展成为“研究各个尺度上生物有机体的分布、随时间的变化及其机理”的学科（Whittaker et al.，2005）。对于过去植被动态的研究不仅是认识当前植被格局的基础，也是预测未来地球植被变化的前提。

当前地球上的植被地理格局是冰后期以来不同因子综合作用的产物。在不同的时间和空间尺度上，气候变化、人类活动、火、病虫害等不同的驱动因子驱动了植被的不同变化形式。相应地，在不同时空尺度上探讨的科学问题不同，需要运用不同的方法开展研究：在年内时间尺度上，群落内部过程（如生产力）产生影响主要依赖于实地观测和高分辨率的遥感分析；在年至十年尺度上，种间竞争和林窗动态需要固定样地观测、控制实验和卫星遥感等研究方法；在百年尺度上，群落次生演替过程则需要树木年轮生态学方法和文献记录；在千年尺度上，物种的迁移和生态系统的演化主要依赖于动植物残体和孢粉证据（Liu and Yin，2013）。

不同时间尺度的植被动态又是紧密联系的。以森林为例，其类型和分布的变化发生在长时间尺度（千年至百年），而死亡和更新发生在中、短时间尺度（百年至年尺度）。多种研究手段的综合运用，是解决植被动态研究的必要途径。近年来，一些新的研究手段，如谱系地理学的方法，也开始引入植被动态的研究中，解读更长时间尺度的植被格局（Hu et al.，2009）。而植物属性地理学的内容则更多地反映植物对环境变化的适应性，为基于属性而不是物种的预测模型研究指明了方向（黄永梅等，2018）。

1. 全球变化植物地理

1）冰期植物避难所与冰后期迁移

对当前植物地理格局影响最大、最直接的事件就是末次冰期地球植物向中低纬度地区大规模迁移。在冰期，广大的中低纬度地区成为植物的避难所；随着冰后期气候变暖，冰川退缩，中低纬度避难所的植物种类再次迁移回到高纬度地区。传统观点认为，北半球高纬度地区的森林在冰后期的变化是由低纬度地区的避难所逐渐扩散形成的。然而，这一观点存在两个方面的挑战，一是据此推算的物种扩散速率一般在每年几十米到几百米，这一速率在自然状态下是难以实现的（Parducci et al.，2012）；二是冰川退缩后的地表缺少植物生长的土壤条件，难以保证植物的定居（Delcourt H R and Delcourt P A，1991）。

传统的冰期避难所和冰后期植物迁移研究主要依赖孢粉学方法和证据。植物的花粉能够长距离传播，严重影响对植物迁移时间和分布的精确复原。谱系地理学的研究为复原冰期植物的避难所和冰后期迁移提供了新的手段（Hu et al., 2009）。谱系地理学和古DNA的分析表明，即使在末次冰盛期，在斯堪的纳维亚半岛也存在北方针叶林的避难所（Parducci et al., 2012）。北美北部地区（如阿拉斯加）等过去认为被冰川覆盖的高纬度地区也具备作为森林避难所的条件（Hu et al., 2009）。多种研究手段的结合成为研究物种冰期避难所和冰后期迁移的新途径。结合孢粉学、谱系地理学和物种分布模型三方面的结果，Hao等（2018）系统探讨了油松的冰期避难所和冰后期迁移，发现油松在冰后期存在从长江流域向北长距离迁移和在北方避难所局地扩散两种迁移模式。现在地处分布区北界的浑善达克沙地的油松林很可能在末次冰期已经存在，沙地良好的水分供给为油松在冰期的分布创造了条件。

一般认为，冰后期气候变暖导致植物由低纬度地区向高纬度地区迁移，植被的动态表现为植被带的南北推移，这种推移与气候变化的过程和速率完全一致。然而，这一认识取决于两个方面，一是植被与气候之间一直处于平衡态；二是植被动态仅受气候驱动。过去20余年的工作趋于表明，植被对气候变化的响应可能不是线性的，这对传统认识提出了挑战。

首先，植被与气候并非完全处于平衡态。植被与气候是否处于平衡态取决于气候变化的速率和植物的生物学特性两个方面。一般来说，在气候相对稳定的时期（如全新世中期），植被与气候较容易处于平衡态，而在气候快速变化的时期（如全新世早期），植被与气候难以达到平衡态。生物学特性包括植被的抵抗力和恢复力两个方面。植被的抵抗力是长期进化的产物（Herzschuh et al., 2016），在长期的进化过程中，植被适应了不同的气候条件，因此对气候的波动表现出抗性。恢复力是指植被在受到干扰事件（如火）之后恢复到原来植被类型的能力，避难所和种库的存在能够增强植被的恢复力。在中国北方林草交错带，虽然距今4500年以来出现气候干旱化，但在距今2000年左右森林才被草原取代（Hao et al., 2014）。

其次，植被动态是气候和非气候因子共同作用的结果，在区域尺度上，地形和土壤条件对植被动态起着缓冲作用，如中国东西部地区由于地形条件不同，森林迁移存在完全不同的过程（Cheng et al., 2018）。对中国北方林草交错带的研究表明，由于山地的存在，林草交错带的摆动可能是垂直带的摆动而非水平带的摆动，植被动态并不能反映区域气候动态（Hao et al., 2018）。沙地土壤良好的水分供应可能使疏林草原植被长期存在（Hao et al., 2016）。气候因素和生物因素的共同作用也是植被非线性响应气候变化的重要原因。

植物群落不会随气候变化整体迁移，植物物种对过去气候变化表现出明显的个性化特征。一般认为，不同物种具有不同的生态位，从而导致物种表现出个性化的迁移机制。然而，事实上很难对不同物种的响应模式进行一一验证。生活型的差异可以部分解释植物种类对气候变化的个性化响应。研究表明，对于同样的气候事件（如干旱），乔木、灌木和草本植物存在不同的记忆，一般来说，乔木的记忆为 4～5 年，灌木的记忆为 2～3 年，草本植物的记忆为 1～2 年（Wu et al.，2018），这从侧面说明草本植物响应较快，木本植物的时滞较长，表现出比草本植物更强的稳定性和滞后性。

2）工业革命以来气候变化的植物地理响应

一般认为，生态过渡带对气候变化敏感。森林分布边缘的林线是森林与其他植被类型的过渡带，也是地球上主要的生态过渡带，包括极地林线、高山林线、干旱林线和湿润林线。与气候变化相关的植物地理学研究大多围绕林线展开，涉及种类组成、树木生长及位置变化（Walther et al.，2002）。

高山林线是全球变化背景下植物地理学研究的热点，随着研究方法的完善取得了大量新的进展。在高山植物种类组成响应气候变化方面，全球高山环境监测计划（Global Observation Research Initiative in Alpine Environments，GLORIA）进行了十余年的监测。对十年的监测结果对比表明，气候变暖可能会打乱喜冷物种的生长，更重要的是，会改变低海拔物种和高海拔物种之间的竞争。在许多山区，随着温度的升高，低海拔物种可能向上迁移，可能会造成高海拔的关键物种丧失（Grabherr et al. ,2010）。高山林线物种种类的变化在不同地区存在差异，如北欧和南欧表现出不同的空间分布格局（Gottfried et al.，2012）。高山树木生长由于受低温限制，在气候变暖的背景下，极可能出现生长加速。对新疆天山高山林线的研究证实了这种生长加速，而且进一步说明这种生长加速需要合适的水分条件（Qi et al.，2015）。气候变暖影响下的高山林线树木生长加速不仅受温度影响，而且与林线树木密度低、个体间竞争强弱有关（Qi et al.，2015）。取样方法会影响高山林线位置爬升的研究结果。相对于以往的选择性取样，全样地取样更能反映林线的动态。基于林线附近全样地树木年轮分布的研究表明，最近一百多年以来，西藏色季拉山高山林线并没有往上爬升（Liang et al.，2011）。林线位置的变化不仅受气候因子影响，还受到生物因子的影响，如果高山灌丛植株密度高，能有效阻碍林线位置的爬升（Liang et al.，2016）。尽管对高山林线的动态有数十年的观测和研究，但由于高山林线处于不同的气候带，且地形条件和树种组成迥异，对高山林线如何响应气候变化目前仍然缺少一致性的认识。主要问题在于两个方面，一是影响高山林线树木分布和生长的气候因子复杂；二是高山林线树木可能会通过不同的方式响应气候的不同变化。例如，对东亚季风影响下的秦岭太白山的研究表明，冬季风和夏季风的交互控制着生长季的长度，二者共同决定了高山林线的摆动，而东亚夏季风带来的水汽则决定了林线种类组成的变化（Cheng et al.，2017）。

近年来，对于干旱林线研究的热点主要是围绕森林死亡（forest mortality）展开。根据 Allen 等（2010）的综述，森林死亡在全球各大洲都有发生，但主要出现在森林分布的边缘地区，特别是干旱林线。一般认为，气候干旱化导致的树木水分供应不足是森林死亡的主要原因（Williams et al.，2013）。森林死亡存在着明显的区域差异性和树种差异性（Liu et al.，2013）。尽管森林死亡引起了人们对未来森林衰退的普遍担忧，但近年来的研究发现杨、桦等阔叶树能在森林死亡后通过萌蘖快速更新，而其他树种的更新则相对缓慢（Zhao et al.，2018）。在半干旱区林草交错带内部，森林呈斑块状分布，由于土壤水分匮缺加剧，森林的死亡率增加，但森林的更新速率增加更为显著，森林应对气候变化的抗性增强；而在林草交错带边缘的树线，即树木分布的边缘极限，森林斑块面积小、覆盖率低，甚至以孤立木的形式出现，森林的死亡率虽然有所下降，但更新率极低，导致森林应对气候变化的抗性下降（Xu et al.，2017）。

对于草原和疏林草原生物群区来说，20 世纪最大的变化是木本植物的扩展（wood encroachment），表现为乔木和灌木本地种的优势度和覆盖度大幅增加（van Auken，2009）。木本植物入侵的可能原因包括大气 CO_2 浓度增加、气候变化、氮沉降、防火和过度放牧等。木本植物的扩展不仅能导致草原生物群区中生物多样性的下降，更能改变草原群落的结构和生产力，从而降低其生态系统服务功能（Ratajczak et al.，2012）。*Science* 期刊于 2008 年专门报道了木本植物入侵北美科罗拉多草原后导致当地河川径流减少引发的争论，引起了广泛的关注。灌木入侵蒙古高原草原对植被景观格局的影响研究也是一个很好的研究实例。研究结果显示，灌木入侵的地理格局受气候变化和当地植被的共同制约（Wu et al.，2015）。

2. 全球变化动物地理

气候变化对生物物种生存的影响已成为国际生态学家研究的前沿问题之一（Hughes，2000）。气候变化正在引起野生动物生态特征的变化，主要包括分布区域的改变、种群丰富度的变化、生物气候的变化、生理和行为的变化，以及群落组成、生物之间相互作用关系的变化等（Schneider and Root，2002）。然而，野生动物种群对气候变化的响应及其生态适应机制的尚不清晰

(Parmesan，2001)。

1)气候变化与动物种群栖息地分布动态

气候变化对野生动物种群分布和丰富度变化动态的潜在影响已引起生物学家和野生动物管理者的关注(Hughes，2000)。气候变化对野生动物分布的影响，一方面可以通过温度升高而使动物受到直接的温度胁迫；另一方面温度升高可以引起其他环境因子改变，进而导致野生动物重新分布。温度是影响地球物种最关键的因子之一，特定的物种分布在特定的温度带内。这样，气温的升高也必然影响物种的分布。移动能力较强的动物，随着气温的升高，分布区向高纬度地区移动。当温度变化在动物忍受范围之内时，其分布范围因其分布边界的移动而扩大。由于冬季气温升高，生活在英国的 12 种鸟类的分布区向北平均迁移了 18.9 km(Thompson et al.，1993)。加拿大的赤狐(*Vulpes vulpes*)、北极狐(*Alopex lagopus*)由于气温升高，其分布区也向北扩展(Hersteinsson and MacDonald，1992)。扩散能力较弱的物种则相反，如全球气候变化会导致一种蝴蝶(*Euphydryas editha bayensis*)分布区缩减，甚至局部灭绝(MacLaughlin et al.，2002)。此外，降水量的变化也可能改变动物的食物丰富度进而引起其分布区的变化。Rowe 等(2010)指出在气候变暖的情况下，物种可能跟随温度的升高而向极地方向的高纬度地区或海拔分布区域的上坡转移，但 80 年时间间隔的多种小型哺乳动物的分布区动态研究表明，这种栖息地转移的出现与具体物种对干旱生境是否偏好有关。目前，关于探测栖息地边界动态的模型方法被广泛使用，如占有模型(occupancy modeling)已经被应用到气候变化条件下物种历史和现代分布区的边界比较(Moritz et al.，2008)。此外，为了有效预测全球变化所引起的生物学效应，需要通过理解气候变化与生物地理学的关系来了解动物栖息地分布的动态过程。对此，可应用动物栖息地分布地理梯度气候变化与动物个体生理参数变化的相关性来揭示。例如，Humphries 等(2002)通过研究不同纬度气候梯度下的环境温度对冬季小褐蝠(*Myotis lucifugus*)的能量需求的限制，揭示了这一物种的环境温度对冬眠能量限制的生物地理学规律，发现未来 80 年内该物种的栖息地分布将显著地向北部高纬度的方向移动。

19 世纪以来，全球气温平均升高 0.3～0.6 ℃，中国气候变暖与全球气候变化趋势基本保持一致(江志红等，1997)。我国在过去 40 年中，最低气温平均增幅达 0.7 ℃，其中最低温度在春季、秋季和冬季增加明显，尤以冬季增温最显著，每 10 年增加 0.42 ℃。从全国来看，最低温度在北方增幅大于南方。我国东北等高纬度地区冬季以每 10 年增加 0.5～0.9 ℃的趋势明显变暖（翟盘茂和任福民，1997）。气候变暖对我国水禽的影响相当明显（孙全辉和张正旺，2000）。

2）气候变化与动物种群动态

目前，随着分子生物学技术及景观遗传学技术和理论的迅速发展和完善（Holderegger and Wagner，2006），生态学家已经开始尝试应用景观遗传学技术来研究野生动物种群的迁移扩散问题。例如，Coulon 等（2004）的研究表明，在破碎化的森林中欧洲狍（*Capreolus capreolus*）的扩散与森林景观结构有较强的联系，且欧洲狍种群之间的基因流受到景观连接度的影响。Geffen 等（2004）在研究具有高度移动性的灰狼（*Canis lupus*）扩散过程中气候和植被的障碍影响时，指出植被类型对遗传多样性的非相似性有明显影响作用，而当控制空间变异时气候与遗传距离仍保持较强的联系，而且将地理距离分割成经纬轴时揭示东西方向梯度与遗传距离具有最强的相关性，表明气候和植被这两种环境因素可能同时影响灰狼扩散决策机制。

近年来，营养生态学和野生动物遗传学研究中非损伤取样技术的迅速发展，为评价北方野生有蹄类动物种群的营养动态、个体鉴定、亲缘鉴定等提供了良好的技术手段（Garrott et al.，1996；王力军等，2003；魏辅文等，2001）。野生有蹄类动物粪便和尿液中的各种营养监测指标（如雪尿分析中可获得的尿素氮和肌酐的比值与尿囊素和肌酐的比值）（Garrott et al.，1996），粪便分析中粪氮含量（Leslie et al.，2008）的综合应用，可间接反映有蹄类动物种群营养及其生境条件的压力和变化，具有很高的应用价值（Leslie et al.，2008）。然而，尽管目前非损伤取样的分子生物学技术和营养生态学技术的发展已经为相关研究提供了机遇，但是许多问题依然并不明确，如东北地区驼鹿种群的迁移扩散是否受到营养状态的影响，以及迁移扩散过程中景观变量有哪些影响？此外，在北方地区冬季野外取样时，通过雪地足迹链的跟踪和 GPS 空间定位可确定来自同一个体的粪便和尿液，即通过实验室分析可以同时获得并整合同一个体的营养与遗传信息、生境中的气候与食物状况、景观结构特征等。这样结合宏观和微观技术的研究手段的整合应用，为探测“气候变化—景观变化—食物质量变化—种群营养动态—种群扩散”之间的生态驱动关系提供了可能。

综上所述，气候变化对野生动物种群可持续生存的影响相当复杂，遭遇气候变化的野生动物可能发生食物选择、生理、营养代谢和有效扩散等多方面的适应性变化，最终可能表现为种群数量的波动、栖息地面积的丧失或位置的迁移、局部种群的绝灭。

3. 未来全球变化的生物地理响应

随着全球变化研究的深入，预测未来全球变化的生物地理响应越来越受到关注。研究的途径主要有过去类比法、空间代替时间（space-for-time-substitution）、动态模型模拟。过去类比法主要是基于过去温暖期的生物地理特征预测未来。这一途径的局限性在于：首先，温室气体浓度升高引起的气候变化速率比冰后期以来任何一段时间内可能都要大得多，同时，温室气体的增加也引起了全球降水空间格局的变化；其次，未来的增温主要是冬季和夏季温度的同时增加，而中全新世主要表现为夏季温度的增加。此外，现代人类活动带来了环境污染和景观碎裂化等新的干扰。所有这些都给未来全球变化预测带来了更多的不确定因素（刘鸿雁，2002）。空间代替时间的基本思路是，以未来升温情景下的现状生物地理格局和过程作为未来潜在的格局和过程，实际上相当于当前统计关系的简单外推，这种简单外推忽略了温度以外因子的作用。近年来，动态模型模拟逐渐受到重视，如动态全球植被模型（dynamic global vegetation models，DGVMs）整合了生物地理模型、生物地球化学模型和反映群落演替的林窗模型，以植物功能类群表达区域植被组成，通过模拟气候限制引起的植物功能类群比例的变化来反映植被动态。20 世纪末发展起来的动态全球植被模型综合考虑了植被动态的主要过程、火的干扰，以及不同植物功能类群对气候响应方式的差异性（Sitch et al.，2003；Prentice et al.，2007），然而模型的参数化和检验仍然是一个巨大的挑战。

对未来气候变化的预测表明，一些过去或者现在不存在的气候类型可能会在未来出现（Fox，2007）。植物物种对气候变化的个性化响应可能会导致生物群落组成和结构的变化，未来可能会出现与过去及现代迥异的生物群落（Fox，2007）。对于功能属性的深入研究和数据积累为预测未来的生物地理格局打开了一扇新的窗户（黄永梅等，2018）。如果将属性而非物种作为生物对环境变化响应和适应的主体，可能获得未来生物地理格局变化的全新认识。

二、生物多样性相关的生物地理学研究

1. 大时空尺度的生物多样性监测

大尺度实时生物多样性管理监测，对精细研究生物多样性格局动态和物种适应策略、预测生物兴衰和分布格局态势具有重要意义。《中国科学院

"十三五"发展规划纲要》将"大尺度区域生物多样性格局与生命策略"作为60个有望实现创新跨越的重大突破之一进行部署，旨在通过环境DNA条形码、大样地野外实验观测和遥感可视化技术来实现生态学和进化生物学领域的重大突破。面对生物多样性逐渐丧失的挑战，地球观测技术在监测生物多样性、生态系统功能和生态系统服务方面将发挥重要作用。然而，单一的观测技术可能会产生误导的结果，基于遥感技术观测生物多样性的技术方法体现尚有待于进一步改进和提高。

为此，需要通过将自动记录装置、高通量DNA测序技术、先进的生态模型和遥感技术结合起来，实现有效、实时、大尺度的生物多样性管理监测的构想。通过遥感数据和其他地理数据可以得到时间、空间上连续的生物物理数据，而在样点上利用传统的生物多样性研究方法，如自动录像或图像记录设备、高通量条形码或者线粒体宏基因组技术，又可以得到物种在某些样点的生物多样性信息。但这些样点信息通常是不连续的，无法覆盖到整个景观区域。因此，可以将这些样点信息结合遥感技术来推测整个景观的生物多样性组成，并绘制出生态系统功能和生态系统服务的地图。那么，如何将遥感观测结果和样点的高通量生物多样性数据结合起来呢？统计模型是连接两者的桥梁。遥感技术能得到大尺度、高分辨率、时间上连续的地图，但是无法直接转化成生物多样性信息。相反，在样点上可以得到精确到物种或者个体的大量生物多样性信息，但只限于某些样点。如今，现有的统计模型方法可以利用样点信息和遥感技术来构建连续的物种地图，甚至可以根据采样和分析方法来估计物种丰富度或者生物量。目前，有三种统计模型可以实现这一目标，分别是联合物种分布模型、群落占据检测模型及广义相异模型。

2. 生物多样性大尺度格局

生物多样性地理格局指生物多样性在不同地区之间的差异，既包括生物多样性沿一维地理或环境梯度的变化，也包括生物多样性在二维地理平面（地球表面）的变化。生物多样性的大尺度分布格局及其形成和维持机制是生物地理学中的一个经典问题，也是当前最核心、最活跃的研究问题之一。人们对该问题的关注可以追溯到林奈（C. Linnaeus）与洪堡时代（Lomolino，2001；Ricklefs，2004）。虽然历经两个多世纪的研究，但这一问题仍存在广泛争议（Huston，1994；Currie et al.，2004），因而一直吸引着大量生态学家和生物地理学家的兴趣（Rosenzweig，1995；Brown and Lomolino，1998）。越来越多的证据表明，地球上的生物多样性遭受来自气候与土地利用变化的威胁，生物多样性保护已成为全球挑战（Hassan et al.，2005）。阐明全球生物多样性格局及其形成和维持机制是有效保护生物多样性的基础，因此被 *Science* 选为 21 世纪待解决的 125 个科学问题之一（Pennisi，2005）。

大量研究发现，绝大多数类群的生物多样性在不同地区呈现非常显著的地理差异，形成了一些普遍的格局。例如，很多研究发现，脊椎动物、高等植物等类群的物种多样性（或称物种丰富度）由赤道向两极逐渐递减。这一物种多样性由赤道向两极递减的纬度格局在很多类群中具有普遍性，如哺乳动物、鸟类、两栖动物、爬行动物、被子植物等大类及这些类群中的很多科属等，其物种多样性均呈现显著的纬度格局。在一些教科书中，将这一纬度格局称为“生态学之圣杯”（holy grail of ecology）（Huston，1994）。与纬度格局不同，在山地地区，随着海拔的升高，物种多样性通常先上升后下降，形成中海拔地区物种多样性最高的海拔格局（Rahbek，1995，2005；Wang et al.，2007）。但也有一些山地的物种多样性呈现随海拔上升而下降的海拔格局。物种多样性的纬度格局和海拔格局，都是生物地理学研究中被广泛发现且受广泛关注的一维生物多样性格局。在二维地理空间，物种多样性也呈现显著的地理差异。例如，全球鸟类、哺乳类和两栖类的物种多样性在南美安第斯山、非洲东部弧形山脉（Eastern Arc）、中国西南山地和中南半岛地区较高，而在加拿大北部、俄罗斯和欧洲北部、北非及澳大利亚较低（Orme et al.，2005；Schipper et al.，2008；Buckley and Jetz，2007）。在中国，木本植物（包括乔木、灌木和木质藤本）的物种多样性在云南南部、广西和贵州交界的山地地区、南岭及横断山区较高，而在青藏高原、西北干旱区和东北地区较低（Wang et al.，2011）。生物多样性大尺度格局在不同类群之间如此普遍出现，说明特定机制驱动了这些格局的形成。而研究生物多样性大尺度格局的成因，也是生物地理学研究中最核心的问题之一。

1）生物多样性格局的生态、进化与历史成因

为认识生物多样性大尺度格局的形成机制，生物地理学家已提出了上百种假说，而且新的假说仍在不断出现（Allen et al.，2002；Stephens and Wiens, 2003；Wiens and Donoghue，2004）。关于生物多样性大尺度格局的成因，过去研究多侧重现代环境，特别是现代气候的影响（Currie and Paquin，1987；Francis and Currie，2003）。例如，已有大量研究发现，现代气候是影响生物多样性大尺度格局的主要因子，并提出了能量假说（Wright ,1983;Currie，1991）、水分－能量动态假说（O' Brien，1998）、气候变异性假说（Klopfer，1959）及

生态学代谢假说（Allen et al.，2002；Brown et al.，2004）等，来解释现代气候对生物多样性格局的影响机制。相反，以往研究多忽略了进化历史对生物多样性大尺度格局的作用，这主要是由于缺乏宏观进化数据和相关定量分析手段。系统进化树为解释物种多样性格局的进化成因提供了定量数据与全新视角，推动了生态学家研究进化历史在物种多样性格局形成中的作用。基于不同宏观进化过程对生物多样性的影响，人们已提出多个基于宏观进化历史的假说，如热带生态位保守性假说（tropical niche conservatism hypothesis）（Latham and Ricklefs，1993；Wiens and Donoghue，2004）、进化时间假说（time-for-speciation hypothesis）（Stephens and Wiens，2003）、进化速率假说（net diversification rate hypothesis）（Allen et al.,2006）和走出热带假说（out-of-the-tropics hypothesis）（Jablonski et al.，2006，2013）等。此外，还有研究认为，随机过程（如中域效应假说、中性理论等）、第四纪（特别是末次盛冰期）以来的气候变化、人类活动等因素，都会显著影响生物多样性的大尺度格局。

近年来，比较生态过程和进化过程对生物多样性大尺度格局的相对影响，已成为当前生物地理学中最活跃的研究方向之一。这一问题的解决，有赖于生物地理学与系统发生学（或系统进化）及生态学的深度交叉。将系统发生学中的比较谱系方法及生态学中的定量分析方法与生物地理学数据相结合，为阐明生物多样性大尺度格局的成因提供了新的视角。在这方面，国内外已取得了一定进展。

生态过程和进化过程对杜鹃花物种多样性大尺度格局的影响研究是该领域的热点领域之一。杜鹃花属植物是全球重要的观赏花卉，具有很高的经济价值。全球共有杜鹃花属约 950 种，其分布区从东南亚的热带地区一直延伸至北半球寒温带地区。中国是杜鹃花的分化和多样性中心，拥有杜鹃花物种约 550 种，且主要分布于青藏高原东南缘。研究杜鹃花的分布与多样性格局，有助于认识青藏高原隆起对东亚地区物种进化的影响，因此杜鹃花一直是生物地理学研究的重要类群之一。Shrestha 等（2018a，2018b）探讨了杜鹃花属的物种多样性格局及其生态与进化机制，结果发现杜鹃花属物种可能起源于六七千万年前温暖湿润的东北亚地区，由此向其他地区逐渐扩散，这一由温带向热带扩散的进化过程是较为少见的；东南亚地区（特别是中国西南山地地区）的物种最为年轻，且进化速率最快，沿纬度梯度向北，物种越来越古老且进化速率降低。与其他类群不同，现代杜鹃花物种多样性格局主要由这一进化过程主导，而非现代气候。基于这些结果，Shrestha 和 Wang（2018）进一步解析了杜鹃花物种资源的保护优先区，确定了杜鹃花属物种当前的保护现状与保护空缺，为杜鹃花物种的保护提供了理论支撑。这一研究通过结合生物地理学和系统发生学方法，为比较宏观进化过程和生态过程对生物多样性大尺度格局的相对影响提供了一个典型案例。

近期研究还发现，进化历史可显著影响物种多样性格局与现代气候的关系（Buckley et al.，2010）。例如，Wang 等（2011）对中国木本植物的系统研究发现，冬季低温是中国木本植物多样性大尺度格局的主导因子，冬季低温主要影响热带起源类群的物种多样性格局，而对温带起源类群的影响较小。因此，Wang 等（2011）提出，在东亚地区，冬季低温是通过限制热带起源类群的分布而形成了中国木本植物多样性格局，这与欧洲和北美地区的研究结果具有显著不同。Xu 等（2013）以全球栎属（*Quercus L.*）为例，通过分析栎属两个亚属物种多样性与现代气候关系的地理差异，探讨了类群起源环境对物种多样性与现代气候的影响。结果显示，在类群起源地，气候对物种多样性的影响很弱，而当逐渐远离起源地时，由于气候与起源环境差异越来越大，现代气候对物种多样性的限制作用也越来越强。这说明，类群的祖先生态位及生态位的进化保守性共同决定了其物种多样性与现代环境的关系。再如，Wang 等（2018）利用干旱区典型类群——蒺藜科，探讨了物种多样性格局与现代气候关系的进化起源。全球蒺藜科共约 280 种，主要分布于干旱区。利用宏观进化贝叶斯分析法估算了蒺藜科物种的物种多样化速率和物种形成速率，并采用泊松回归比较了环境因子（现代气候、生境异质性）和历史因子（物种多样化速率、物种形成速率等）对全球蒺藜科多样性格局的作用。结果发现，现代水分因子是影响蒺藜科物种多样性的最重要环境因子，并且蒺藜科物种多样性随着环境中水分可利用性的增加而减少，这与大多其他植物类群物种多样性与水分的关系相反。进一步的祖先生态位重建分析发现，蒺藜科物种起源于半干旱的气候条件，水分生态位具有显著保守性。而蒺藜科物种在最近 10Ma 以来净物种多样化速率和物种形成速率明显加快，且干旱区和半干旱区的净物种多样化速率和物种形成速率比湿润区高。这些结果说明，生态位保守性是蒺藜科物种分布的重要驱动力。水分生态位保守性通过影响物种进化速率而形成了全球蒺藜科物种多样性格局。这些发现支持了进化速率假说，并且表明干旱区和半干旱区是蒺藜科物种多样性的“摇篮”。

此外，第四纪的冰期－间冰期旋回，特别是末次盛冰期以来的气候变化，也对全球生物多样性大尺度格局产生了显著影响。但历史气候变化对生物多样性格局的影响，在不同类群和不同地区之间具有显著不同。例如，对于欧洲和全球尺度而言，末次冰期以来的气候变化对全球哺乳类、两栖类和鸟类物种多样性格局具有显著影响，但其作用对狭域种（或称特有种）更大（Araújo et al.，2008；Sandel et al.，2011）。对于欧洲和北美洲而言，末次冰期以来的气候变化显著影响了这两个地区的植物多样性格局，甚至是欧洲地区现代植物多样性大尺度格局的主导因子（Hawkins and Porter，2003；Montoya et al.，2007；Normand et al.，2011；Svenning and Skov，2007）。

以往研究认为，与欧洲和北美相比，第四纪气候变化对东亚地区植物多样性的影响较小。一般认为，在冰期 - 间冰期旋回中，物种分布区发生南北向的迁移：冰期时，物种分布区向南迁移，而冰期结束后，物种分布区则向北回迁。在欧洲，横亘南部的东西走向的阿尔卑斯山及地中海成为物种南北障碍，使得物种在冰期难以越过这些障碍向南迁移，也使得物种在冰期结束后更难以回迁。在北美，介于北美大陆和南美大陆之间的墨西哥湾成为物种分布区南北迁移的障碍。而在东亚地区，南部的山地地区在第四纪以来一直与中南半岛的热带地区连接，为物种分布区的南北迁移提供了可能和避难所，因此第四纪气候变化对东亚地区植物多样性的影响相对较小。例如，东亚地区柳属物种多样性主要受现代环境影响，而物种组成的变化则受现代环境与过去气候变化的共同影响；同时，现代环境和过去气候变化的相对作用在山区和平原区具有显著差异（Wang et al.，2017）。

第四纪气候变化对物种多样性格局的影响，在不同类群之间也具有显著差异。研究发现，过去气候变化可能对广域物种影响较小，对狭域物种影响较大。例如，末次冰期结束后，欧洲现代植物分布并未与其气候生态位达到平衡，目前仍处于向北扩散的过程中，而这一现象在狭域种中更为明显（Svenning and Skov，2004；Normand et al.，2011）。第四纪气候变化对广域和狭域物种影响差异显著的现象，在北半球其他地区（如东亚和中亚）也有发现。例如，Liu 等（2017）以中国苦苣苔科物种为例，比较了现代气候和末次盛冰期以来气候变化对该科物种多样性格局的影响，结果发现末次盛冰期以来的气候变化主导了狭域物种的物种多样性格局，而广域物种的物种多样性格局则主要受现代气候，特别是温度季节性主导。在中亚干旱区，Liu 等（2019）比较了现代气候和末次盛冰期以来的气候变化对狭域和广域物种多样性的影响，结果显示狭域物种主要受末次冰期以来的气候变化影响。

然而，需要指出的是，关于末次冰期以来的气候变化对物种分布和物种多样性的影响，在生物地理学研究中仍存在广泛争议。例如，Currie 和 Paquin（1987）、Currie（1991）对北美洲动物和植物多样性格局的研究，以及 Adams 和 Woodward（1989）对全球森林植物多样性的研究均认为，末次冰期结束后，物种分布已与气候达到平衡，现代物种分布和物种多样性格局是由现代气候决定的。这些争议说明，要阐明历史气候变化和现代气候对生物多样性大尺度格局的相对影响，需要对更多的类群、在更多的地区开展研究。

2）生物多样性的多维性

生物多样性包含不同的维度，如分类学维度、谱系多样性维度、功能多样性维度和遗传多样性维度等。在以往关于生物多样性大尺度格局的研究中，大量研究关注了生物多样性的分类学维度，即物种多样性，而关于生物多样性其他维度大尺度格局的研究相对较少。近年来，随着分子谱系数据及物种功能性状（或生活史属性）数据的快速积累，关于一些类群以及一些地区谱系多样性和功能多样性的研究逐渐增加。例如，Fritz 和 Rahbek（2012）通过结合全球两栖类物种的分布数据和系统进化树，首次估算了全球两栖类物种的谱系多样性格局。Santos 等（2016）利用 6 个形态属性，估算了全球岛屿上拟寄生蜂的功能多样性格局。但是，脊椎动物和维管束植物等大类群的全球谱系多样性和功能多样性格局仍未见报道。近年来，测序技术的发展和基因数据的快速积累为研究基因多样性的大尺度格局提供了基础。Miraldo 等（2016）利用现有基因数据，估算了全球两栖类和哺乳类动物的基因多样性格局。结果显示，这两类动物的基因多样性并未显示明显的纬度格局。同时，虽然这两类动物广受关注，但仍有大量地区的物种没有任何基因数据。与两栖类和哺乳类动物相比，当前国际上关于植物基因数据的积累更为不足。这说明，若要阐明全球动植物的基因多样性格局，生物地理学家在未来研究中仍需进行大量野外采集和测序工作。

认识一个地区生物多样性的多维性，对生物多样性保护规划具有重要的意义。物种多样性丧失已成为人类面临的巨大威胁，理解物种多样性维持机制是有效保护和管理物种多样性的前提。由于以往的物种多样性格局研究多关于生物多样性的分类学维度，所以生物多样性热点地区的选择和保护规划多单纯基于物种数量（Orme et al.，2005），忽略了不同物种进化历史的差异。研究显示，未来气候变化可能显著改变群落内的谱系多样性与种间进化关系（Thuiller et al.，2011），但基于物种数量或谱系多样性的热点地区具有很大差异（Fritz and Rahbek，2012），因而基于物种数量的保护规划可能难以保护一个地区的进化历史。所以在保护规划中纳入谱系多样性作为保护依据具有重要意义。研究发现，考虑种间进化历史的差异有助于提高物种多样性保护的有效性（Mace et al.，2003；Winter et al.，2013）。举例来说，属于同一年轻且物种丰富分支的两种物种与来自两个古老且寡种分支的两种物种相比，对后者的保护将能保护更多的进化历史与功能多样性，从而提高保护有效性（Abellan et al.，2013）。

3）生物多样性数据

准确的物种分布数据不仅是物种多样性大尺度格局及其形成机制研究的核心数据，也是确定生物多样性保护优先区并制定合理保护规划的基础。在全球尺度，哺乳类、两栖类、鸟类和爬行类动物的全球分布图已经出版，为这几类脊椎动物的生物多样性大尺度格局研究提供了基础。与动物相比，全球尺度的植物分布数据仍十分缺乏。在北半球，尽管北美和欧洲西部的木本植物分布数据相继出版，但是欧洲东部和亚洲（特别是东亚和东南亚地区）的数据仍较缺乏，使得难以从整体上研究北半球的植物多样性格局及其对全球变化的响应。在南半球，关于非洲中部、南美洲亚马孙地区和安第斯山地区的植物分布数据仍非常缺乏。这些说明，生物地理学家亟须建立统一、完善的全球植物分布数据库。此外，为认识生物多样性的多维性，还需要建立更为完善的功能属性数据库、系统进化树、群落数据库等。

在过去的10～15年中，随着DNA提取技术的发展，系统树（phylogenetic tree）快速积累，已覆盖已知主要生物类群，但其进展在不同类群之间存在差异。例如，全球哺乳动物（约5020种）（Schipper et al.，2008）、两栖动物（约6440种）（Pyron and Wiens，2011）和鸟类（约10 360种）（Jetz et al.，2012；Holt et al.，2013）的种水平分子系统树相继发表并被广泛用于认识这三个类群物种多样性的起源及其地理格局的形成机制（Fritz and Rahbek，2012）。不同的是，由于物种数量巨大，种子植物的系统树研究相对落后。例如，目前被广泛接受和使用的全球被子植物系统树仍在科水平（Davies et al.，2004；Soltis et al.，2011）。Smith和Donohue（2008）、Zanne等（2014）使用多个叶绿体和核基因片段，建立了部分被子植物的种水平分子系统树，但这些树仅包含了全球被子植物总数的10%～15%。因此，生物地理学也亟须建立涵盖更多物种的大型系统进化树。

第三节　关键科学问题

早在 2005 年，*Science* 期刊公布的 125 个前沿科学问题，与生物地理学有直接关系的问题共有 6 个，包括：①什么是物种；②地球上有多少物种；③什么决定了物种多样性；④生命树是生命之间系统关系最好的表达方式吗；⑤能否避免物种消亡；⑥生态系统对全球变暖的反应如何。这些问题说明，全球变化及生物多样性的相关科学问题在未来相当长的时间内仍然是生物地理学研究的关键。

本节结合 *Science* 期刊公布的 125 个前沿科学问题，整合了国际生物地理学会（International Biogeography Society，IBS）2013～2018 年召开的年会摘要的主题，国际生物地理学的主流刊物 *Journal of Biogeography*、*Global Ecology and Biogeography*、*Diversity and Distribution*、*Ecography* 及国际生物地理学会会刊 *Frontiers in Biogeography* 2013～2018 年发表论文的主题，整合成当前生物地理学关注的主要科学问题。经同行讨论和补充后，整合成 4 个方面 26 个关键科学问题。

一、当前全球的生物地理格局是如何形成的

当前的生物多样性格局是在冰后期经历了复杂过程而形成的。尽管经过了数十年的努力，但目前仍然有以下关键问题值得探索：①高纬度地区是否存在森林的冰期避难所；②物种分布格局如何受进化和生态过程的调控；③冰期和间冰期的气候变化对现在物种分布的影响；④现代暖期的植物群落在过去暖期也曾经出现吗；⑤气候变化和人类活动的影响如何区分；⑥人类干扰对生物地理格局有何影响。

二、物种和生态系统分布如何响应和适应全球变化

20 世纪 70 年代以来，全球变化引起的生物多样性丧失一直引起了广泛担忧。与此同时，围绕物种和生态系统分布如何响应和适应全球变化开展了大量研究，但目前仍然有以下关键问题值得探索：①物种的生态位会随环境的变化

而变化吗；②物种的迁移速率究竟有多快；③气候变化如何影响森林的生长、死亡与更新过程；④生物对于气候变化的抗性机理如何；⑤生物入侵如何影响生物地理格局；⑥土地利用变化如何影响生物地理格局；⑦物种分布如何响应全球变化；⑧全球变化对生物多样性的影响如何。

三、未来气候变化将如何改变当前的生物地理格局

由于生物地理格局变化对气候变化的反馈作用，对于未来气候变化的关注不仅限于气候本身，越来越多的研究开始关注未来气候变化将如何改变当前的生物地理格局，从近年来发表的高水平论文来看，以下几个问题还远远没有得出满意的答案：①未来气候变化情景下生态系统是否会崩溃；②气候变暖情景下喜冷生物的避难所在哪里；③未来是否会出现过去不存在的生态系统；④未来气候变化情景下的潜在植被是什么；⑤气候变化下生物的物种多样性和系统发育多样性如何变化；⑥气候变化下动物的栖息地如何变化。

四、生物地理格局变化如何影响区域生态系统服务

过去 20 年来，生态系统服务对于人类的重要性越来越引起重视，研究也从最初的概念提出走向案例深化。生物地理格局变化可能导致区域乃至全球生态系统服务分布格局的变化，进而影响全球可持续发展。有关生物地理格局与生态系统服务关系的问题仍旧是有待深化的关键科学问题，包括：①物种入侵如何影响区域生态系统服务；②区域植被退化和恢复如何改变区域生态系统服务；③大规模植被建设如何影响区域生态系统服务；④未来气候变化如何改变区域生态系统服务；⑤动物栖息地变化如何影响区域生态系统服务；⑥生物多样性丧失如何影响生态系统的功能和服务。

第四节　优先研究领域

基于学科发展的历史和拟解决的关键科学问题，本节认为未来生物地理学的优先研究领域包括：谱系地理与生物演化、生物属性对生态系统功能的影响、生物地理格局对全球变化的响应、生物多样性大尺度格局。其中，前三个

研究领域分别是谱系地理学、属性生物地理学和全球变化生物地理学的重点内容。

一、谱系地理与生物演化

随着学科的发展，谱系地理学作为生物地理学的分支，已经成为生物演化和生物地理分布格局研究的核心内容之一。随着测序成本的下降以及数据的指数式增加，越来越多的生物类群地理格局演化过程以及种群基因谱系格局被揭示，未来的首要任务是整合数据，揭示更有普遍意义的生物地理格局演化机制，并从遗传水平揭示生物保护关键地区。谱系地理学应重点支持的研究方向如图 9-1 所示。

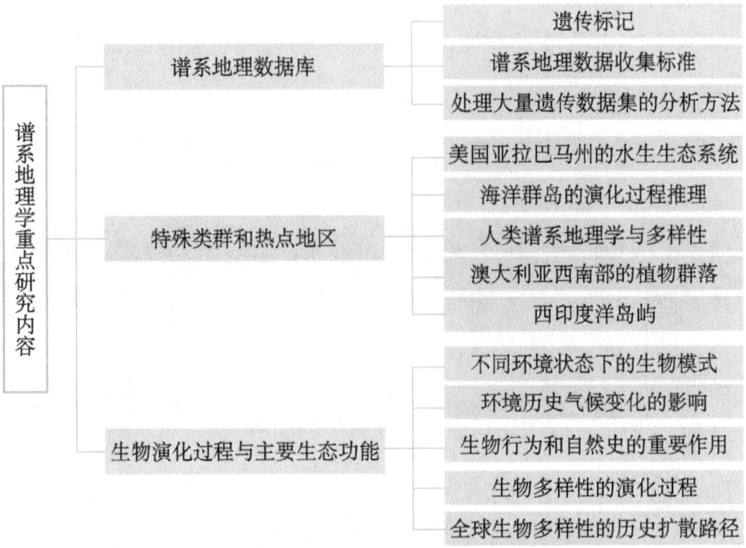

图 9-1　谱系地理学重点研究方向关系框图

（1）谱系地理数据库的建设。遗传标记（动物线粒体和植物叶绿体 DNA）代表着谱系地理数据的重要组成。单一物种研究主要集中在脊椎动物（特别是鱼类和鸟类），成为谱系地理数据收集的黄金标准。发展处理大量遗传数据集的分析方法对促进谱系地理数据库的建设至关重要。

（2）特殊类群和热点地区的研究。包括美国亚拉巴马州的水生生态系统、海洋群岛的演化过程推理、人类谱系地理学与多样性、澳大利亚西南部的植物群落、西印度洋岛屿等特殊类群和热点地区的谱系地理学研究。

（3）生物演化过程与主要生态功能之间的关系。探索不同环境状态下的生物模式，研究环境历史气候变化的影响，以及生物行为和自然史在形成当前谱系地理格局中的重要作用，阐明生物多样性的演化过程和全球生物多样性的历史扩散路径。

二、属性生物地理学

大数据和生态信息学的发展将促进属性生物地理学对不同尺度的生物属性随环境变化规律的研究，从而剖析植物属性之间及属性与环境因子之间的权衡关系，解释群落构建及生态系统功能形成机制。生物地理学还与生物地球化学过程相联系，解释生物的地理空间格局和机理，推动全球变化下生物地球化学循环过程的模型模拟研究，有助于更好地认识地球系统对全球变化的响应机制，为地球系统的可持续发展服务。属性生物地理学应重点支持的研究方向如图 9-2 所示。

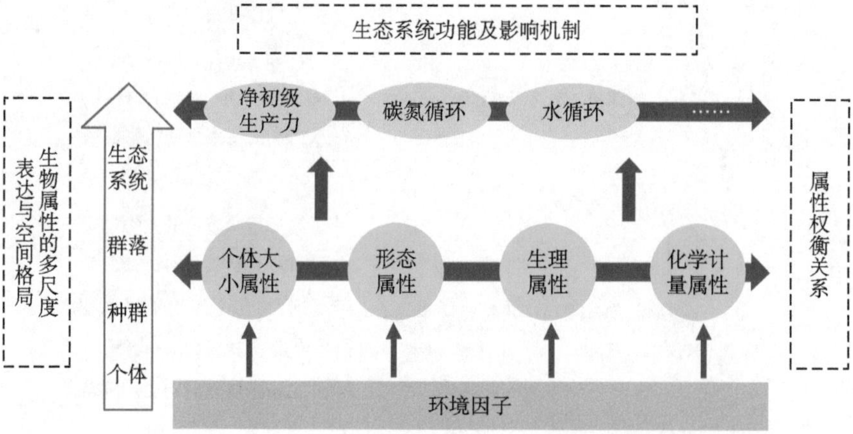

图 9-2 属性生物地理学重点研究方向关系框图

（1）生物属性的多尺度表达：包括生物属性在种群、群落、生态系统等尺度上的表现特征，以及属性的空间连续表达和格局分析。

（2）属性的权衡关系：包括叶片经济型谱及属性与环境因子之间的权衡关系研究。

（3）属性多样性及其与生态系统功能的关系和影响机制。

三、全球变化生物地理学

在全球变化研究快速发展的大背景下，全球变化生物地理学需要进一步开展多时空尺度多种驱动力的生物地理格局与过程综合研究，从而更好地预测未来生物地理格局与过程的变化，特别是与之紧密联系的生态系统服务变化。全球变化生物地理学应重点支持的研究方向如图 9-3 所示。

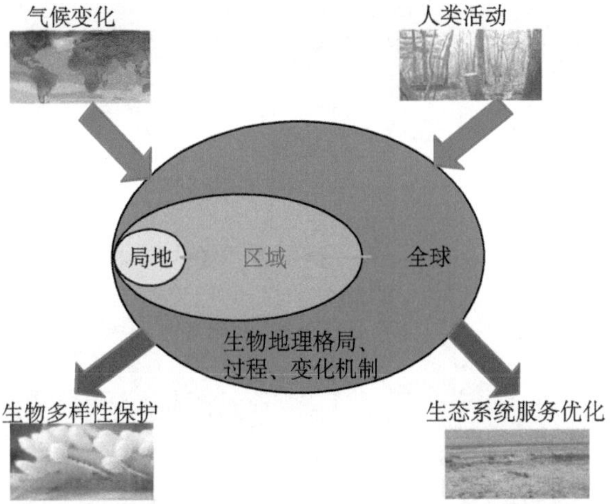

图 9-3 全球变化生物地理学重点研究方向关系框图

（1）区域生态系统响应气候变化的综合研究，尤其是对生物多样性保护的关键区域的研究、对气候变化影响敏感区域的研究。

（2）气候变化和人类活动共同影响的综合研究，特别是服务于“未来地球”研究计划的生物地理格局、过程和变化机制。

（3）生物地理格局变化与生态系统服务研究，需要将生物地理学与生态学研究进行有机结合。

四、物种多样性大尺度格局

地球上任何物种的分布都是不同地质历史时期进化的产物，传统的仅仅将物种分布格局与当前气候联系起来的研究难以解释地球表面复杂的生物多样性大尺度格局。认识当前物种多样性格局需要全方位解析地球生物进化历史，而这有赖于古生物和古环境数据的积累及古生态学解释模式的提出。生物多样性大尺度格局应重点支持的研究方向是物种多样性大尺度格局，优先支持的方向包括（图 9-4）：

（1）多元数据整合分析。

（2）结合进化因素解释当前的物种多样性大尺度格局。

（3）结合古生态学证据解释物种多样性格局的形成和维持。

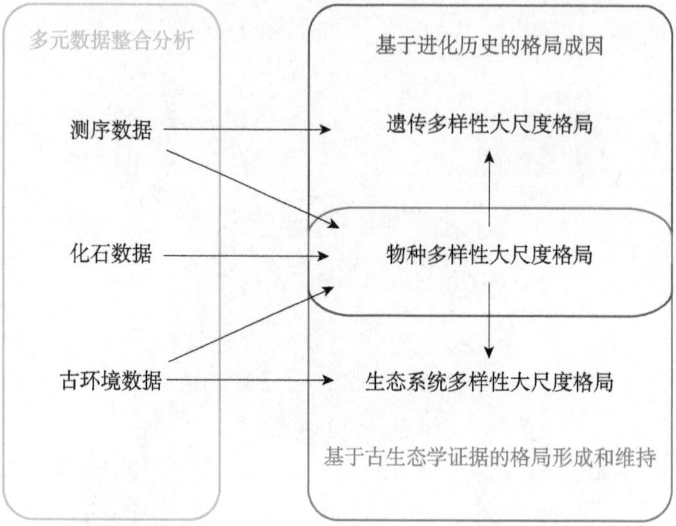

图 9-4　物种多样性大尺度格局重点研究方向关系框图

本章参考文献

黄永梅，陈慧颖，张景慧，等 . 2018. 植物属性地理的研究进展与展望 . 地理科学进展，37(1): 93-101.

江志红，丁裕国，屠其璞 . 1997. 近百年中国气温场两次增暖的结构对比及其成因诊断 // 丁一汇 . 中国气候变化与气候影响研究 . 北京：气象出版社：193-197.

刘鸿雁 .2002. 第四纪生态学与全球变化 . 北京：科学出版社 .

马瑞俊，蒋志刚 . 2005. 全球气候变化对野生动物的影响 . 生态学报，11 (25): 3061-3066.

朴仁珠，关国生，张明海 . 1995. 中国驼鹿种群数量及分布现状的研究 . 兽类学报，15 (1): 11-16.

朴仁珠，于孝臣，李枝 . 1993. 世界驼鹿现状及其研究 . 野生动物，71: 6-11.

孙全辉, 张正旺 . 2000. 气候变暖对我国鸟类分布的影响 . 动物学杂志, 35 (6): 45-48.

王力军, 马建章, 洪美玲, 等 . 2003. 应用雪尿分析技术评价不同类型栖息地中狍冬季的营养状况 . 兽类学报, 23 (2): 109-114.

魏辅文, 饶刚, 李明, 等 . 2001. 分子粪便学及其应用——可靠性、局限性和展望 . 兽类学报, 21 (2): 143-152, 160.

翟盘茂, 任福民 . 1997. 我国最高温最低温变化规律研究 // 丁一汇 . 中国气候变化与气候影响研究 . 北京: 气象出版社: 199-204.

Abellan P, Sanchez-Fernandez D, Picazo F, et al. 2013. Preserving the evolutionary history of freshwater biota in Iberian National Parks. Biological Conservation, 162:116-126.

Adams J M, Woodward F I. 1989. Patterns in tree species richness as a test of the glacial extinction hypothesis. Nature, 339:699-701.

Allen A P, Brown J H, Gillooly J F. 2002. Global biodiversity, biochemical kinetics, and the energetic-equivalence rule. Science, 297:1545-1548.

Allen A P, Gillooly J F, Savage V M, et al. 2006. Kinetic effects of temperature on rates of genetic divergence and speciation. Proceedings of the National Academy of Sciences of the United States of America, 103:9130-9135.

Allen C D, Macalady A K, Chenchouni H, et al. 2010. A global overview of drought and heat-induced tree mortality reveals emerging climate change risks for forests. Forest Ecology and Management, 259: 660-684.

Araújo M B, Nogués-Bravo D, Diniz-Filho J A F, et al. 2008. Quaternary climate changes explain diversity among reptiles and amphibians. Ecography, 31: 8-15.

Ball J P, Nordengren C, Wallin K. 2001. Partial migration by large ungulates: characteristics of seasonal moose *Alces alces* ranges in northern Sweden. Wildlife Biology, 7: 39-47.

Brown J H, Gillooly J F, Allen A P, et al. 2004. Toward a metabolic theory of ecology. Ecology, 85:1771-1789.

Brown J H, Lomolino M V. 1998. Biogeography. 2nd ed. Sunderland, Massachusetts: Sinauer Associates.

Buckley L B, Davies T J, Ackerly D D, et al. 2010. Phylogeny, niche conservatism and the latitudinal diversity gradient in mammals. Proceedings of the Royal Society B: Biological Sciences, 277: 2131-2138.

Buckley L B, Jetz W. 2007. Environmental and historical constraints on global patterns of amphibian richness. Proceedings of the Royal Society B: Biological Sciences, 274:1167-1173.

Cheng Y, Liu H, Wang H, et al. 2017. Contrasting effects of winter and summer climate on alpine timberline evolution in monsoon-dominated East Asia. Quaternary Science Reviews, 169: 278-287.

Cheng Y, Liu H, Wang H, et al. 2018. Differentiated climate-driven Holocene biome migration in western and eastern China as mediated by topography. Earth Science Reviews, 182: 174-185.

Coulon A, Cosson J F, Angibault J M, et al. 2004. Landscape connectivity influences gene flow in a roe deer population inhabiting a fragmented landscape: an individual-based approach. Molecular Ecology, 13: 2841-2850.

Currie D J. 1991. Energy and large-scale patterns of animal- and plant-species richness. The American Naturalist, 137: 27-49.

Currie D J, Mittelbach G G, Cornell H V, et al. 2004. Predictions and tests of climate-based hypotheses of broad-scale variation in taxonomic richness. Ecology Letters, 7:1121-1134.

Currie D J, Paquin V. 1987. Large-scale biogeographical patterns of species richness of trees. Nature, 329: 326-327.

Davies T J, Barraclough T G, Chase M W, et al. 2004. Darwin's abominable mystery: insights from a supertree of the angiosperms. Proceedings of the National Academy of Sciences, 101:1904-1909.

Delcourt H R, Delcourt P A. 1991. Quaternary Ecology: A Palaeoecological Perspective. London: Chapman and Hall.

Dussault C, Ouellet J P, Courtois R, et al. 2004. Behavioural responses of moose to thermal conditions in the boreal forest. Ecoscience, 11: 321-328.

Forchhammer M C, Post E, Stenseth N C, et al. 2002. Long-term responses in arctic ungulate dynamics to changes in climatic and trophic processes. Population Ecology, 44: 113-120.

Forchhammer M C, Stenseth N C, Post E, et al. 1998. Population dynamics of Norwegian red deer: density-dependence and climatic variation. Proceedings of the Royal Society of London Series B: Biological Science, 265: 341-350.

Fox D. 2007. Back to the no-analog future. Science,316: 823-825.

Francis A P, Currie D J. 2003. A globally consistent richness-climate relationship for angiosperms. The American Naturalist, 161: 523-536.

Franzmann A W, Schwartz C C. 2007. Ecology and Management of the North American Moose. Second Edition. Boulder: The University Press of Colorado.

Fritz S A, Rahbek C. 2012. Global patterns of amphibian phylogenetic diversity. Journal of

Biogeography, 39: 1373-1382.

Garrott R A, White P J, Vagnoni D. 1996. Purine derivative concentrations in snow-urine samples as a dietary index for free-ranging elk. The Journal of Wildlife Management, 60: 735-743.

Geffen E, Anderson M J, Wayne R K. 2004. Climate and habitat barriers to dispersal in the highly mobile grey wolf. Molecular Ecology, 13: 2481-2490.

Gottfried M, Pauli H, Futschik A, et al. 2012. Continent-wide response of mountain vegetation to climate change. Nature Climate Change, 2(2): 111-115.

Grabherr G, Pauli H, Gottfried M, 2010. Climate change impact in alpine environments. Geography Compass, 4: 1133-1153.

Grotan V, Saether B E, Filli F, et al. 2008. Effects of climate on population fluctuations of ibex. Global Change Biology, 14: 218-228.

Hao Q, de Lafontaine G, Guo D, et al. 2018. The critical role of local refugia in postglacial colonization of Chinese pine: joint inferences from DNA analyses, pollen records, and species distribution modeling. Ecography, 41: 592-606.

Hao Q, Liu H, Liu X. 2016. Pollen-detected altitudinal migration of forests during the Holocene in the mountainous forest–steppe ecotone in northern China. Palaeogeography, Palaeoclimatology, Palaeoecology, 446: 70-77.

Hao Q, Liu H, Yin Y, et al. 2014. Varied responses of forest at its distribution margin to Holocene monsoon development in northern China. Palaeogeography, Palaeoclimatology, Palaeoecology, 409: 239-248.

Hassan R M, Scholes R, Ash N. 2005. Millennium Ecosystem Assesment: Ecosystems and Human Well-Being, Current State and Trends. Washington DC, USA: Island Press.

Hawkins B A, Porter E E. 2003. Relative influences of current and historical factors on mammal and bird diversity patterns in deglaciated North America. Global Ecology and Biogeography, 12: 475-481.

Hersteinsson P, MacDonald D W. 1992. Interspecific competition and the geographical distribution of red and arctic foxes *Vulpes vulpes* and *Alopex lagopus*. Oikos, 64: 500-515.

Herzschuh U, Birks H J, Laepple T, et al. 2016. Glacial legacies on interglacial vegetation at the Pliocene-Pleistocene transition in NE Asia. Nature Communications, 7: 11967.

Holderegger R, Wagner H H. 2006. A brief guide to landscape genetics. Landscape Ecology, 21: 793-796.

Holt B G, Lessard J P, Borregaard M K, et al. 2013. An update of Wallace's zoogeographic regions of the world. Science, 339: 74-78.

Hu F S, Hampe A, Petit, R J. 2009. Paleoecology meets genetics: deciphering past vegetational dynamics. Frontiers in Ecology and the Environment, 7: 371-379.

Hughes L. 2000. Biological consequences of global warming: is the signal already apparent? Trends Ecological Evolution, 15: 56-61.

Humphries M M, Thomas D W, Speakman J R. 2002. Climate-mediated energetic constraints on the distribution of hibernating mammals. Nature, 418: 313-316.

Huston M A. 1994. Biological Diversity: The Coexistence of Species on Changing Landscapes. Cambridge: Cambridge University Press.

Jablonski D, Belanger C L, Berke S K, et al. 2013. Out of the tropics, but how? Fossils, bridge species, and thermal ranges in the dynamics of the marine latitudinal diversity gradient. Proceedings of the National Academy of Sciences of the United States of America, 110(26): 10487-10494.

Jablonski D, Roy K, Valentine J W. 2006. Out of the tropics: evolutionary dynamics of the latitudinal diversity gradient. Science, 314: 102-106.

Jetz W, Thomas G H, Joy J B, et al. 2012. The global diversity of birds in space and time. Nature, 491: 444-448.

Jiang G S, Ma J Z, Zhang M H, et al. 2009. Multiple spatial scale resource selection function models in relation to human disturbance for moose in northeastern China. Ecological Research, 24: 423-440.

Jiang G S, Zhang M H, Ma J Z. 2007. Effects of human disturbance on movement, foraging and bed site selection of red deer *Cervus elaphus xanthopygus* in the Wandashan Mountains, northeastern China. Acta Theriologica, 52: 435-446.

Kamler J F, Jedrzejewska B, Jedrzejewski W. 2007. Factors affecting daily ranges of red deer *Cervus elaphus* in Bialowieza Primeval Forest, Poland. Acta Theriologica, 52: 113-118.

Klopfer P H. 1959. Environmental determinants of faunal diversity. The American Naturalist, 93:337-342.

Latham R E, Ricklefs R E. 1993. Global patterns of tree species richness in moist forests: energy-diversity theory does not account for variation in species richness. Oikos, 67: 325-333.

Lee S E, Press M C, Lee J A, et al. 2000. Regional effects of climate change on reindeer: a case study of the Muotkatunturi region in Finnish Lapland. Polar Research, 19: 99-105.

Lenarz M S, Nelson M E, Schrage M W, et al. 2009. Temperature mediated moose survival in northeastern Minnesota. Journal of Wildlife Management, 73: 503-510.

Leslie D M Jr, Bowyer R T, Jenks J A. 2008. Facts from feces: nitrogen still measures up as a nutritional index for mammalian herbivores. Journal of Wildlife Management, 72: 1420-1433.

Liang E Y, Wang Y F, Piao S, et al. 2016. Species interactions slow warming-induced upward shifts of treelines on the Tibetan Plateau. Proceedings of the National Academy of Sciences of the United States of America, 113(16): 4380-4385.

Liang E Y, Wang Y F, Eckstein D, et al. 2011. Little change in the fir tree-line position on the southeastern Tibetan Plateau after 200 years of warming. New Phytologist, 190: 760-769.

Liu H, Williams A P, Allen C D, et al. 2013. Rapid warming accelerates tree growth decline in semi-arid forests of Inner Asia. Global Change Biology, 19: 2500-2510.

Liu H, Yin Y. 2013. Response of forest distribution to past climate change: an insight into future predictions. Chinese Science Bulletin, 58: 4426-4436.

Liu Y, Shen Z, Wang Q, et al. 2017. Determinants of richness patterns differ between rare and common species: implications for Gesneriaceae conservation in China. Diversity, Distributions, 23: 235-246.

Liu Y, Su X, Shrestha N, Xu X, et al. 2019. Effects of contemporary environment and Quaternary climate change on drylands plant diversity differ between growth forms. Ecography, 42(2): 334-345.

Lomolino M V. 2001. Elevation gradients of species-density: historical and prospective views. Global Ecology & Biogeography, 10: 3-13.

MacDonald G. 2003. Biogeography: Introduction to Space, Time, and Life. New York :Wiley.

Mace G M, Gittleman J L, Purvis A. 2003. Preserving the tree of life. Science, 300: 1707-1709.

McArt S H, Spalinger D E, Collins W B, et al. 2009. Summer dietary nitrogen availability as a potential bottom-up constraint on moose in south-central Alaska. Ecology, 90: 1400-1411.

McLaughlin J F, Hellmann J J, Boggs C L, et al. 2002. Climate change hastens population extinctions. Proceedings of the National Academy of Sciences of the United States of America, 99: 6070-6074.

Miraldo A, Li S, Borregaard M K, et al. 2016. An Anthropocene map of genetic diversity. Science, 353: 1532-1535.

Montoya D, Rodríguez M A, Zavala M A, et al. 2007. Contemporary richness of Holarctic trees and the historical pattern of glacial retreat. Ecography, 30: 173-182.

Moritz C, Patton J L, Conroy C J, et al. 2008. Impact of a century of climate change on smallmammal communities in Yosemite National Park, USA. Science, 322: 261-264.

Mysterud A, Langvatn R, Yoccoz N G, et al. 2001. Plant phenology, migration and geographical variation in body weight of a large herbivore: the effect of a variable topography. Journal of Animal Ecology, 70: 915-923.

Normand S, Ricklefs R E, Skov F, et al. 2011. Postglacial migration supplements climate in determining plant species ranges in Europe. Proceedings of the Royal Society B: Biological Sciences, 278: 3644-3653.

O' Brien E M. 1998. Water-energy dynamics, climate, and prediction of woody plant species richness: an interim general model. Journal of Biogeography, 25:379-398.

Orme C D L, Davies R G, Burgess M, et al. 2005. Global hotspots of species richness are not congruent with endemism or threat. Nature, 436: 1016-1019.

Parducci L, Jørgensen T, Tollefsrud M. 2012. Glacial survival of boreal trees in Northern Scandinavia. Science, 335: 1083-1086.

Parmesan C. 2001. Climate change and butterflies: introduction//Green E R, Harley M, Spalding M, et al. Impacts of Climate Change on Wildlife. London: Royal Society for the Protection of Birds: 11-12.

Pennisi E. 2005. What determines species diversity? Science, 309:90.

Prentice I C, Bondeau A, Cramer W, et al. 2007. Dynamic global vegetation modeling: quantifying terrestrial ecosystem responses to large-scale environmental change//Canadell J G, Pataki D E, Pitelka L T. Terrestrial ecosystems in a changing world. Berlin-Heidelberg: Springer: 175-192.

Proctor M F, McLellan B N, Strobeck C,et al. 2004. Gender specific dispersal distances of grizzly bears estimated by genetic analysis. Canadian Journal of Zoology, 82: 1108-1118.

Pyron R A, Wiens J J. 2011. A large-scale phylogeny of Amphibia including over 2800 species, and a revised classification of extant frogs, salamanders, and caecilians. Molecular Phylogenetics and Evolution, 61: 543-583.

Qi Z, Liu H, Wu X, et al. 2015. Climate-driven speedup of alpine treeline forest growth in the Tianshan Mountains, Northwestern China. Global Change Biology, 21: 816-826.

Rahbek C. 1995. The elevational gradient of species richness: a uniform pattern? Ecography, 18:200-205.

Rahbek C. 2005. The role of spatial scale and the perception of large-scale species-richness patterns. Ecology Letters, 8: 224-239.

Ratajczak Z, Nippert J B, Collins S L. 2012. Woody encroachment decreases diversity across North

American grasslands and savannas. Ecology, 93: 697-703.

Ricklefs R E. 2004. A comprehensive framework for global patterns in biodiversity. Ecology Letters, 7: 1-15.

Rosenzweig M L. 1995. Species Diversity in Space and Time. Cambridge: Cambridge University Press.

Rowe R J, Finarelli J A, Rickart E A. 2010. Range dynamics of small mammals along an elevational gradient over an 80-year interval. Global Change Biology, 16: 2930-2943.

Sandel B, Arge L, Dalsgaard B, et al. 2011. The influence of late Quaternary climate-change velocity on species endemism. Science, 334: 660-664.

Santos A M C, Cianciaruso M V, De Marco P. 2016. Global patterns of functional diversity and assemblage structure of island parasitoid faunas. Global Ecology and Biogeography, 25: 869-879.

Schipper J, Chanson J S, Chiozza F, et al. 2008. The status of the world' s land and marine mammals: diversity, threat, and knowledge. Science, 322: 225-230.

Schneider S H, Root T L. 2002. Wildlife Responses to Climate Change: North American Case Studies. Washington: Island Press.

Shrestha N, Wang Z. 2018. Selecting priority areas for systematic conservation of Chinese *Rhododendron*: hotspot versus complementarity approaches. Biodiversity and Conservation, 27: 3759-3775.

Shrestha N, Wang Z, Su X, et al. 2018a. Global patterns of *Rhododendron* diversity: the role of evolutionary time and diversification rates. Global Ecology and Biogeography, 27: 913-924.

Shrestha N, Su X, Xu X, et al. 2018b. The drivers of high Rhododendron diversity in south-west China: does seasonality matter? Journal of Biogeography, 45:438-447.

Sitch S, Smith B, Prentice I C, et al. 2003. Evaluation of ecosystem dynamics, plant geography and terrestrial carbon cycling in the LPJ dynamic global vegetation model. Global Change Biology, 9: 161-185.

Smith S A, Donoghue M J. 2008. Rates of molecular evolution are linked to life history in flowering plants. Science, 322:86-89.

Soltis D E, Smith S A, Cellinese N,et al. 2011. Angiosperm phylogeny: 17 genes, 640 taxa. American Journal of Botany, 98: 704-730.

Spellerberg I A, Sawyer J W D. 1999. An Introduction to Applied Biogeography. Cambridge: Cambridge University Press.

Steinheim G, Weladji R B, Skogan T, et al. 2004. Climate variability and effects on ungulate body weight: the case of domestic sheep. Annales Zoologici Fennici, 41: 525-538.

Stephens P R, Wiens J J. 2003. Explaining species richness from continents to communities: the time-for-speciation effect in emydid turtles. The American Naturalist, 161:112-128.

Svenning J C, Skov F. 2004. Limited filling of the potential range in European tree species. Ecology Letters, 7:565-573.

Svenning J C, Skov F. 2007. Could the tree diversity pattern in Europe be generated by postglacial dispersal limitation? Ecology Letters, 10:453-460.

Thompson L G, Mosley-Thompson E, Davis M, et al. 1993. Recent warming: ice core evidence from tropical ice cores with emphasis on Central Asia. Global Planetary Change, 7: 145-156.

Thuiller W, Lavergne S, Roquet C, et al. 2011. Consequences of climate change on the tree of life in Europe. Nature, 470: 531-534.

van Auken O W. 2009. Causes and consequences of woody plant encroachment into western North American grasslands. Journal of Environmental Management, 90: 2931-2942.

Walther G R, Post E, Convey P, et al. 2002. Ecosystem response to recent climate change. Nature, 416: 389-395.

Wang Q, Su X, Shrestha N, et al. 2017. Historical factors shaped species diversity and composition of Salix in eastern Asia. Scientific Reports, 7: 42038.

Wang Q, Wu S, Su X, et al. 2018. Niche conservatism and elevated diversification shape species diversity in drylands: evidence from Zygophyllaceae. Proceedings of the Royal Society B: Biological Sciences, 285: 20181742.

Wang Z, Fang J, Tang Z, et al. 2011. Patterns, determinants and models of woody plant diversity in China. Proceedings of the Royal Society B: Biological Sciences, 278: 2122-2132.

Wang Z, Tang Z, Fang J. 2007. Altitudinal patterns of seed plant richness in the Gaoligong Mountains, south-east Tibet, China. Diversity and Distributions, 13:845-854.

Whittaker R J, Araújo M B, Jepson P, et al. 2005. Conservation biogeography: assessment and prospect. Diversity and Distribution, 11: 3-23.

Wiens J J, Donoghue M J. 2004. Historical biogeography, ecology, and species richness. Trends in Ecology and Evolution, 19: 639-644.

Williams A P, Allen C D, Macalady A K, et al. 2013. Temperature as a potent driver of regional forest-drought stress and tree mortality. Nature Climate Change, 3: 292-297.

Winter M, Devictor V, Schweiger O. 2013. Phylogenetic diversity and nature conservation: where are we? Trends in Ecology & Evolution, 28: 199-204.

Wright D H. 1983. Species-energy theory: an extension of species-area theory. Oikos, 41:496-506.

Wu J, Zhang Q, Li A, Liang C. 2015. Historical landscape dynamics of Inner Mongolia: patterns, drivers, and impacts. Landscape Ecology, 30:1579-1598.

Wu X, Liu H, He L, et al. 2014. Stand-total tree-ring measurements and forest inventory documented climate-induced forest dynamics in the semi-arid Altai Mountains. Ecological Indicators, 36: 231-241.

Wu X, Liu H, Li X, et al. 2018. Differentiating drought legacy effects on vegetation growth over the temperate Northern Hemisphere. Global Change Biology, 24(1): 504-516.

Xu C, Liu H, Anenkhonov O A, et al. 2017. Long-term forest resilience to climate change indicated by mortality, regeneration and growth in semi-arid southern Siberia. Global Change Biology, 23(6): 2370-2382.

Xu C, Liu H, Williams A P, et al. 2016. Trends toward an earlier peak of the growing season in Northern Hemisphere mid-latitudes. Global Change Biology, 22: 2852-2860.

Xu X, Wang Z, Rahbek C, et al. 2013. Evolutionary history influences the effects of water-energy dynamics on oak diversity in Asia. Journal of Biogeography, 40: 2146-2155.

Yu X C, Xiao Q Z, Lu Y M. 1993. Selection and utilization ratio of winter diet, and seasonal changes in feeding and bedding habitat selection by moose in northeastern China// Ohtaishi N, Sheng H L. Deer of China：Biology and Management. Amsterdam: Elsevier Science Publishers：172-180.

Zanne A E, Tank D C, Cornwell W K, et al. 2014. Three keys to the radiation of angiosperms into freezing environments. Nature, 506: 89-92.

Zhan X, Li M, Zhang Z, et al. 2006. Molecular censusing doubles giant panda population estimate in a key nature reserve. Current Biology, 16: 451-452.

Zhan X, Zhang Z, Wu H, et al. 2007. Molecular analysis of dispersal in giant pandas. Molecular Ecology, 16: 3792-3800.

Zhao P, Xu C, Zhou M, et al. 2018. Rapid regeneration offsets losses from warming-induced tree mortality in an aspen dominated broad-leaved forest in northern China. PLOS ONE, 13(4): e0195630.

第十章 土壤地理学发展态势与发展方向

第一节 土壤地理学研究任务

土壤是人类生存和发展的基础，土壤资源的合理利用和管理是全球可持续发展解决方案的重要环节（张甘霖等，2018）。理解土壤的时空变化规律是土壤资源利用和管理的前提，而这正是土壤地理学的基本任务。土壤信息的获取、存储、表达、传输与分析是贯穿土壤地理学研究的核心，这些信息的有效利用能为粮食安全、生态文明建设、乡村振兴、精准扶贫等国计民生提供重要的决策支持。

土壤地理学是研究土壤时空变化的学科分支。土壤的时空分布是土壤形成、演化、发展的综合体现，是气候、生物、母质、地形和时间五大成土因素和人为作用长期综合作用的结果。地表系统中土壤与地理环境相互作用关系的研究正是土壤地理学的研究主题。土壤地理学系统包含土壤的发生和演变、土壤分类、土壤调查、土壤分布、土壤区划和土壤资源评价等诸多方面（张甘霖等，2008），研究土壤的发生和演变、土壤分类及时空分异规律，能够有效地服务于土壤资源的持续利用和生态环境保护。具体的研究任务可围绕以下几个方面重点展开。

一、土壤发生学

土壤发生学是研究土壤形成和演变的土壤学学科分支。经典的土壤发生学研究是静态的，结合土壤野外调查与室内分析，对土壤发生层的性状、物理属性、化学属性、矿物学属性进行对比，将土壤形成因素与土壤形态和性质联系起来，推测土壤过去可能的发生过程。

土壤发生过程速率的研究已经成为现代土壤发生学的重要内容，而基于土壤时间序列的方法可以揭示不同时间尺度土壤性质的演变特征。日益加剧的人类活动已经对土壤过程产生了深刻影响，亟待围绕现代土壤利用和不当使用的规模与强度，深化土壤与人类的关系研究。现代土壤发生学研究正经历着从定性向定量，从静态到动态，从单一的土壤向地球表层系统中多要素、多个相关过程的转变。

二、土壤形态学

正像医学始于人体解剖，动物学和植物学始于动物解剖和植物解剖一样，土壤学也以土壤形态学作为自己的研究起点。详细研究土壤形态学是认识土壤形成和演化历史的关键，也是研究土壤发生这一科学概念的基础。根据对土壤形态的研究，可对土壤组成、土壤中各种过程的化学本质及影响成土作用发展的种种条件进行推断和演绎。

土壤剖面描述是土壤形态学的基础，包括剖面立地环境、地理位置、土壤发生层划分及其形态性质描述等。翔实的土壤剖面描述结果和实验室测定的矿物性质、土壤理化性质、微形态特征等，有助于认识、理解土壤发生过程，科学划分土壤分类，有利于土壤调查、土壤制图、土地评价等工作的顺利开展。

三、土壤调查

土壤调查的目的是获取土壤属性特征和时空演变的过程信息。传统的土壤调查主要是对土壤剖面形态及其影响土壤形成的地理环境进行观察与描述记载，受野外调查成本和实验室分析样本数量的限制，很难进行大范围土壤信息的重复调查。基于野外调查绘制土壤图的传统土壤地理学迫切需要引入新技术、新方法。土壤星地遥感技术的出现为土壤调查提供了新的契机，已成为现代土壤调查最重要的研究主题之一。

四、土壤分类

土壤分类的目的是建立一个土壤类别的有序等级（体系）。土壤分类的发展与土壤科学的发展密不可分，在相当长的时间内引领了土壤科学的发展方向。土壤是一个连续体，因此土壤分类相对而言必须更多地依照分类者的主观理解。20 世纪 50 年代，土壤和土地利用管理对土壤调查和土壤资源评价提出了新的要求，推进了土壤分类研究的发展。

土壤分类在理论上有助于认识土壤，在实践上能够用于土壤制图。现在和未来一段时间内土壤分类研究的重点主要围绕土壤分类理论、方法、标准及相关分类信息数据库的集成与应用开展。

五、数字土壤制图

土壤图是土壤空间分布的载体。传统土壤制图的技术流程包括资料收集—野外调查—室内分析—野外校核—定界成图，这种制图方法以土壤调查者经验和手工操作为基础，通过手工将不同土壤类型或类型组合的空间分布归纳成制图单元并绘制成土壤图。

在地理信息系统等信息科学的技术和数据支持下，数字土壤制图（digital soil mapping，DSM），也称为预测性土壤制图（predictive soil mapping），逐渐成为新的研究方向。数字土壤制图方法主要基于地理信息技术，利用影响土壤形成的环境因素数据、遥感数据源等和从野外土壤调查获取的数据资料，建立土壤 - 景观关系定量模型，由计算机辅助生产数字格式的土壤类型图和属性图（不包括根据传统纸质土壤图数字化获得的数字格式的土壤图）。

野外采样和样本分析是获取土壤信息的关键环节，更是数字土壤制图中土壤 - 景观关系知识的重要来源。然而鉴于采样的高成本、区域可达性问题，现代土壤调查技术与数字土壤制图技术的联合已成为土壤信息建设的新模式。

六、土壤退化

土壤退化是指在各种自然和人文因素影响下，土壤生产能力或环境调控潜力暂时性的或永久性的下降，甚至完全丧失的过程。按退化过程可分为物理退化、化学退化和生物退化三类，是土地退化的核心部分。本质上，可以将土壤退化过程理解为人为影响下的土壤演变过程。根据土壤退化的表现形式，可分为显型退化和隐型退化两大类型。前者是指退化过程可导致明显的退化结果，后者是指退化过程虽然已经开始或已经进行较长时间，但尚未导致明显的退化结果。土壤退化具有时间上的动态性、空间上的异质性及高度非线性特征。土壤退化不仅涉及土壤学、农学、生态学及环境科学，而且也与社会科学和经济学密切相关。

第二节　研究现状与发展趋势

一、土壤发生学

土壤发生学研究土壤的演变过程及其与环境（成土因素）之间的相互作用。目前，土壤发生学研究的服务目标主要侧重在土壤功能及其提供的生态系统服务微观过程的解析，进而为揭示可持续发展目标与土壤生态系统服务间的关系提供重要的技术支持。我国生态环境的保护与修复，尤其是生态环境脆弱地区（如内蒙古半干旱草原区、青藏高原高寒地区等），迫切需要预测土壤在全球气候变化、土地利用变化等情景下的演变规律，并从中获得管理启示。

土壤风化和形成速率是土壤发生学的基础科学问题之一。目前，关于土壤风化和形成速率研究的技术方法主要包括实验室模拟、流域物质平衡方法、时间序列方法。实验室模拟是在实验条件下通过母质或者土壤本身，或者单一矿物，在模拟化学试剂的作用下，观测元素的淋失量，从而计算风化速率。一般情况下，研究结果与实际差别较大，适合理论研究。例如，实验室测定的矿物风化速率与田间测定结果相差数个数量级（Swobada-Colberg and Drever，1993）。另一种类似的方法是排水采集器方法，即放大的实验室方法，将原状或者扰动土柱置于特定地点，观测自然状态下元素的淋溶和迁移。

流域物质平衡方法的依据是元素的生物地球化学平衡原理，即对于流域体系，输出元素与输入元素的差值来自矿物的风化。元素循环和物质迁移研究的区域主要集中在完整的流域。土壤的形成速率、影响因素及其演变趋势研究手段主要是通过长期动态观测径流、植物、土壤、岩石、干湿沉降等要素，计算物质的输入、损失、迁移和转化（Huang et al.，2013；杨金玲等，2013）。同样，土壤的酸化速率也可以基于流域元素的质量平衡进行计算（Yang et al.，2013）。

基于土壤发生学原理和方法的时间序列方法，即土壤年代序列法（soil chronosequence），是在获得序列中各土壤个体时间位置（通常利用第四纪年代学方法断代）的基础上，系统比较不同相对年龄的各种土壤性质，从而获得土壤演变的速率，包括各种元素相对淋失和富集的速率。时间序列研究应用土壤发育的相对年龄，研究土壤中元素的迁移与变化，将土壤剖面对比与速率联系起来，在定量化研究土壤发生过程中能够起到重要的作用（Lichter，1998；Chen et al.，2011；Li et al.，2013）。在我国热带地区利用时间序列明确了黏粒矿物的演化特别是重生现象（He et al.，2008），利用水稻土系列明确了水稻土演化规律，体现了人类活动对土壤演变方向和速率的影响（Chen et al.，2011；Han and Zhang，2013；Han et al.，2015）。时间序列研究针对的是较长时间尺度（百年至千年尺度）的土壤发生和演变。

传统土壤发生学的核心内容关注土壤自身的形成和演变过程，随着对地球表层系统过程认识的深入，土壤与其他环境要素之间的相互作用及其地表系统演变的驱动作用逐渐成为土壤发生学新的研究对象。以地球关键带为重点的地表系统综合研究是涉及地质学、地球物理学、土壤学、水文学、生态学、地貌学等跨学科的系统研究（图 10-1），土壤发生学在其中起着核心和纽带的作用（Sullivan et al.，2017），这为土壤发生学的发展提供了极其重要的契机。

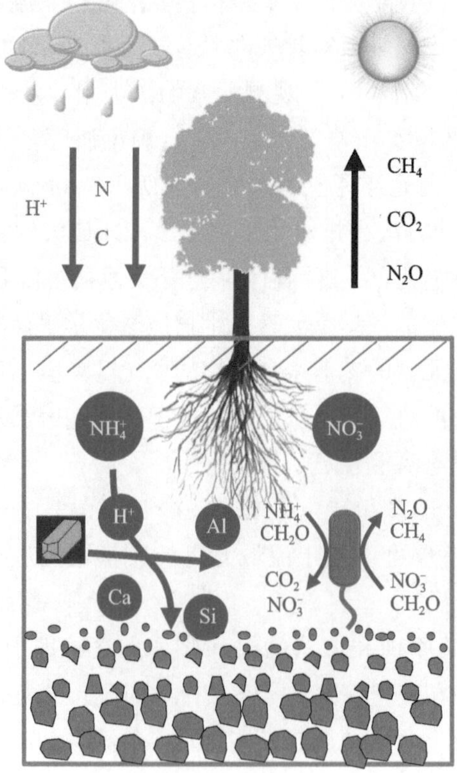

图 10-1　土壤发生学研究土壤形成演化过程中的物质迁移与土壤的动态变化规律

二、土壤形态学

土壤形态是土壤发生发展历史的集中反映，是创立现代土壤学的核心科学概念之一。随着科技的发展，相继出现了很多不用挖掘土壤剖面而进行直接观察的土壤调查手段，但是土壤剖面调查仍然是研究土壤最直观和翔实的有效手段（Hartemink and Minasny，2014），其目的是获得土壤形成过程的信息，并用于推测成土环境与土壤形成过程之间的关系。

不同描述者对同一土壤的描述结果会有很大差异，为便于交流，标准的剖面描述规范显得尤为重要。为此，早在 20 世纪 30 年代，英国和美国率先分别制定并公开发表了土壤剖面描述指导手册（Soil Survey Staff，1937）。随着人们对土壤认识的不断深入，剖面描述规范也趋于完善，如 1938 年 Munsell 土壤比色卡在土壤描述中的应用，《土壤调查手册》（*Soil Survey Manual*）（Soil Survey Division Staff，1993）、《野外土壤描述与采样手册 第三版》（*Field Book for Describing and Sampling Soils*，*version 3.0*）（Schoeneberger et al.，2012）、《土壤剖面描述指导手册 第四版》（*Guidelines for Soil Profile Descriptions, Fourth edition*）（FAO，2006）等诸多相关专著的出版，使得土壤剖面描述结果越来越接近土壤的真实面貌。

用于土壤描述的传统工具有钢制卷尺、土盒、水瓶、地质锤、剖面尺、稀盐酸、罗盘、海拔仪、数码相机、剖面刀、地图、土壤调查记录手册等。基于土壤剖面描述的传统土壤形态调查存在一系列不足：①信息采集设备简陋，方法手段落后，劳动强度大，成本高，形态特征获取困难；②样品带回实验室分析后，采用的每层土壤性质的均值无法充分反映土壤空间的连续变异特征（水平方向和竖直方向）；③描述结果受描述者个人经验所限，部分土壤形态描述是定性的，缺乏定量表达；④适用性和实用性受到限制，过去已经获取的大量土壤形态描述资料没能发挥应有的作用，造成极大的浪费。

21 世纪初，从长波到短波电磁感应中的 X 射线、γ 辐射测量逐步在土壤信息获取和制图领域得到应用（McBratney et al.，2003）。目前，电传感器、电磁传感器、光学传感器、声学传感器、电气化学传感器及其他地球物理测量技术等已普遍应用于农业和环境土壤学研究领域（Viscarra Rossel and Behrens，2010）。2014 年数字化土壤形态计量学（Digital Soil Morphometrics，DSMorph）被明确提出（Hartemink and Minasny，2014），该技术主要是通过不同的调查工具，定量获取土壤剖面属性、剖面属性图及其深度函数。在相关学者的共同努力推动下，2014 年国际土壤科学联合会（International Union of Soil Sciences，IUSS）设立了数字化土壤形态计量学工作组，并于次年 6 月在美国举行了第一次数字化土壤形态计量学国际专题研讨会。2016 年 *Digital Soil Morphometrics* 一书的问世，表明 DSMorph 体系已趋于成熟。之后又有多篇论文发表，将数字化土壤形态计量学应用于不同的领域（Wang et al.，2017；Zhang and Hartemink，2017）。

与传统土壤剖面形态描述相比，数字化土壤形态计量学能够更精确地定量再现土壤形态属性，并以一种相对客观的方式定量土壤变异（Jones and McBratney，2016）：①实现土壤形态属性信息数字化；②实现土体空间变异信息数字化；③集成与整合土壤形态学信息，多变量统计分析；④与土壤深度函数等土壤经典模型集成，解译土壤形态学信息，并应用于不同尺度、不同专业领域。

三、土壤调查

土壤调查是土壤资源管理的基础，具有非常突出的区域性。1949 年以来，我国土壤调查工作在全国资源考察、土地开发和土壤改良中发挥了极为重要的作用，极大地促进了我国土壤地理学的兴起和相关学科的发展。全国第二次土壤普查为土壤分类的研究、区域土壤地球化学及信息系统的研究提供了非常翔实的数据与资料。然而，传统土壤信息的获取具有周期长、成本高、过程复杂、复杂区域不可达、现势性差等显著缺点，难以进行大范围、高覆盖度的重复调查（Hartemink and McBratney，2008）。卫星与航空遥感、近地传感在内的星地遥感技术的蓬勃发展为土壤调查提供了新机遇（史舟等，2018）。

按照工作原理，土壤星地遥感技术包括光学与辐射型、电与电磁型、电化学型、机械式型等类型。地面传感包括这四类方式，卫星和航空遥感搭载的传感器主要是基于光学与辐射型（史舟等，2018）（图 10-2）。

土壤航空光学遥感出现在 20 世纪 20 年代。1969 年，MacDonald 等利用航空成像雷达进行土壤湿度监测试验（MacDonald and Waite，1971）。1972 年，世界第一颗资源卫星发射成功，1975 年发射第二颗并更名为 Landsat，此后 Landsat 卫星开始用于大面积土壤调查。进入 21 世纪，无人机（unmanned aerial vehicle，UAV）遥感技术快速发展，已应用于田间尺度的高分辨率土壤调查与制图。

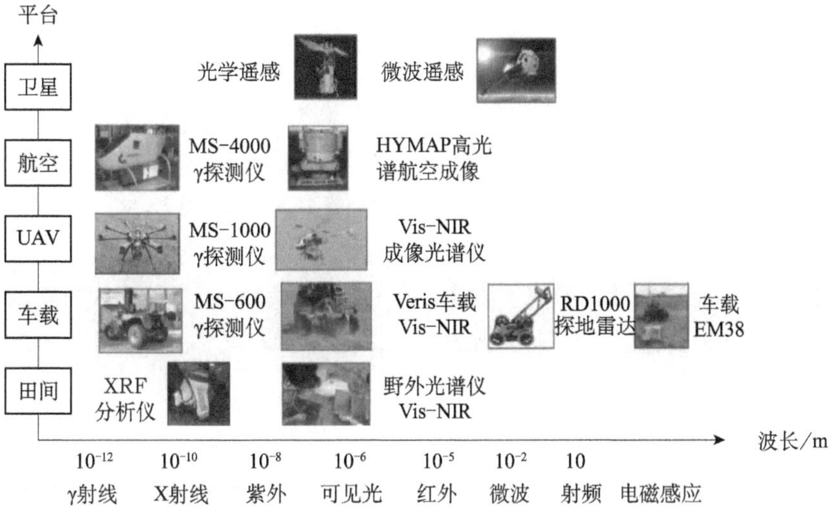

图 10-2 现代土壤调查数据获取平台特征

电与电磁型传感器能够基于电流的变化来度量土壤导电能力，仪器侵入土体后，土壤就成为电磁系统中的一部分；地理位置改变后，电流将发生瞬时变化。电与电磁型传感器能够有效测量黏土层埋深、土壤养分、土壤盐分、土壤质地、土壤水分等属性。目前，常用的设备有 Veris3100 与 EM38，均是基于电流通过传感器后端的发射线圈产生随时间变化的动态原生磁场，在大地中诱导产生微弱的电涡流，进而诱导产生次生磁场。

土壤光谱探测技术研究主要侧重于数据预处理与预测模型的构建。数据预处理主要是为了去除野外土壤光谱受到各种环境因素及土壤本身的差异（土壤水分含量、土壤颗粒大小等）的影响（史舟等，2018）。目前国际上主要有三类方法：一是利用室内外干湿样光谱对比，采用分段直接标准化法（piecewise direct standardization，PDS）、直接标准化法（direct standardization，DS）、外部参数正交化法（external parameter orthogonalization，EPO）等方法直接进行光谱曲线的转换（Minasny et al.，2011；Ji et al.，2015）；二是从预测样本中挑选有代表性的子集，从而提高模型对预测样本的预测精度（Viscarra Rossel et al.，2009；Guerrero et al.，2010）；三是通过导数等预处理来提高野外光谱预测精度（Wu et al.，2005）。

土壤近地传感是利用田间传感器获取土壤近地面或土体内信息的一种科学技术（史舟等，2011）。在 20 世纪 20 年代最早出现了传感器后，60 年代出现了最早的土壤光谱辐射能研究，以及 X 射线荧光光谱技术的应用（X ray fluorescence spectroscopy，XRF），70 年代出现了盐碱土电磁感应技术（electromagnetic induction，EMI）（Ristori and Bruno，1969；Dejong et al.，1979）。特别是可见 - 近红外光谱（vis-NIR）发展迅速，2006 年，美国蒙大拿州立大学开始建立全球土壤光谱库，此后各国也开展了国家尺度的土壤光谱库建设工作（Brown et al.，2006；Viscarra Rossel et al.，2016）。此外，探地雷达和地震仪在土壤调查中的使用在表下层土壤特征信息的获取上也有一定的优势，逐步成为现代土壤调查的手段之一。总之，计算机技术与现代材料的飞速发展为土壤近地传感技术带来了新的动力，促进了该技术在土壤地理学的广泛应用。

土壤调查的服务目标已经转向科学团体、政策制定者、不同行业部门的技术工作人员乃至企业和社会大众，可提供翔实、高质量的土壤信息，以满足我国不同行业部门的迫切需求。除此之外，土壤调查还需要重视“抢救升级”宝贵的土壤历史资料，并且不遗余力地生产相应的基于基础土壤信息的土壤功能信息产品。

四、土壤分类

土壤分类是土壤科学理论水平的标志，是土壤调查制图的基础，是因地制宜推广农业技术的依据之一，也是国内外土壤信息交流的媒介（Dudal，2003）。土壤分类是其他学科利用土壤学成果的重要“桥梁”，因此其服务目标是为生态文明建设和绿色发展提供认识、区分土壤的最直接方式。只有在科学认识和区分土壤类型的基础上，才能真正做到因地制宜利用和保护土壤资源，实现土壤资源的可持续利用。

随着科学的进步，土壤分类系统也在迅速发展。目前，国际上土壤分类系统主要包括：美国土壤系统分类（Soil Taxonomy，ST）、联合国世界土壤图图例单元（FAO/UNESCO）、世界土壤资源参比基础（World Reference Base for Soil Resource,WRB）等（张甘霖等，2008）。

美国从 20 世纪 50 年代开始，先后集中了世界各国上千位有经验的土壤学家的智慧，经过十年时间，于 1961 年提出了以诊断层和诊断特性为基础、以定量为特点的土壤系统分类，1975 年正式出版《土壤系统分类》（*Soil Taxonomy*）一书，这是土壤分类史上的一次革命。1999 年《土壤系统分类》（第二版）出版（Soil Survey Staff，1999），已有 90 多个国家或地区将该分类体系作为实际应用的标准。

联合国粮食及农业组织（Food and Agriculture Organization of the United Nations，FAO）和联合国教育、科学及文化组织（United Nations Educational，Scientific and Cultural Organization，UNESCO）为编制1∶500万世界土壤图，从20世纪60年代开始启动相关工作，于1974年出版了世界土壤图的图例系统。经过15年的广泛实践、多次修改，于1988年正式出版了修订本。这些图例单元系统与分类系统具有一定的相似性，因此受到广大学者的借鉴与参考，在一定程度上实现了土壤分类的功能。国际土壤学家在国际土壤科学联合会成立了相应的工作组，以FAO世界土壤图图例单元为基础，探讨研发国际参照的标准（WRB）。目前WRB已逐渐演变成一个分类系统，并被各国土壤学家和非土壤学家越来越多地使用（FAO/ISRIC/ISSS，1998），最新版于2014年印刷（IUSS Working Group WRB，2015）。最新版的《世界土壤资源参比基础》延续了土壤属性的定量化诊断来划分土壤类型，并对参考土壤组（Reference Soil Group，RSG）中部分土壤单元检索顺序和内涵进行了调整与修订。随着土壤属性认识的不断加深和土壤数据的不断完善，该修订也对某些诊断层和诊断特性进行了删减、调整，使其在检索过程中逻辑更通顺、土壤单元划分更合理。

我国近代土壤分类研究开始于20世纪30年代。此后，我国土壤分类经历了马伯特分类、土壤发生分类和土壤系统分类三个阶段。土壤发生分类在我国土壤科学发展和生产实际应用方面发挥了重要作用。学者们出版了全国性的《中国土壤》和《中国农业土壤概论》，还有涉及东北、西北、西南、华北、华南、华中、华东甚至南海诸岛等的一系列区域性专著，对一些土类如水稻土、红壤、黑土、白浆土和盐渍土等进行了较深入的研究。在土壤制图方面，不仅以这一分类为基础编制了大量的中比例尺图，而且还编制了全国1∶400万土壤图和1∶1200万土壤图。中国土壤系统研究始于20世纪80年代初，经过近40年的发展，出版的《中国土壤系统分类》（*Chinese Soil Taxonomy*）经过国际土壤科学联合会的介绍后，已经传播到二十多个国家。其中，土壤基层分类与土壤系统分类高级单元的原则和方法相呼应，取得了阶段性的积极进展（CSTC，2001）。

在全球范围内，被广泛接受和使用的两种分类系统主要是ST和WRB。土壤科学家迫切需要发展一种共同的土壤分类系统，以便在土壤科学内部及在其他学科中与其他科学家交流信息。2010年8月，在澳大利亚布里斯班举行的世界土壤科学大会上，国际土壤科学联合会全球土壤分类工作组（Universal Soil

Classification）正式成立。该工作组的主要任务包括制定土壤观察与调查方法和术语的共同标准，以及发展一个通用的土壤分类系统。研究发现，通用土壤分类在冷性土、水成土、盐成土、人为土和热带地区土壤类型中存在一定的空白。这一不足有望通过基于空间分析与大数据分析相结合的方法，计算土壤属性数值空间中的距离和聚类特征来加以完善（Owens et al.，2014）。

土壤分类方法正在由基于专家经验的人工判别逐步走向数值化自动分类（史舟等，2014；Zeng R et al.，2017）。最早的数值土壤分类研究始于20世纪60年代（Hole and Hironaka，1960），由于分析技术的限制一度发展较为缓慢，目前随着土壤地理学的发展土壤分类重新受到重视。一方面，受益于星地遥感等技术土壤信息的获取得到飞速发展，用于分类的属性逐步从基于实验室测定的物理、化学属性向传感器获得的信息过渡；另一方面，现代地理信息系统技术和计算机技术的发展，为数值土壤分类提供了更稳健、更精确的分类技术。与传统的土壤分类方法相比，数值分类具有一些显著优势。传统的土壤分类只能将目标土壤剖面划分为一个具体的类型，而数值分类能够实现分类的多种选择，即对于目标土壤剖面能够给出可能的类型，更加符合分类的客观性，这也能为不同分类体系间的参比提供一定程度的支持。不同景观区域的土壤往往具有不同的光谱特性，基于相应的预测模型能够量化这种差异。土壤光谱获取相对简单、快速、信息量大，能够反映土壤的多种关键属性，已成为数值分类体系中重要的数据来源（史舟等，2014），并在土壤功能的预测上显示出特有的价值。

五、数字土壤制图

随着精准农业、环境管理与生态过程模拟的快速发展，高精度、高分辨率、实时数字土壤制图需求非常迫切。土壤发生理论是土壤-景观模型的基本理论基础（Jenny，1941）。土壤性质空间变异既有结构性因素，又有随机性因素，结构性因素变异的空间尺度较大，空间变异现象可以采用定量分类、多元统计、模糊分类、分形理论、数量地貌学等方法来描述（Troeh，1964）。数字土壤制图的通用模式是利用环境协同变量预测目标土壤信息（张华等，2004）（图10-3），目前其服务目标主要聚焦于为生态水文模拟、土地管理、环境管理、精准农业等领域提供现势、科学、准确的土壤信息产品，建设国家、区域、流域多等级、多分辨率土壤属性/类型数据库，针对重要的生态区开展土

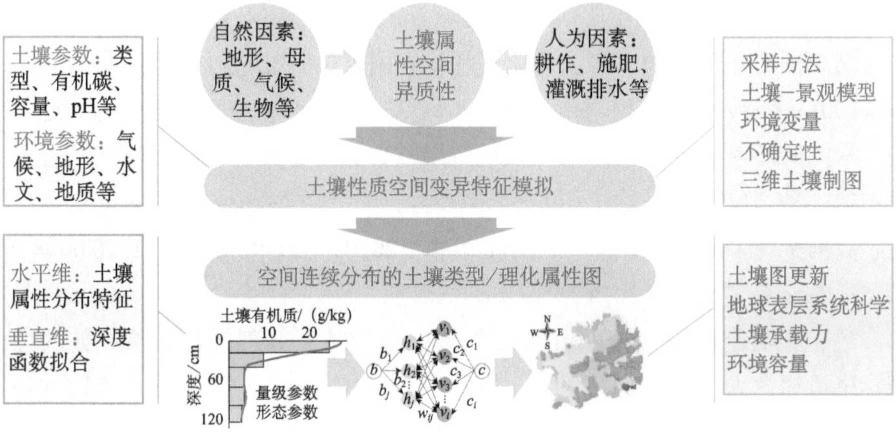

图 10-3 数字土壤制图基本范式

壤图生产工作。样点获取、环境协同变量信息生成和制图方法是数字土壤制图最为重要的三个环节（朱阿兴等，2018）。

采样方法可归为三类：基于概率理论的采样方法、根据样点空间自相关的采样方法、环境因子辅助的采样方法（朱阿兴等，2018）。研究区的地理分区可在一定程度上避免随机采样中样点的空间聚集，因而通常可提高采样效率（Brus and Heuvelink，2007；Yang et al.，2018）。基于概率理论的采样方法在空间相关性较强的地区会生成一定数量的冗余点，在其他地区却有可能生成极少数的样点。根据样点空间自相关的采样方法以模型估算方差最小化为目标，设计最优的样点数量和空间分布格局。该类采样方法能够得到样点数量和分布的最优解，采样效果完全取决于空间自相关模型对目标变量空间变化的模拟效果。环境因子辅助的采样方法是基于土壤与环境因子存在协同关系这一理论，这些环境因子数据可用于辅助采样设计，旨在选择可以代表环境因子参数空间的样点来捕捉土壤的空间变异特征，以提高采样效率（Minasny and McBratney，2006；Brus and Heuvelink，2007；权全等，2010）。环境因子辅助的采样方法大体上可以分为三类：一是基于专家知识的目的性采样方法（Trochim，2006）；二是基于环境因子分层的拉丁超立方采样方法（Minasny and McBratney，2006）；三是基于环境因子相似性的代表性采样方法（杨琳等，2010）。

在数字土壤制图中，很多方法需要利用能体现土壤环境空间变化的地理变量作为辅助变量，这些变量统称为环境协同变量，通常包括影响土壤形成的母质、气候、地形地貌、植被等因子（Zhu and Band，1994；Hengl et al.，2017）。在土壤制图实际工作中，常用地质图和地貌图来代替土壤母质分布图（Scull et al.，2005；Gray et al.，2016），这些地图上的信息通常为矢量化表达的地质类型。常用的环境变量在平原地区往往效果不佳。基于此，部分案例研究提出了使用地表动态反馈来表达土壤的时空变异特征，该技术主要基于多时间尺度的遥感数据实现（刘峰等，2009；Zhu et al.，2010；Liu et al.，2012；Guo et al.，2015；Zeng C Y et al.，2017）。

数字土壤制图方法按照分析性质可以分为基于数理统计方法，如线性模型、决策树、人工神经网络等（朱阿兴等，2018）；基于地统计方法，如普通克里金、协同克里金等；基于模糊逻辑方法，如模糊 C 均值聚类、模糊系统推理；基于专家知识方法。其他分析方法还包括遗传算法、多元自适应回归样条法、集成学习（Song et al.，2020）等。快速获取土壤各类理化参数的技术手段也是土壤制图的重要研究方向，利用土壤本身的光谱特性，可以从空间连续的遥感观测来提取表层裸土土壤水分、属性分布信息。三维土壤制图一直是数字土壤制图研究的重要主题（Bishop et al.，1999；Chaplot et al.，2010）。国内外学者已针对三维土壤制图提出了众多可行的技术方案，如 3D 克里金（Veronesi et al.，2012；Liu et al.，2013）、神经网络（Aitkenhead and Coull，2016）、回归树（Lacoste et al.，2014）等。三维土壤制图研究热点包括预测模型改进（Lacoste et al.，2014）、深度函数拟合（Veronesi et al.，2014）、各向异性表达（Bourennane et al.，2014）、精度检验（Mulder et al.，2016）与不确定性评估（Poggio et al.，2016）等技术。

不同尺度、不同地区各环境要素能反映土壤空间差异，提取土壤与环境关系知识，建立反映土壤空间差异的土壤与环境关系知识库是现代数字土壤制图技术的核心（朱阿兴等，2018）。尺度依赖与算法适宜性特征在一定程度上会导致土壤属性的预测结果偏离土壤的实际空间分布状况，存在一定的不确定性（孙孝林等，2008；马建超等，2011）。研究结果显示，不同地形条件、不同尺度 DEM 对于土壤 - 景观模型具有不同程度的解释（Kim and Zheng，2011），如 Wu 等（2008）发现精细分辨率的 DEM 未必得到最优的土壤 - 景观模型。

数字土壤制图未来的发展方向如下：一是向更加精准发展，逐步建立广泛覆盖的高精度土壤数据；二是结合土壤过程和转换函数，获取与土壤功能相关的非直接测定土壤信息。以上二者的共同方向是服务多过程解译和多目标评价，为深刻理解土壤的时空变化规律、实现土壤资源的精准管理提供支撑。

六、土壤退化

FAO 于 20 世纪 70 年代首次提出土壤退化的概念，并将其分为土壤侵蚀、盐碱累积、有机废料、传染性生物、工业无机废料、农药、放射性废料、重金属、肥料和洗涤剂等引起的 10 大类。1980 年，Alen 又补充了旱涝障碍、土壤养分亏缺和耕地的非农业利用 3 类（Oldeman et al.，1990）。我国土壤学家结合实际，进一步提出了较为系统的土壤退化分类方法，包括以土壤非农覆盖、土壤剥离、土壤的利用转移为代表的土壤面积萎缩和以土壤物质损失、土壤过程干扰、土壤环境污染为代表的土壤性质恶化。涵盖土壤侵蚀、土壤沙化与荒漠化、土壤贫瘠化、土壤板结化、土壤酸化、盐碱化与潜育化等多个方面（张桃林和王兴祥，2000）。目前，相关研究主要围绕土壤退化的发生机理与时空演变、评价指标与评价方法、驱动因素等方面展开，旨在评估土壤资源利用是否合理。该类研究与我国生态文明建设联系较为紧密，如保护性耕作、土壤酸化、荒漠化、石漠化综合治理、农业固体废弃物利用、土壤污染防控等。

为深入剖析土壤退化的发生机理及演变过程，前人从土壤的物理、化学和生物学过程及其相互作用入手，在不同尺度上，深入研究了土壤退化的过程与机理（Lal et al.，1997）。在此基础上，从历史的角度出发，结合定位动态监测，研究了各类土壤退化的演变过程及发展趋向和速率。自 20 世纪 80 年代参与热带亚热带土壤退化图编制相关研究以来，我国学者系统性地开展了南方红壤肥力退化、污染和酸化、黄土高原土壤侵蚀和水土流失过程、西北干旱土壤沙漠化和盐渍化等研究（赵其国等，2002；程国栋等，2000）。研究手段从传统的典型样点采样分析、连续定位观测、典型区动态监测到遥感反演、数字制图、空间分析等，全方位多角度地展现了我国典型生态脆弱区的土壤退化发展趋向和变动速率。

构建合理的评价指标和科学的评价方法是评估区域土壤退化现状的基础。国内外学者对土地退化指标的研究从单一的定性指标逐渐过渡到综合的定量指标。联合国早在 1984 年就制定过具有详细量化指标的土壤退化危险度评价条例，但经过全球各地区实践证明可操作性较低。我国针对不同区域、不同类型的土壤退化现象，提出过诸多评价指标。例如，史德明等（2000）提出的退化红壤评价指标、朱震达（1998）提出的荒漠化评价指标等，但尚未形成一套全面的土壤退化评价指标体系。随着近年来高空间分辨率、高光谱分辨率遥感数据的广泛应用，土壤退化评价发展较为迅速。EM38、雷达遥感、MODIS、微波成像辐射计、高光谱、地统计插值与计算机制图等新技术手段，在退化土壤的监测、预警、模拟、可视化及评估中逐渐得到广泛应用。

探求土壤退化的驱动因素是深刻理解土壤退化成因、实施退化土壤修复的前提。20 世纪 80 年代以来，世界各国的科学家从不同时空尺度分析了气候变化等自然因素和人类活动对环境变化和各类土壤退化过程的影响，自然因素主要是气候因素，它在土壤退化中既有直接作用，又有间接作用；既可以单独起作用，也可以和人文因素相结合共同起作用（Lal，2001）。人类活动对土壤资源的破坏，如乱垦土地、滥伐滥采林草地、过度放牧、过量施用化肥等不合理的土地利用方式，是导致土壤退化的最直接原因。先后开展的研究包括人口迁移和数量变化对土地生态系统退化的影响、土地开垦及其耕作制度与土壤退化的关系、不同放牧强度与草地退化的关系、水土流失过程与崩岗发育对红壤退化的驱动机制、酸沉降和铵态氮肥施用对红壤酸化加速的驱动机制、林木资源的合理经营和利用与荒漠化的关系、地下水资源的不合理利用与植被退化和生物多样性变化的关系等（张桃林和王兴祥，2000；赵其国等，2002；Zhao et al.，2005；Vattuone et al.，2018），从多方面、多角度分析了土壤退化的发生机理和驱动因子。

第三节　关键科学问题

全球环境变化和强烈人类活动条件下的土壤地理学研究面临新的契机和挑战。现代环境条件下，人类活动（如森林砍伐、农田耕作和管理、城市建设等）及其导致的环境变化（如酸雨、大气 CO_2 含量升高、水土流失等）对土壤的影响强度远远超过自然因素，可以改变土壤发生的方向和轨迹，使得成土过程更加复杂，土壤空间分布特征发生改变。土壤概念定义已不再局限于“陆地表面能生长绿色植物的疏松表层”，而是发展为“土壤圈”。同时，土壤地理的研究对象也发展至地球关键带视角下地球的整个疏松表层，研究方法全面向定量化发展。基于对土壤地理学研究现状的分析，目前仍存在一些关键科学问题亟待解决。

（1）地球表层系统中土壤与环境要素之间的多过程耦合。地球关键带是研究土壤发生和演化研究的重要区域，能够系统地进行地球化学和物质循环研究，可以同时考虑和区分地质大循环和生物小循环对土壤形成和演变的作用。水文过程、生物地球化学过程和生态过程涉及诸多交叉学科，亟须从多尺度、多界面、多要素角度出发综合研究多过程耦合驱动、机理和模型，以理解地表过程各要素的响应与交互机理。在大量原位测定实验的基础上，地球关键带科学观测与模拟需要从田间尺度与流域尺度上构建多过程耦合的数学模型，如生态过程与水文过程耦合建模研究、包气带与饱和带水文过程耦合等（杨建锋和张翠光，2014；张甘霖等，2018）。

（2）土壤风化与形成的关键过程与速率。近 30 年来，同位素示踪技术的发展及应用为更好地理解成土过程中元素生物地球化学循环提供了新的技术手段。如何将同位素技术与流域元素输入输出平衡法有机结合，是准确度量流域尺度上元素源汇特征的突破方向之一。不同地区成土因素差异较大，土地利用方式各异，土壤矿物与微生物之间的相互作用机制尚不明确，这些因素如何影响土壤的风化成土速率还有待于进一步研究。

（3）多尺度土壤 - 景观关系与模拟。土壤地理学旨在理解与回答诸如“土壤是什么”，“为什么是这样”，以及“如何演变成这样”等问题（张甘霖等，2008），这些研究离不开土壤 - 景观模型的支持。随着多源、多平台传感器的发展及土壤地理信息的不断进步，数字土壤制图以土壤发生学为理论基础，模拟大范围区域乃至洲际、全球尺度上的土壤相关属性在生物、气候、地形、母质等综合作用下的时空分布特征和模拟推演过程。近年来，数字土壤制图已成为土壤科学和土壤制图领域的研究前沿，但尚处于方法发展阶段，还未达到实际推广应用的程度。针对不同生态和环境类型的区域制图，仍然需要在典型样区研究的基础上，构建符合区域特点的土壤 - 景观模型，通过空间推理获取区域的土壤类型或属性分布图。土壤形成是一个高度非线性过程，空间变异显著。如何基于有限的土壤 - 景观模型获取更普适的土壤地理学知识，与相关学科领域不断涌现出新的知识发现模型或改进模型进行结合，是深入解剖土壤时空变异、土壤与成土要素耦合关系的重要科学问题。

第四节　优先研究领域

我国自然条件多样、气候带跨越寒温带至热带，既有湿润区又有干旱区，既有平原又有山地。复杂的成土环境造就了中国自然土壤与人为土壤资源，这在世界上是非常罕见的。在现代环境条件下，人类活动对现代土壤的发生和演变起着主导作用。随着学科之间交叉、新的研究方法和手段的运用及认识水平的提高，我国土壤地理学研究能为服务国家可持续发展和揭示地表系统演变规律提供支撑。近期，土壤地理学优先研究领域具体如下。

（1）以地球关键带研究带动土壤形成和演变研究的革新。现代土壤发生研究逐渐从自然因素拓展到人文因素，从静态发展到动态研究，从实验室到田间，从现象到机理探索，从定性到定量，从观测到模型模拟，从以土壤为主体走向以土壤为中心的地球表层系统，再到水－土－气－生－岩交互作用的地球关键带研究。土壤是地球关键带最核心的部分，水是地球关键带各组成部分的纽带，是物质迁移和能量转换的主要驱动力。地球关键带研究被认为是 21 世纪基础科学研究的重点领域。因此，针对我国不同地区存在的生态环境问题，需要建立典型景观区的地球关键带长期观测站，利用稳定同位素和同步辐射等先进技术，多尺度、跨学科地系统研究自然和人为作用下土壤发育、地下水分布与质量、化学元素循环等过程机理，进而建立生物地球化学和水文过程耦合模型，模拟多尺度水文过程、物质迁移转化过程和土壤质量演变过程，预测未来地球关键带演变趋势。

（2）以基层土壤分类体系为核心的土壤分类研究与应用。作为系统分类的基层单元，土族和土系是所属高级分类单元的续分，包含了定义高级单元从土纲到亚类及自身的一系列土壤性质。2008～2012 年开展的土系调查工作，对我国所有省（自治区、直辖市）（不含港澳台）的土系进行调查（张甘霖等，2013），是我国土壤资源清单建立的基础。然而，由于我国土壤资源十分丰富，基础性调查仅能完成部分土系构建，中国土壤系统分类土族土系标准尚需进一步完善。用土族土系标准对土壤信息进行系统分类并建立数据库，有望提升我国土壤资源的科学管理水平。在土系清单的基础上，发展以土壤光谱为主要数据源的数值土壤分类研究，开展以土壤（土地）资源评价为主要服务对象的应用解译也是土壤地理学的重要任务。

（3）多尺度数字土壤制图与时空变化预测。由于自然条件和社会经济发展水平的差异，土壤信息可获取水平和现状相差较大，高分辨率土壤数据存在较大区域的空白，土壤质量时空变化程度难以准确估计。土壤数据多使用以类别多边形为基础的制图表达，无法满足具体生产应用、流域水文模拟、全球气候模型等需求。因此，未来需要针对不同生态系统类型区，利用现代土壤调查技术，构建代表性区域土壤－景观定量模型，预测生成不同深度的三维土壤属性空间分布数据产品，为生态水文过程模拟和尺度效应研究等提供关键土壤数据。

（4）基于多传感器的土壤综合观测原理与技术。卫星与航空遥感、近地传感在内的星地遥感技术的蓬勃发展为土壤调查带来了新契机。土壤星地遥感技术在不同地理尺度（田块、农场、区域）获得了海量、不同分辨率的空间数据，这些数据有望较好地满足不同需求的应用。然而，传感器平台机制的差异导致了数据融合与反演困难重重。在此背景下，需要结合土壤地理学的具体需求研发更高效的土壤信息快速获取与多源数据融合、协同反演技术体系，尤其是基于超高分辨率的无人机遥感实现近地面非接触土壤和作物信息的快速获取，建立遥感信息与土壤理化属性地面观测数据的耦合关系，挖掘土壤关键参数的遥感光谱响应机理。

（5）多时空属性土壤数据库的构建、共享与应用。土壤的特性在空间尺度上呈现不同程度的变异性，这种空间变异信息的获取、分析、模拟、制图等处理离不开土壤数据库的支持，尤其是多时空属性、包含更多基层分类信息的土壤剖面样点。作为一个土壤类型众多、土壤资源丰富的国家，我国现在尚未构建覆盖全国、以基层单元类型为核心的土壤类型数据库。因此，目前需要发展土壤数据库建立和解译服务技术，建立我国网络化、网格化、多时空属性的土壤数据库，为土壤信息广泛应用于土壤资源的评价、开发、利用和管理等工作提供支持，也能直接服务于相关部门领域在精准农业和生态过程模拟等方面的需求。

（6）土壤退化机理及其功能恢复。土壤是粮食生产和陆地生态系统不可替代的资源，土壤物理、化学和生物学性质相互作用共同决定了土壤过程和功能。土壤退化机理及其功能恢复的研究重点包括：①研究土壤退化的主要类型与驱动因素，建立以土壤过程为核心的功能模型，开展多尺度土壤退化模拟预测与预警研究；②理解土壤性质和过程变化的尺度效应，识别土壤过程对生源要素与水循环、温室气体排放、生物系统演替等生态过程的影响，揭示土壤质量变化与土壤功能退化或恢复的关系；③研究土壤资源服务功能的形成机制及其与人类活动的关系，开发适用于不同土壤退化类型区、以生态功能提升为目标的土壤质量恢复重建的关键技术及途径。

本章参考文献

程国栋，张志强，李锐. 2000. 西部地区生态环境建设的若干问题与政策建议. 地理科学，20(6): 503-510.

刘峰，朱阿兴，李宝林，等. 2009. 利用陆面反馈动态模式来识别土壤类型的空间差异. 土壤通报，40(3): 501-508.

马建超，林广发，陈友飞，等. 2011. DEM 栅格单元异质性对地形湿度指数提取的影响分析. 地球信息科学学报，13(2): 157-163.

权全，解建仓，沈冰，等. 2010. 基于实测数据及遥感图片的土壤采样方法. 农业工程学报，26(12): 237-241.

史德明，韦启潘，梁音，等. 2000. 中国南方侵蚀土壤退化指标体系研究. 水土保持学报，14(3): 1-9.

史舟，郭燕，金希，等. 2011. 土壤近地传感器研究进展. 土壤学报，48(6): 1274-1281.

史舟，王乾龙，彭杰，等. 2014. 中国主要土壤高光谱反射特性分类与有机质光谱预测模型. 中国科学：地球科学，44(5): 978-988.

史舟，徐冬云，滕洪芬，等. 2018. 土壤星地传感技术现状与发展趋势. 地理科学进展，37(1): 79-92.

孙孝林，赵玉国，秦承志，等. 2008. DEM 栅格分辨率对多元线性土壤－景观模型及其制图应用的影响. 土壤学报，45(5): 971-977.

杨建锋，张翠光. 2014. 地球关键带：地质环境研究的新框架. 水文地质工程地质，41(3): 98-104, 110.

杨金玲，张甘霖，黄来明. 2013. 典型亚热带花岗岩地区森林流域岩石风化和土壤形成速率研究. 土壤学报，50(2): 253-259.

杨琳，朱阿兴，秦承志，等. 2010. 基于典型点的目的性采样设计方法及其在土壤制图中的应用. 地理科学进展，29(3): 279-286.

张甘霖，史学正，龚子同 . 2008. 中国土壤地理学发展的回顾与展望 . 土壤学报，45(5): 792-801.

张甘霖，王秋兵，张凤荣，等 . 2013. 中国土壤系统分类土族和土系划分标准 . 土壤学报，50(4): 826-834.

张甘霖，朱阿兴，史舟，等 . 2018. 土壤地理学的进展与展望 . 地理科学进展，37(1): 57-65.

张华，张甘霖，龚子同 . 2004. 土壤－景观定量模型研究进展 . 土壤通报，35(3): 339-346.

张桃林，王兴祥 . 2000. 土壤退化研究的进展与趋向 . 自然资源学报，15(3): 280-284.

赵其国，等 . 2002. 中国东部红壤地区土壤退化的时空变化、机理及调控 . 北京：科学出版社 .

朱阿兴，杨琳，樊乃卿，等 . 2018. 数字土壤制图研究综述与展望 . 地理科学进展，37(1): 66-78.

朱震达 . 1998. 中国土地荒漠化的概念、成因与防治 . 第四纪研究，18(2): 145-155.

Aitkenhead M J, Coull M C. 2016. Mapping soil carbon stocks across Scotland using a neural network model. Geoderma, 262: 187-198.

Bishop T F A, McBratney A B, Laslett G M. 1999. Modelling soil attribute depth functions with equal-area quadratic smoothing splines. Geoderma, 91: 27-45.

Bourennane H, Salvador-Blanes S, Couturier A, et al. 2014. Geostatistical approach for identifying scale-specific correlations between soil thickness and topographic attributes. Geomorphology, 220: 58-67.

Brown D J, Shepherd K D, Walsh M G, et al. 2006. Global soil characterization with VNIR diffuse reflectance spectroscopy. Geoderma, 132(3-4): 273-290.

Brus D J, Heuvelink G B M. 2007. Optimization of sample patterns for universal kriging of environmental variables. Geoderma, 138: 86-95.

Chaplot V, Lorentz S, Podwojewski P, et al. 2010. Digital mapping of A-horizon thickness using the correlation between various soil properties and soil apparent electrical resistivity. Geoderma, 157: 154-164.

Chen L M, Zhang G L, William R E. 2011. Soil characteristic response times and pedogenic thresholds during the 1000-Year evolution of a paddy soil chronosequence. Soil Science Society of America Journal, 75: 1807-1820.

CSTC (Chinese Soil Taxonomic Classification Research Group). 2001. Chinese Soil Taxonomy. Beijing. New York: Science Press.

Dejong E, Ballantyne A K, Cameron D R, et al. 1979. Measurement of Apparent electrical-conductivity of soils by an electromagnetic induction probe to aid salinity surveys. Soil Science

Society of America Journal, 43(4): 810-812.

Dudal R. 2003. How good in our soil classification? //Eswaran, et al. Soil Classification: A Global Desk Reference. Boca Raton: CRC Press: 11-118.

FAO. 2006. Guidelines for Soil Profile Descriptions. Fourth edition. Rome: FAO.

FAO/ISRIC/ISSS. 1998. World Reference Base for Soil Resources. World Soil Resources Report 84. Rome: FAO.

Gray J M, Bishop T F A, Wilford J R. 2016. Lithology and soil relationships for soil modelling and mapping. Catena, 147: 429-440.

Guerrero C, Zornoza R, Gomez I, et al. 2010. Spiking of NIR regional models using samples from target sites: effect of model size on prediction accuracy. Geoderma, 158(1-2): 66-77.

Guo S X, Meng L, Zhu A X, et al. 2015. Data-gap filling to understand the dynamic feedback pattern of soil. Remote Sensing, 7(9): 1801-1182.

Han G Z, Zhang G L, Li D C, et al. 2015. Pedogenetic evolution of clay minerals and agricultural implications in three paddy soil chronosequences of south China derived from different parent materials. Journal of Soils and Sediments, 15(2): 423-435.

Han G Z, Zhang G L. 2013. Changes in magnetic properties and their pedogenetic implications for paddy soil chronosequences from different parent materials in south China. European Journal of Soil Science, 64(4): 435-444.

Hartemink A E, McBratney A. 2008. A soil science renaissance. Geoderma, 148(2): 123-129.

Hartemink A E, Minasny B. 2014. Towards digital soil morphometrics. Geoderma, 230-231: 305-317.

He Y, Li D C, Velde B, et al. 2008. Clay minerals in a soil chronosequence derived from basalt on Hainan Island, China. Geoderma, 148: 206-212.

Hengl T, de Jesus J M, Heuvelink G B M, et al. 2017. SoilGrids250m: global gridded soil information based on machine learning. PLOS ONE, 12(2): e0169748.

Hole F D, Hironaka M. 1960. An experiment in ordination of some soil profiles. Soil Science Society of America Journal, 24(4): 309-312.

Huang L M, Zhang G L, Yang J L. 2013. Weathering and soil formation rates based on geochemical mass balances in a small forested watershed under acid precipitation in subtropical China. Catena, 105: 11-20.

IUSS Working Group WRB. 2015. World Reference Base for Soil Resources 2014, update 2015 International soil classification system for naming soils and creating legends for soil maps. World

Soil Resources Reports No. 106. Rome: FAO.

Jenny H. 1941. Factors of Soil Formation, A System of Quantitative Pedology. New York: McGraw-Hill.

Ji W, Rossel R A V, Shi Z. 2015. Accounting for the effects of water and the environment on proximally sensed vis-NIR soil spectra and their calibrations. European Journal of Soil Science, 66(3): 555-565.

Jones E J, McBratney A B. 2016. What is digital soil morphometrics and where might it be going? //Hartemink A E, Minasny B. Digital Soil Morphometrics. Berlin: Springer: 1-15.

Kim D, Zheng Y. 2011. Scale-dependent predictability of DEM-based landform attributes for soil spatial variability in a coastal dune system. Geoderma, 164(3-4): 181-194.

Lacoste M, Minasny B, McBratney A, et al. 2014. High resolution 3D mapping of soil organic carbon in a heterogeneous agricultural landscape. Geoderma, 213: 296-311.

Lal R. 2001. Soil degradation by erosion. Land Degradation & Development, 12(6):519-539.

Lal R, Blum W E, Valentin C, et al. 1997. Methods for Assessment of Soil Degradation. Boca Raton：CRC Press.

Li J W, Zhang G L, Gong Z T. 2013. Nd isotope evidence for dust accretion to a soil chronosequence in Hainan Island. Catena, 101: 24-30.

Lichter J. 1998. Rates of weathering and chemical depletion in soils across a chronosequence of Lake Michigan Sand Dunes. Geoderma, 85: 255-282.

Liu F, Geng X, Zhu A X, et al. 2012. Soil texture mapping over low relief areas using land surface feedback dynamic patterns extracted from MODIS. Geoderma, 171: 44-52.

Liu F, Zhang G L, Sun Y J, et al. 2013.Mapping three-dimensional distribution of soil organic matter over a subtropical hilly landscape. SSSAJ, 77(4):1241-1253.

MacDonald H C, Waite W P. 1971. Soil moisture detection with imaging radars. Water Resources Research, 7(1): 100-110.

McBratney A B, Mendonca S, Minasny B. 2003. On digital soil mapping. Geoderma, 117(1-2): 3-52.

Minasny B, McBratney A B, Bellon-Maurel V, et al. 2011. Removing the effect of soil moisture from NIR diffuse reflectance spectra for the prediction of soil organic carbon. Geoderma, 167-168: 118-124.

Minasny B, McBratney A B. 2006. Latin hypercube sampling as a tool for digital soil mapping. Developments in Soil Science, 31: 153-165, 606.

Mulder V L, Lacoste M, Richer-de-Forges A C, et al. 2016. National versus global modelling the

3D distribution of soil organic carbon in mainland France. Geoderma, 263: 16-34.

Oldeman L R, Hakkeling R T A, Sombroek W G. 1990. World map of the status of human-induced soil degradation: an explanatory note. ISRIC, Wageningen /UNEP, Nairobi.

Owens P R, Hempel J, Micheli E, et al. 2014. Advancing Towards a Universal Soil Classification System. Geophysical Research Abstracts 16: EGU2014-16432.

Poggio L, Gimona A, Spezia L, et al. 2016. Bayesian spatial modelling of soil properties and their uncertainty: the example of soil organic matter in Scotland using R-INLA. Geoderma, 277: 69-82.

Ristori G, Bruno V. 1969. Metallic microelements of soil determined by X-ray fluorescence. Agrochimica, 13(4-5): 367.

Schoeneberger P J, Wysocki D A, Benham E C, et al. 2012. Field book for describing and sampling soils. version 3.0. Lincoln, NE: Natural Soil Survey Center.

Scull P, Franklin J, Chadwick O A. 2005. The application of classification tree analysis to soil type prediction in a desert landscape. Ecological Modelling, 181: 1-15.

Soil Survey Division Staff. 1993. Soil survey manual. Washington, DC: United States Department of Agriculture.

Soil Survey Staff. 1937. Soil Survey Manual. Washington, DC: United States Department of Agriculture.

Soil Survey Staff. 1999. Soil Taxonomy: A Basic System for Soil Classification for Making and Interpreting Soil Surveys. 2nd edition. U.S. Dept. Agric. Handbook 436. Washington, DC: U.S. Government Printing Office.

Song X D, Wu H Y, Ju B, et al. 2020. Pedoclimatic zone-based three-dimensional soil organic carbon mapping in China. Geoderma, 363: 114145.

Sullivan P L, Wymore A S, McDowell W H, et al. 2017. New Opportunities for Critical Zone Science. 2017 CZO Arlington Meeting White Booklet.

Swobada-Colberg N G, Drever J I. 1993. Mineral dissolution rates in plot-scale field and laboratory experiments. Chemical Geology, 105(1-3): 51-69.

Trochim W M K. 2006. Qualitative measures. Research Measures Knowledge Base, 361(1): 2-16.

Troeh F R. 1964. Landform parameters correlated to soil drainage. Soil Science Society of America Proceeding, 28: 808-812.

Vattuone M S, Monne J L P, Roldán J, et al. 2018. Human-driven geomorphological processes and soil degradation in Northwest Argentina: a geoarchaeological view. Land Degradation &

Development, 29(11): 3852-3865.

Veronesi F, Corstanje R, Mayr T. 2012. Mapping soil compaction in 3D with depth functions. Soil & Tillage Research, 124: 111-118.

Veronesi F, Corstanje R, Mayr T. 2014. Landscape scale estimation of soil carbon stock using 3D modelling. Science of the Total Environment, 487: 578-586.

Viscarra Rossel R A, Behrens T, Ben-Dor E. 2016. A global spectral library to characterize the world's soil. Earth Science Reviews, 155: 198-230.

Viscarra Rossel R A, Behrens T. 2010. Using data mining to model and interpret soil diffuse reflectance spectra. Geoderma, 158(1-2): 46-54.

Viscarra Rossel R A, Cattle S R, Ortega A, et al. 2009. In situ measurements of soil colour, mineral composition and clay content by vis-NIR spectroscopy. Geoderma, 150(3-4): 253-266.

Wang Q B, Hartemink A E, Jiang Z D, et al. 2017. Digital soil morphometrics of krotovinas in a deep Alfisol derived from loess in Shenyang, China. Geoderma, 301: 11-18.

Wu W, Fan Y, Wang Z, et al. 2008. Assessing effects of digital elevation model resolutions on soil-landscape correlations in a hilly area. Agriculture, Ecosystems & Environment, 126(3-4): 209-216.

Wu Y, Chen J, Wu X, et al. 2005. Possibilities of reflectance spectroscopy for the assessment of contaminant elements in suburban soils. Applied Geochemistry, 20(6): 1051-1059.

Yang J L, Zhang G L, Huang L M, et al. 2013. Estimating soil acidification rate at watershed scale based on the stoichiometric relations between silicon and base cations. Chemical Geology, 337-338: 30-37.

Yang L, Brus D J, Zhu A X, et al. 2018. Accounting for access costs in validation of soil maps: a comparison of design-based sampling strategies. Geoderma, 315: 160-169.

Zeng C Y, Zhu A X, Liu F, et al. 2017. The impact of rainfall magnitude on the performance of digital soil mapping over low-relief areas using a land surface dynamic feedback method. Ecological Indicators, 72: 297-309.

Zeng R, Rossiter D G, Yang F, et al. 2017. How accurately can soil classes be allocated based on spectrally predicted physio-chemical properties?. Geoderma, 303: 78-84.

Zhang Y, Hartemink A E. 2017.Sampling designs for soil organic carbon stock assessment of soil profiles. Geoderma, 307: 220-230.

Zhao W Z, Xiao H L, Liu Z M, et al. 2005. Soil degradation and restoration as affected by land use change in the semiarid Bashang area, northern China. Catena, 59(2): 173-186.

Zhu A X, Band L E. 1994. A knowledge-based approach to data integration for soil mapping. Canadian Journal of Remote Sensing, 20(4): 408-418.

Zhu A X, Liu F, Li B L, et al. 2010. Differentiation of soil conditions over low relief areas using feedback dynamic patterns extracted from MODIS. Soil Science Society of America Journal, 74(3): 861-869.

第十一章 综合自然地理学发展态势与发展方向

第一节 综合自然地理学研究任务

综合自然地理学的研究对象是地球表层，特别关注地球表层的综合特征及其规律，是自然地理学在部门化发展的基础上和系统整体观引导下形成的综合性自然地理学科。该学科在我国于20世纪50～60年代开始萌芽，80年代以后在高等教育和学术研究中蓬勃发展。

地球表层是多圈层相互作用最为活跃的场所。从岩石圈表层、土壤层、植被层到大气层彼此衔接，岩石圈、土壤圈、水圈、大气圈、生物圈、人类圈相互作用下的多圈层互动，在不同尺度上表现出一定的地域分异规律和时空变异特征。同时，地球表层系统也会受到地球深部运动变化过程的影响（内营力）以及来自地月系统和太阳系等宇宙天体运行过程对地球表层的影响（外营力）（图11-1）。所以，综合自然地理学的研究对象是一个非常复杂的多维、多圈层动态镶嵌巨系统。学者对这一复杂巨系统从不同尺度和不同维度进行了研究，

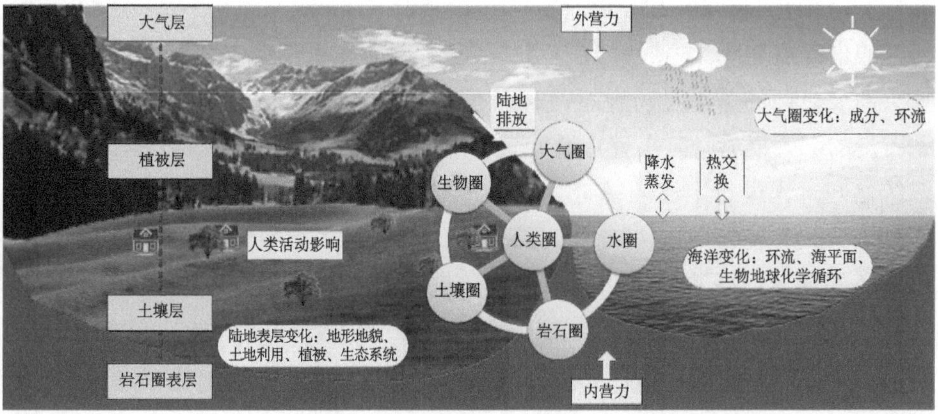

图11-1 地球表层系统结构

包括自然地理环境的整体性、时间节律和变异性、地域分异、区划、土地类型与土地评价、景观与土地变化、人地耦合系统等。随着全球变化、经济社会发展和文化转型，综合自然地理学也在不断丰富、发展和完善。

综合自然地理学的研究任务可以概括为揭示地球表层复杂系统的变化规律，服务于不同尺度可持续发展和生态文明建设的社会需求。具体包括：①不同尺度上自然地理要素的动态作用、变异规律和环境效应；②地球表层的格局、过程、相互作用和变化规律；③地球表层不同尺度自然综合体的保护、恢复、利用与管理；④地球表层人地耦合系统动态规律、生态文明建设与可持续发展。

第二节 研究现状与发展趋势

一、关键理论问题研究

1. 地球表层系统、地球关键带与地球系统科学

地球表层系统是地理学的研究对象，也是地理学研究的核心。它是由岩石圈、大气圈、水圈、生物圈和人类圈构成的地表自然-社会综合体，是人类圈与地球圈层相互作用的复合物质系统，与周围地球圈层其他部分存在物质能量交换关系，是一个具有耗散结构的开放有序复杂巨系统（张猛刚和雷祥义，2005）。近年来，地球表层系统也被称为社会－经济－自然复合生态系统（王如松和欧阳志云，2012）或社会－生态系统（Ostrom，2009）。地球表层系统研究的聚焦点是地球表层，核心问题是各种地质作用及地质过程与人类生存及社会发展之间的关系（杨巍然，2006）。钱学森提出从复合圈层入手，从定性到定量的综合集成研究是进行地球表层系统研究的最佳途径，在巨系统与其子系统之间，先进行定性的综合集成，形成复合圈层，再分别进行定性、定量研究（李波和袁天凤，1998）。近年来，地球表层系统研究主要集中在地球表层系统的演化、观测、模型模拟及系统耦合等方面（徐义刚等，2017；Kurtz et al.，2015；Larsen et al.，2016；Phillips，2016；Schalge et al.，2016）。土地利用与土地覆被作为地球表层系统最突出的景观要素，一直是地球表层系统研究的热点（Mani and Dinesh，2015；Lai et al.，2016；Xystrakis et al.，2017）。

近年来，对土壤安全与全球气候、环境、食物、生态和能源的关系研究也逐渐引起了学术界的关注（Koch et al.，2012；Robinson et al.，2012；Zhu and Meharg，2015）。

2001 年，美国国家研究委员会（National Research Council）首次正式提出地球关键带的概念，即异质的近地表环境，岩石、土壤、水、空气和生物在其中发生着复杂的相互作用，在调控自然生境的同时，决定着维持经济社会发展所需的资源供应（National Research Council，2001）。在横向上，地球关键带包括植被覆盖区、河流、湖泊、海岸带与浅海环境等。在纵向上，地球关键带自上边界植物冠层向下穿越了地被层、土壤层、非饱和的包气带、饱和的含水层，下边界通常为地下水含水层的基岩底板。地球关键带在空间展布上具有高度非均质性，在垂向上具有分层性（杨建锋和张翠光，2014）。地球关键带研究的时空尺度从微观到全球、从秒到数千万年前及未来（李小雁和马育军，2016）。地球关键带发生的过程可分为：地质过程、水文地质过程、生物地球化学过程和生态过程等（曹建华，2017）。目前，人们观测地球关键带有两大途径：一是利用传感器技术和测量技术进行“点”上监测（微观尺度）；二是利用遥感技术进行大范围面上监测（宏观尺度），中观尺度的观测技术还很不成熟，亟待发展。近年来，地球关键带研究沿时间（time）、深度（depth）和耦合（coupling）三个纵深方向，在多尺度多要素多过程相互作用、关键带模型与数据库、关键带全球网络观测系统方面取得了新进展（Guo and Lin，2016）。未来，地球关键带研究主要发展方向和任务包括（Anderson et al.，2010；Guo and Lin，2016）：开发统一的地球关键带演化理论框架；开发耦合的系统模型来探究地球关键带服务；开发集成的数据和测量框架并进行验证；建立多学科集成的地球关键带观测台站网络。

地球系统是指由大气圈、水圈、岩石圈、生物圈和人类圈组成的有机整体。地球系统科学主要研究组成地球系统的这些子系统之间的相互作用。地球系统科学的学科范畴跨越了自然科学与社会科学，研究的空间范围从地核到地球外层空间，时间尺度从几秒到几百万年。在研究方法上要融会贯通，进行跨学科研究（黄秉维，1996），可采用以下方法：信息综合分析法、黑箱方法、系统整体优化法、描述方法和推断方法、定性分析和定量分析法、多维信息环境法（孙九林，2006）。全球变化（IPCC，2013）已成为地球系统科学当前最热门的议题，变化的星球（Changing Planet）系列报告（Neeck，2015）指出全球变化研究的重要作用，目前地球系统科学关注重点还集中在地球表层动力学研究参数等方面（周秀骥，2004；李德威，2005；马宗晋等，2006）。国际科学理事会和国际社会科学理事会的联合评估指出（Reid et al.，2010），全球未来面临着五大挑战，分别涉及模拟、监测、减缓、适应和技术等方面，这些也是地球系统科学的关键问题。地球系统科学从全球变化开始，然后向早期的地质年代溯源，当前面临的新任务是将地球表层与地球内部过程连接起来研究（汪品先，2014）。因地表系统与人类社会的密切联系，未来地表系统科学将成为地球系统科学的研究重点（马宗晋等，2006）。近年推出的“未来地球”研究计划（Reid et al.，2010）代表了地球系统科学未来研究和发展的方向。

2. 土地、景观与区划

土地系统是人类社会与自然环境长期相互作用的结果，研究不同社会与自然过程中土地系统的驱动力、状态、发展趋势与影响，能够深化对土地利用与覆被变化影响下社会－生态系统功能的认识（Verburg et al.，2015）。为了寻找解决全球性土地问题的方法，国际地圈-生物圈计划与国际全球环境变化人文因素计划联合推出全球土地计划项目（Global Land Project，GLP），以测量、模拟和认识人类－环境耦合系统为研究目的。在 GLP 创立初期，确立了三个研究目标及研究框架：①弄清陆地上人类－环境耦合系统变化的原因、结构和性质，并将它们对耦合系统的影响进行量化；②评估生态系统服务的供应如何受人类－环境耦合系统变化的影响；③认识人类－环境耦合系统与气候变化相互作用动力学特征。在国内外学者的努力下，土地系统研究领域取得了各方面成就：土地系统科学的基础建设及其与社会、经济、地理与自然科学方面的交叉（Rindfuss et al.，2004）；土地利用驱动力与影响的元分析，长时间尺度上土地利用历史变化中的人类世影响研究，土地利用变化模型的建立及其在土地决策中的应用（Verburg et al.，2015），以及土地系统的远程耦合研究等（Liu，2014）。除此之外，同期开展的土地科学领域合作研究项目中，中国、阿根廷、塞内加尔、南非、突尼斯和古巴共同参与的全球干旱地区土地退化评估（Land Degradation Assessment in Drylands，LDAD）和欧盟第七项研究计划支持下的欧洲土地利用变迁展望项目（Visons of Land Use Transitions in Europe，VOLANTE）都已圆满结束。目前，正在进行的全球性合作项目与平台还有《联合国防治沙漠化公约》（United Nations Convention to Combat Desertification，UNCCD）倡导的零净土地退化（Zero Net Land Degradation）或土地退化中性（Land Degradation Neutrality）目标下的相关项目。

景观是由自然、半自然和人工生态系统的部分或全部空间镶嵌构成的地表综合体，现代景观生态学是在地理学和生态学综合交叉下形成的一门正在不断开拓和迅速发展的横断学科，其研究重点主要概括为景观格局、过程、尺度及三者的相互关系（邬建国，2000）。随着景观生态学研究的深入，以科学和实践问题为导向的学科交叉与融合不断加强，促进了景观生态学新的学科生长点和研究领域的形成与发展（巩杰和李秀珍，2015）。其中，多功能景观研究、人类－自然耦合系统研究和远程耦合研究成为热点和前沿方向。自2000年“多功能景观”研究议题正式提出，多功能景观研究经过十余年的发展已成为国际上多学科景观综合研究的重要领域，主要围绕景观多功能概念界定、形成机制、多功能性评价方法进行诸多探索（彭建等，2015），并通过规划与管理实现对景观多功能的利用。在中微观尺度上，城市与城市群作为典型人类－自然耦合系统受到高度关注；在宏观全球尺度上，通过对复杂的人类－自然耦合系统过程的交互反馈作用进行建模分析，探究其脆弱性、阈值与恢复力的特性及动力学机制，从而通过一系列调控与政策手段对人类扰动造成的生态景观破坏进行恢复（刘建国等，2007；Chen and Liu，2014）。在远程耦合系统中，由“流”（能流、物流、信息流）联系一系列相互关联的人类－自然耦合系统，根据不同的“流”可分别表现为发送、接受和外溢系统，而这些系统由代理、原因和影响三个部分组成，其中每一部分又包含多种元素或不同尺度（刘建国等，2016），这种分层的远程耦合系统体现了各层次内与不同层次间的相互作用。在这一概念的基础上，通过耦合模型开展全球变化影响的跨区域、跨尺度研究，可以在不同类型的交互作用中深入探索景观可持续性（赵文武和房学宁，2014；邬建国等，2014）。此外，国内外学者在景观综合模拟研究上，初步开启了多模型综合集成之路（傅伯杰等，2008）；深入景观格局与生态过程耦合的理论基础与模型开发，寻找从机理上理解与解决地理学综合研究的有效途径与方法（傅伯杰等，2008；傅伯杰，2014）。

区域就其概念而言是地球表层整体的分解，而地理区划就是将整体不断分解成不同部分，这些部分必然在空间上互相连接，而类型则可以分散分布（郑度等，2005）。区划作为一种方法论，一直是自然地理学的传统工作和核心研究内容之一，并可为拟定和实施社会经济发展规划以及保护、改良和合理利用生态环境提供必要的科学依据（高江波等，2010）。20世纪末至今，为实现均衡协调发展的核心战略，区划工作正步入综合区划研究阶段（胡序威，2006）。目前的区划研究工作，具有区划要素类型多样、自然综合区划“生态化”明显、区划空间单元及其尺度系列完整的特点，但技术方法鲜有创新，区划方案应用指向需进一步强化（高江波等，2010）。近年来，中国地理区划及其相关研究工作呈现活跃态势，其中国家层面上完成的区划研究与相关工作主要包括：强调自然要素与生态系统的中国生态地理区域系统研究（郑度，2008）、中国生态区划方案（傅伯杰等，2001）、中国综合气候变化风险区划（吴绍洪等，2017）等，以及强调结合社会经济要素的中国主体功能区划（樊杰，2015）、中国地理多样性与可持续发展（蔡运龙，2007）、中国人文地理综合区划（方创琳等，2017）等综合区划研究。未来，区划研究在持续增加的国家需求这一机遇下也将发生变化，由具体的区划方案向建设完善的区划理论体系转变，区划对象由自然或经济区划向综合区划发展，区划时空尺度不断增大，区划技术由定性与定量相结合向以定量为主转变，并以服务国家和社会需求为目标向区划工作的方案落实上不断努力。

3. 行星边界理论

Rockström 等（2009）提出了行星边界（planetary boundaries）的理论，主张先研究地球适合人生存的界限是什么，如果越过这个界限，则会造成生态系统甚至是整个地球环境的失衡。该理论首次明确给出了地球生态系统在气候变化、水资源消费、土地利用、氮磷循环、生物多样性丧失等一系列环境问题中的最大安全阈值，引发了学术界的极大关注与热烈讨论，成为近年来承载力量化领域最具代表性的成果（Running，2012；Lenton and Williams，2013）。尽管无法确定地判断准确的转折点，但生物多样性丧失（地球生命力指数急剧下降）、气候变化和氮循环三个“行星边界”已被打破，并且已经对人类健康及人类所需要的食物、水和能源产生了明显影响。“行星边界”为地球生命界定了一个“安全运行空间”（safe operating space），为人类子孙后代提供了一个持续发展和创造繁荣的最佳机遇。2017 年中共中央办公厅、国务院办公厅印发的《关于建立资源环境承载能力监测预警长效机制的若干意见》中指出，对从临界超载恶化为超载的地区，参照红色预警区综合配套措施进行处理。对土地资源超载地区，严格控制各类新城新区和开发区设立。对生态超载地区，制定限期生态修复方案，实行更严格的定期精准巡查制度，必要时实施生态移民搬迁，对生态系统严重退化地区实行封禁管理，促进生态系统自然修复；对临界超载地区，加密监测生态功能退化风险区域，遏制生态系统退化趋势。除了对土地和生态承载力相关的管控措施，对水资源、环境和海域等都有相应的管控措施，种种措施都体现了国家对资源环境承载能力的重视。其实，承载力的问题就是行星边界问题的具体化，如果生态资源超过了承载力，那就是越过了区域性的“行星边界”。

二、从区域到全球的综合研究

1. 高原山地

全球气候变化导致的区域性冻土退化、林线变化等对高原及山地生态系统产生了巨大影响，其种群结构、生产力等诸多生态功能及自然环境均不同程度地发生变化。在全球变化背景下理解高原山地变化及其生态响应成为研究的热点问题，学科体系化发展趋势日益明显。近年来，高原山地的研究热点集中于高原山地对气候变化的敏感性、生态系统及高山林线的动态、水文水资源变化的生态环境效应等方面。

1）高原山地对气候变化的敏感性

越来越多的证据表明，高原及山地的增温效应随着海拔的升高而放大，高山地区的环境温度变化比低海拔地区更加迅速（Pepin et al.，2015）。在全球变化的背景下，这种增温海拔依赖（elevation-dependent warming，EDW）效应加速了山地生态系统、冰冻圈系统、水文系统和生物多样性的变化。近年来，相关学者广泛开展了高原山地升温过程及其随海拔梯度的变化机制研究（Rangwala and Miller，2012）。国际及国内研究均重点关注 EDW 产生的机制，包括积雪反射率和地表反照率、水汽变化和潜热释放、地表水汽和辐射通量的变化、表面热损失等（Pepin et al.，2015）。研究表明，不同的山地类型其产生机制在季节和日尺度上存在显著差异。例如，北半球中高纬度地区的阿尔卑斯山，随海拔升高山地变暖速度除秋季外都很大；中低纬度落基山脉和青藏高原，夏季和冬季的变暖趋势最大；热带安第斯山脉随海拔升温并没有表现出显著的季节性差异（Rangwala and Miller，2012）。

2）生态系统及高山林线的动态

高原及山地生态系统特性和过程受非生物因素与生物因素共同作用，并随山地海拔梯度而变化。近年来，学者们深入开展了沿海拔梯度的地上和地下植物丰度、群落组成、多样性及生物间相互作用的研究，深化了对高山动植物群落随海拔升高响应机制的认识。研究发现，地上群落对海拔梯度的响应更多地表现在物种相对丰度的变化和物种更替速率的变化，不同地区不同种群的物种更替速率随海拔变化的差异很大（Fierer et al.，2011）。气候变化逐渐改变了高原山地的群落特征。研究者在欧洲主要山脉的 60 个山峰样地上开展了 867 个植被样本调查与分析，结果表明气候变化使得适应寒冷的物种数量正在下降，而适应温暖环境的物种数量正在增加。尽管对于个别山脉这种趋势并未达到显著，但在整个欧洲大陆尺度上研究观测到的嗜温性物种丰度明显增高，并且在山地温度升高的地区更为明显（Gottfried et al.，2012）。此外，学者还重点探究了在生态系统尺度上植物生物量和生产力（Girardin et al.，2010）、植物凋落物分解过程（Salinas et al.，2011）、土壤养分循环过程和养分利用率（Averill and Finzi，2011）对海拔梯度变化的响应。相关研究弥补了当前存在的知识空白，为从海拔梯度视角应对持续气候变化的生态响应提供了理论基础。

青藏高原独特而脆弱的低纬度冻土区高寒生态系统对自然和人为扰动具有显著的生态响应。近年来，国内学者将高新技术手段应用到青藏高原现代地表过程的研究中，开展了生态系统在物候、生产力、碳循环等方面对气候变化的响应过程研究，并取得了创新性研究进展。多数研究结果表明，增温使高原高寒草甸的植被物候提前、初级生产力水平提高，而高寒草原有相反的影响趋势，不同地域和不同群落类型对不同季节温度变化的响应模式存在显著差异（王常顺等，2013）。但气候变化对青藏高原物种多样性和碳循环有关过程的影响结果尚没有一致的结论，时空尺度和方法上的差异可能是导致不同结果的主要原因。

随着野外可达性的提升和观测能力的改善，近年来对全球范围内高山林线的研究成为热点。欧洲的阿尔卑斯山脉、北美的落基山脉、南美的安第斯山脉及亚洲的喜马拉雅山脉成为研究高山林线植被对全球变化响应的热点区域。Liang 等（2011）对青藏高原林线动态的研究颇具特色。该研究发现，尽管青藏高原变暖是不争的事实，但一百多年以来西藏色季拉山高山林线高度并没有攀升，而在气候变暖的200年间，对林线附近树木的种群密度产生了重大影响。

3）水文水资源变化的生态环境效应

近年来，气候变化对高原山地水资源的影响逐渐成为关注的热点。国际上具有重要影响力的研究成果是冰川变化对全球或大陆尺度的影响研究，特别是对发源于青藏高原河流的水资源产生可能影响的研究（Immerzeel et al.，2010）。相关研究表明，气候转暖、冰川加速融化导致印度河与雅鲁藏布江水资源持续减少且幅度相当大；但对于这些河流的源头地区至少到2050年，河流的径流量呈增加趋势，可能的原因是降水增加与冰川融水的变化，但由于冰川融水的增加与冰川面积的减少相互抵消，冰川融水对于河流源头径流增加并非起主导作用（Lutz et al.，2014）。

冻土的动态变化由于其对寒区陆地气－能－水交换过程、水文水资源、碳源汇效应及寒区工程的影响而备受关注。Cheng 和 Jin（2013）对近 30 年来青藏高原气候变化对多年冻土的影响进行了系统总结与分析，发现青藏高原北部多年冻土分布下界已在过去30年里上升了25m，而在南部多年冻土区活动层厚度增加了0.15～0.50m；同时，青藏高原多年冻土的动态变化对高原地表水热交换乃至东亚气候变化具有深刻影响，多年冻土的广泛退化是造成三江源地区地下水位下降的主要原因之一。另外，气候变化对于青藏高原湖泊变化的影响十分显著。从20世纪90年代开始，青藏高原湖泊出现显著的大幅度变化：湖泊数量从1970年的1081个增加到2010年后的1236个；大部分湖泊出现了面积扩张，内陆湖泊区湖泊面积在1990～2010年增大了26%（Zhang et al., 2014）。有关青藏高原湖泊扩张的主要原因是降水增大及湖面蒸发减少，而冰川融水补给的增大也对湖泊扩张有一定的贡献（Song et al., 2014）。此外，冰川退缩也导致了冰湖的扩张，增大了冰湖溃决的可能性，这也是社会广泛关注的热点。

总之，过去十几年中，沿海拔梯度的相关研究工作已经阐释了综合自然地理学中的许多现象，但是在高原及山地生态系统的研究中仍有许多工作亟待完成，以预测或缓解全球气候变化的影响。目前，关于群落尺度对海拔梯度的响应及生态系统特性和过程的数据仍然十分匮乏。为深入理解高原及山地生态系统海拔梯度变化，研究需要对比相同海拔梯度下不同物种对气候变化的响应方式，以及相同物种对不同海拔梯度的响应（Kessler et al., 2011）。在未来的研究中，对非生物因子（如温度、降水、土壤肥力）和生物因子（如物种之间的相互作用）在多个海拔梯度进行观测，能够为揭示气候变化带来的生态效应机制机理提供基础。同时，林线植被变化仍然是今后研究的热点。中国林线复杂多样，拥有除极地林线外的所有林线类型；同时，青藏高原被称为世界“第三极”，有利于通过对比研究探讨林线植被响应气候变化的机理。此外，通过监测与模拟研究未来冰川变化趋势是重要的研究方向。这些研究既包括基于大气能量平衡的数据模型与经验模型，也包括探索性的大尺度气候 - 冰川变化耦合模型，但在模型的运用中需要可靠的观测数据加以验证。气候变化导致地表各个圈层发生变化，高原及山地生态系统是包括大气圈、水圈、冰冻圈、土壤圈、生物圈在内的相互作用的多圈层系统。多学科交叉将成为高原山地综合研究发展的重要方向。连接多圈层过程的综合模拟研究，将有助于理解这一复杂系统与气候变化之间的影响与反馈关系。

2. 内陆干旱半干旱地区

土地利用 / 土地覆被格局与水土流失的相互关系与尺度特征的研究是内陆

干旱半干旱地区的核心科学问题，也是旱区综合自然地理学深化和发展的关键（傅伯杰等，2010）。在两者的关系中，土地利用 / 土地覆被主要通过土地利用变化和植被格局的时空变化影响蒸散发、截留、地表径流、土壤水分入渗和地下水形成等过程，进而对产汇流过程及相伴的土壤侵蚀产生影响；水土流失过程主要通过水分、土壤资源再分配和聚集影响植被格局，从而驱动土地利用 / 土地覆被格局的空间异质性动态（傅伯杰等，2010）。另外，为应对在气候、地形、土壤特性和人类活动相互作用下存在的不可持续性问题，植被恢复与重建是干旱半干旱地区水土流失及荒漠化减缓或防治的重要措施。国内外广泛开展的生态恢复实践已有三十多年的历史，对于大规模生态恢复带来的生态效应和恢复效果迫切需要理论及方法上的进一步认知，以提升对土地利用和恢复实施的决策支持作用。基于此，近年来国内外干旱半干旱地区研究的热点集中在土地利用 / 土地覆被格局与水土流失的关系、干旱半干旱地区植被 - 土壤水关系、重大生态工程产生的生态效应。

1）土地利用 / 土地覆被格局与水土流失的关系

基于试验和模拟手段，研究者在斑块 - 坡面 - 小流域等不同尺度上开展研究，探讨不同尺度上土地利用 / 土地覆被格局与水土流失的关系及其机理，分析其尺度特征和尺度效应。例如，在植被斑块尺度上，研究发现澳大利亚东部半干旱地区高草本覆盖度植被斑块对降雨的敏感性高于低草本覆盖度斑块和裸地斑块；并且植被斑块间隙影响着邻近植被斑块的生产力，保留植被斑块间隙对于其径流和养分传输十分重要（Good et al.，2013）。在黄土高原地区的研究表明，植被类型、层次结构和形态特征是影响产流产沙的关键因素，而草地的产流产沙量明显高于其他土地覆被类型（Zhou et al.，2016）。坡面覆被格局对水土流失的影响关键在于其改变了径流泥沙运移和汇集的连续性，因此径流泥沙源汇区的连通性和空间分布在水土流失中的作用成为近年来坡面尺度土壤侵蚀研究的重点（高光耀等，2013）。Reaney 等（2014）在西班牙东南部半干旱地区采用基于数值试验的方法，系统评价了坡长、坡度、径流路径、入渗率和植被类型对径流产生和连通性的影响，模拟试验结果表明，坡长、坡度和坡地渗透特性是确定坡面产水量及产流时间的重要因素。

在流域尺度上，预测或模拟土壤侵蚀及泥沙运移过程成为近年来研究的热点。Wilkinson 等（2013）在澳大利亚北部半干旱区牧场小流域内采用泥沙追踪技术来识别地表与地下土壤对细粒沉积物输出的贡献率，结果显示 77%～89% 的细沙来源于地下土壤源，同时沟蚀是地下水土流失主要的侵蚀过程。Wang 等（2016）针对黄土高原中游典型流域开展实验及观测，探究近年来黄河泥沙减少的原因。研究发展了泥沙归因诊断分析方法，率定了降水、径流、产沙能力等自然因素，以及坝库、梯田建设及退耕还林等工程建设的作用，揭示出黄河泥沙减少受径流量和含沙量的共同影响，更是人类活动和气候变化综合作用的结果。

2）干旱半干旱地区植被－土壤水关系

干旱半干旱地区植被－土壤水关系是水资源植被承载能力研究的核心，目前主要采用地面观测和模型模拟的方法开展研究。实地调查与野外观测为模型模拟提供了数据基础，国内外广泛开展的大型观测计划，如国际水文计划（International Hydrological Programme，IHP）、全球能量与水循环试验（Global Energy and Water Cycle Exchanges Project，GEWEX）、黑河计划等，在过去几十年间为干旱半干旱地区提供了不同尺度、长期连续的气象、径流、土壤水分和植被、能量通量等观测数据。例如，在美国西部半干旱地区，研究者基于水热耦合（simultaneous heat and water，SHAW）模型，在样地尺度上评估梯田地貌、植被覆盖度和坡度对土壤水分变化的作用，揭示了半干旱牧场条件下坡面、植被和坡度对土壤水分的影响；结果表明，地形因素即坡面和方位对土壤水分影响最小，而植被覆盖度和牧场密度是土壤水分空间变异性最重要的驱动力（Corrao et al.，2017）。该研究提升了对牧场密度、植被和梯田等因素对植被－土壤水影响的认知，有助于土地管理者选择最佳管理措施。在流域尺度上，Davies 等（2016）利用卫星遥感数据检测了印度半干旱地区地下水和相关生态系统服务的趋势，分析了植被覆盖度、活力和水分胁迫随时间的变化。在区域尺度上，Feng 等（2017）从表征植被干旱特征的“植被覆盖－地表温度的三维空间”概念出发，综合采用黄土高原土壤水分监测数据，揭示出黄土高原植被变化的土壤水分时空变化特征，辨识了黄土高原植被恢复导致大规模土壤水分下降的区域，发现森林－草地过渡带是土壤水分下降最剧烈的区域，为大尺度植被恢复的区域适宜性和有效性评价提供了科学依据。

3）重大生态工程产生的生态效应

为应对人类活动的日益增加及生态和环境退化，全球干旱和半干旱地区广泛开展了不同规模生态恢复措施以提高植被覆盖度、改善土地生产力。目前，对于大规模生态恢复带来的生态效应和恢复效果评估及预测逐渐成为研究者及决策者关注的热点。基于 GIMMS NDVI 数据，并综合植被生长的潜在气候限制因素（降水、气温和短波辐射），在监测、建模和预测框架的引导下，全球半干旱地区植被绿度趋势变化的量化研究得以开展，结果表明全球半干旱地区的平均绿度增加，降水是半干旱地区影响植物生产力的主要限制因子，气温是植物增长速率的限制性因素（Fensholt et al.，2012）。

2000年以来，中国实施的大规模退耕还林还草工程是世界上规模最大的植被生态恢复工程，基于全国尺度的研究发现，植被净恢复占比最高的是陕西、山西、宁夏、甘肃和青海五地区，表明干旱半干旱地区植被恢复取得了显著成效（Lü et al.，2015）。其中，又以黄土高原植被覆盖增加和各项生态系统服务功能的提高最为显著。基于此，学者阐明了区域退耕初期景观演变中生态系统服务变化的驱动机制，定量辨识了多种生态系统服务之间的权衡 / 协同关系及其时空变异的规律性，提出了综合评价和区域集成方法，并揭示了干旱半干旱地区生态系统服务相互作用的定量评价和模拟对促进自然资源与土地利用政策效益和可持续性的重要意义（Lü et al.，2012；Feng et al.，2013；Jia et al.，2014）。与此同时，通过观测发现黄土高原地区流域产流和土壤含水量显著下降，退耕还林还草工程的可持续性成为国内外学者关注的焦点问题。通过耦合地面观测、遥感和生态系统模型等多种研究手段，量化分析了黄土高原地区植被恢复的固碳、径流、蒸散发等生态效应，构建了自然 - 社会 - 经济水资源可持续利用耦合分析框架，提出了黄土高原植被恢复应综合考虑区域的产水、耗水和用水的综合需求，揭示出黄土高原水资源植被承载力的阈值（Feng et al.，2016）。上述研究对于指导干旱半干旱地区生态恢复工程的实施具有重要意义。

3. 城市群与大都市区

城市是经济高速发展、人类活动高度集中、人地相互作用最强烈的区域。在全球城市化背景下，伴随着城市化进程的加快、交通网络的完善和区位优势的提升，形成了由不同规模等级城市绵延发展的城市群，成为20世纪以来全球城市发展的主要态势（Kraas，2008）。在城市群快速发展过程中，城市土地利用 / 土地覆被变化极大地改变了城市环境系统，城市群作为自然 - 人文 - 社会 - 经济相互耦合的地域综合体，其地理环境各要素出现了多元化和复杂化的演变趋势（Grimm et al.，2008）。同时，城市群空间组织紧凑、产业结构集聚、经济联系紧密，在社会经济发展中占有极其重要的地位（陈肖飞等，2015）。因此，城市群和大都市区的综合自然地理问题成为人们共同关注的主题和多学科交叉研究的重要内容。全球自然环境及人文环境的显著变化，对人类生存和发展产生了重大影响，国内外开始围绕全球环境变化开展多项国际科学研究计划，已对城市的自然地理多要素和地表环境系统等进行了深入研究与探索，对城市系统内部的相互作用和反馈以及城市系统内部相互作用对全球环境变化的响应等一系列问题进行了探讨。

1）城市自然－人文系统耦合

作为人类活动的主要聚居场所，城市群是自然－人文－社会－经济相互耦合的综合体，具有典型的综合性特征（图 11-2），具体表现为跨人文要素与自然要素的综合城镇化过程和跨基础研究、技术模式与政策咨询的综合研究，涉及人口、经济与产业等人文要素的综合分析和水、土、大气与生态等自然要素的综合评估。然而，城市群的人口密度高，土地承载压力大，生态问题日趋严重，区域和全球尺度上的生态环境建设、自然资源合理利用等可持续发展问题，逐渐成为人类社会发展面临的重大挑战。因此，城市自然－人文系统耦合研究应以应对全球环境变化、全球经济一体化，以及全球地缘政治结构变化的决策需求为背景，推进新型城镇化、城乡一体化的良性发展，以期缓解资源环境压力、优化国土资源利用效率，成为实现城市可持续发展的理论与政策支撑。

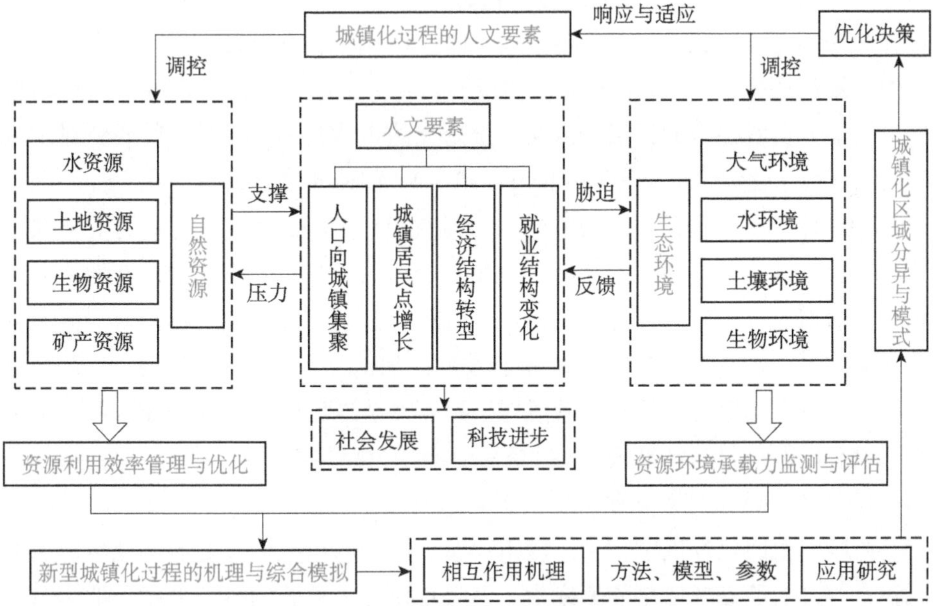

图 11-2　城市自然－人文系统耦合（根据傅伯杰，2017，略有改动）

2）城市系统代谢综合模拟

城市是一个不能自我维持的生态体系，其发展必须依赖系统外的自然要素和人文要素。在城市发展进程中，城市类似一种巨型异养生物不断从周围环境消耗资源（如燃料、水和土地等）并同时排出废物。Wolman 在 1965 年首次提出“城市代谢”（urban metabolism）一词以了解城市对环境的影响（Wolman，1965）。Kennedy 等（2007）指出，城市代谢是指在城市社会经济发展过程中，城市系统内部物质、能量的输入和产品、废物输出的完整过程，用以指明物质、能量及信息流动的基本方式、迁移及转化等过程与机制。通过研究城市在不同空间尺度上各部门的代谢过程与效率，结合城市地理学、城市生态学和信息技术等学科的研究方法，重点探索有效的城市代谢过程与效率的定向调控手段，开展多尺度社会与生态系统代谢分析，有效减少城市建设中的不良环境影响，指导城市可持续发展规划与设计（Kennedy et al.，2011）。同时，城市代谢的动态模拟能够通过深化城市代谢内部物质流、能量流、信息流的转化机制，为城市发展提供相应的决策支持，为大尺度宏观视角的城市代谢研究提供依据。

3）城市系统多要素综合与远程耦合

远程耦合是指跨越空间尺度和距离的社会经济要素和环境要素的相互作用，主要用于研究远距离间的物质联系（Liu et al.，2013）。城市远程耦合是在气候遥相关（气候系统的远距离作用）、城市土地遥相关（全球城市化驱动下的土地利用变化）（Seto et al.，2012）和经济全球化（人类系统的远距离作用）基础上发展起来的自然和人文系统研究的自然延伸。因此，其研究对土地利用和土地变化（Seto and Reenberg，2014）、物种入侵、食品交易（Liu et al.，2013）和林产品贸易（Liu，2014）与人类福祉等多要素、跨空间的重要问题进一步探讨具有重要意义。此外，远程耦合还强调了时间序列的动态性，缺乏时间序列整合分析可能会忽略关键的动态耦合机制，并造成对不频繁但剧烈变化现象的错误解读，如灾难、战争、致命疾病的爆发（如埃博拉）、政权的更替等。城市远程耦合能够有效获悉区域尺度及全球尺度上的社会经济和环境要素的相互作用，深入聚焦城市多要素耦合系统的可持续发展。

4）城市自然地理多介质多要素综合集成

在城市化快速发展过程中，城市形态、结构和组成的改变导致城市地表格局和原有自然地理环境多要素发生了显著变化，最显著的特征是城市地表覆被的快速变化。此外，不透水面的急剧增加使得原有物质的分布规律及模式发生了根本性的变化，非人类因素创造的自然地理“第一格局”向以人工环境为特征的多尺度、多要素和多界面的“第二格局”发展。因此，多视角综合深入地研究城市自然地理将丰富传统自然地理学的研究内容，构建交叉学科体系，为地理学人地关系理论提供实证，成为传统自然地理学新的生长点。城市自然地理学也在全球快速城市化的背景下应运而生。

2009 年，刘敏等在《2008-2009 地理学学科发展报告（自然地理学）》中提出城市自然地理学的完整定义（中国科学技术协会和中国地理学会，2009），并基于一系列实证研究，不断完善和发展学科体系（刘敏等，2018；Liu，2020）。城市自然地理学是研究城市系统各自然要素时空变化特点、规律及演变过程、自然与人文要素之间相互耦合作用、自然要素变化对城市系统的响应模式及其互馈机理，进而为城市发展、管理做出评价、模拟、预测和调控的学科。城市自然地理学的研究是对自然地理学的完善与发展，弥补了以往地理研究中对自然地理要素作用机理研究的不足。城市自然地理学问题的出现，是人地关系演变的一个新阶段。结合对大气、土壤、沉积物、不透水面、水体及植物的研究实践结果，建立城市多介质体系典型污染物迁移机制模型并进行模拟应用，在深化城市自然地理学研究中具有重要作用，是城市自然地理学的重要研究方法。

4. 河口海岸带（陆海交互 / 关键带）

河口海岸是陆海相互作用的集中地带，各种过程（物理、化学和生物过程）耦合多变，演变机制复杂，生态环境敏感脆弱（Cai，2011），也是一个典型的关键带（Liu et al.，2020）。由于受咸淡水交替、出露和淹没交替、冲淤交替等陆海相互作用的影响，河口海岸环境的各种物理、化学与生物过程比湖泊和海洋复杂得多，具有波潮流水动力作用强烈、泥沙输移和物质交换频繁、物理化学要素梯度变化大、生物种类丰富多样等特点（Osland et al.，2013）。作为陆海之间的主要地貌景观，河口海岸的生态价值和资源潜力独特，不仅具有碳存储、消减陆源污染物、维持生物多样性等生态服务功能，而且在维持海岸带地区生态安全等方面也发挥了重要作用（Barbier et al.，2011）。河口海岸在维持生态平衡的同时，其自身的生态环境却正在遭受日益加剧的人类活动干扰和破坏，人地关系的矛盾日益凸现（Kirwan and Megonigal，2013）。近年来，围绕河口海岸生态系统研究取得的相关进展主要体现在以下几个方面。

1）物理过程研究

潮流和波浪是影响河口海岸泥沙输运和地貌发展演化的主要动力，而观测是认识海岸湿地水沙动力、沉积过程与地貌演变的基本手段。例如，Boldt 等（2013）利用集成声学多普勒流速仪、压力传感器、电导温度传感器和光学后向散射浊度计的三脚架观测系统，对威拉帕（Willapa）海湾湿地潮流和泥沙进行了现场观测，发现在平静天气下水动力以潮流作用为主，泥沙向陆地输运，滩面发生堆积，但在较强的波浪作用下海岸湿地也发生明显侵蚀；Pieterse 等（2016）利用 GPS 实时动态差分法、压力传感器、光学后向散射浊度计等进行野外观测，发现特拉华（Delaware）海湾潮滩沉积物再悬浮受涨落潮变化、沉积物平流输送及气象条件的共同影响；Jaud 等（2016）利用无人机观测了塞纳河（Seine）河口海岸潮滩沉积动力学过程，结果表明无人机拍照系统可实现对河口海岸地貌演化过程的多时空分辨率观测；Shi 等（2017）利用三角架系统等对长江口海岸潮滩的浪高、水体浊度、近底边界层流速进行了观测，结果表明风速是控制河口海岸侵蚀和淤积周期变化的关键因素；此外，Isaac 等（2012）基于放射性同位素示踪实验分析了海岸湿地沉积物中孔隙水和地下水的运移特征，发现孔隙水和地下水的运移受潮汐、地形、生物扰动、沉积物类型和结构（层理）等多因素的综合影响。

2）化学与界面过程研究

河流入河口海岸物质流除了淡水径流及其挟带的固体径流泥沙外，也包括化学径流（营养盐、重金属和持久性有机污染物等）。为此，国内外学者对营养盐、重金属和持久性有机污染物在河口海岸环境介质内的赋存形态、跨界面迁移转化等做了大量研究，并从不同角度探讨了其影响因素（刘敏等，2007）。Yin 等（2016）观测了长江口海岸悬浮颗粒相和溶解相重金属的季节变化规律，发现悬浮颗粒物中重金属含量无明显季节变化，而溶解相重金属含量季节差异显著。Maciel 等（2015）在巴西东北部卡皮巴里贝（Capibaribe ）河口海岸观测了沉积物中多环芳烃的分布规律，发现从潮间带至潮下带多环芳烃含量逐渐降低，且其主要来源为化石燃料燃烧，表明城市化和人类活动排放对多环芳烃在河口海岸沉积物中的分布与累积具有较大影响。Liu 等（2014）研究发现珠江口区域水体中多环芳烃结构以两环和三环化合物为主，落潮时多环芳烃的含量约为涨潮时的两倍，而且涨落潮时多环芳烃的组分也有明显差异，这主要是由河口海岸水动力环境的改变造成的。de Vittor 等（2016）研究了意大利伊奥尼亚（Ionian）海岸潮间带沉积物 - 水界面营养盐的交换通量，发现氨氮和磷酸盐的交换通量具有线性正相关关系，其比例接近定值，且认为海岸带沉积物氨氮和磷酸盐的释放主要来源于有机质的矿化作用。McKee 等（2016）通过模拟实验发现风暴潮能够显著提升河口海岸湿地沉积物的盐度及氨氮含量，这可能会对河口海岸湿地植被及微生物群落结构造成长期影响。

3）生物过程研究

河口海岸湿地生物活动在物质循环过程中发挥了重要作用，群落动态与沉积动力学环境密切相关，从某种意义上讲，生物群落控制着元素循环和物质存储过程，对河口海岸演变的影响持续增强。因而，河口海岸生物过程的研究也日渐受到关注。Andersen 等（2002）和 Ciutat 等（2007）较早就发现了河口海岸底栖动物的活动会导致海岸滩面泥沙不稳定，进而影响河口海岸湿地生态系统。Kristensen 等（2013）研究认为，底栖动物一方面通过对底质的风化和搬运直接造成滩面侵蚀，另一方面通过食草活动削弱植物的掩护效果间接造成泥沙侵蚀，同时植物量的降低使其释放的高分子黏聚物减少，弱化了泥沙间的黏结强度，导致泥沙易于起动。生物沉积作用往往能在一定程度上缓冲侵蚀扰动的影响，其作用机制也与生物活动密切相关，且一般与生物量呈正响应关系（王宁舸等，2016）。相比于底栖动物影响，Fagherazzi 等（2012）发现河口湿地植被对滩面的影响通常表现为消浪、减流和促淤，这也进一步影响河口海岸水动力、地貌和元素地球化学过程。此外，微生物在河口海岸湿地生态系统中通过“共代谢”等过程促进有机物质分解，而特定的微生物种群在元素地球化学循环过程中也发挥了重要作用（于志刚等，2011）。近年来，越来越多的学者基于分子生物学技术揭示河口海岸湿地生态系统微生物群落结构和多样性，深入分析其对碳、氮、磷和硫等元素循环的影响（Morrissey et al.，2014；Zheng et al.，2017）。

4）物理过程与生物地球化学过程耦合的模型研究

河口海岸水文泥沙与生物地球化学循环过程耦合模型是海岸湿地恢复和生态健康调控的重要工具，而当前相关研究主要集中在河口海岸生态 - 水沙动力 - 营养元素的关系模拟方面。例如，Reed 等（2011）构建了波罗的海海岸带底栖 - 浮游迁移模型，并定量表征了矿化作用、反硝化作用、铁还原过程及硫还原过程对底层水缺氧现象的影响。Kim 和 Khangaonkar（2012）、Justić 和 Wang（2014）将水动力模型与水质模型（CE-QUAL-ICM 和修正的 WASP）相结合，模拟河口海岸环境中生物地球化学过程，发现河口海岸湿地水质受到物理 - 化学 - 生物过程及其相互作用的显著影响。O' Driscoll 等（2013）采用 FANTOM 模型，研究了北海海岸带持久性有机污染物在水动力过程影响下的迁移转化和季节性分布特征，发现该区域是持久性有机污染物的主要蓄积库。Lei 等（2016）进一步在法国里昂海湾（Gulf of Lion）应用水动力生物地球化学和沉积物耦合模型，实现了 GeoOCAPI 图像的模拟，有效分析了研究区域内悬浮颗粒物和有色溶解有机物对初级生产力的影响。郭艺等（2016）应用层次分析法模型结合水文水动力学模型和水质模型，在深圳福田红树林湿地建立了一体化生态系统模型框架，实现了对海岸带湿地的健康评估、动态监测及预警功能。此外，近年来生态动力学耦合模型正逐步向多维化和集合参数化方向发展（Bennett et al.，2013）。

5）生态系统服务功能研究

河口海岸生态系统服务功能是指河口海岸生态系统内发生的各种物理、化学、生物过程及其组分为人类提供的各种产品和服务。国内外学者围绕海岸湿地生态系统服务功能的评估开展了大量研究。例如，Engle（2011）通过研究墨西哥湾海岸湿地生态系统服务功能，发现该区域湿地在抵御风暴潮、提供商品性渔业资源及改善水质等方面起到了重要作用，同时也是温室气体的重要汇区。Lee 等（2014）和丁冬静等（2016）对红树林生态系统进行评估，发现固碳减排、防风消浪、蓄水调洪和促淤造陆是其主要的服务功能，并指出全球气候变化及城市化等因素会造成红树林生态系统的退化。Arkema 等（2015）进一步开发了用于评估滨海红树林湿地生态系统服务的模型，并将其成功应用于伯利兹（Belize）海岸区域的国家可持续发展规划，有效维护了当地的生态系统。此外，部分学者应用相关模型（EDF/SLAMM）评估了河口海岸生态系统，分析了河口海岸湿地为抵御风暴潮发挥的作用及其对海平面上升的响应，可以更好地预测河口海岸湿地未来的发展变化，为以后的生态修复提供了重要的科学基础（Barbier，2015；Kassakian et al.，2017）。

5. 大陆及全球尺度综合分析

过去几十年间，综合自然地理学作为地理学的关键分支学科，其始终以自然地域多尺度分异与组合特征为基础，侧重于对地理要素空间格局、演变过程、驱动机制的探究，以揭示复杂的人地关系（杨勤业等，2005）。20 世纪 90 年代以后，随着对全球变化与可持续性研究的深入，综合自然地理学的研究主题逐步由表征区域综合的自然区划转向表征类型与要素综合的土地变化与景观服务（彭建等，2017）。此外，随着对学科理论与范式的深入理解，当前综合自然地理学在研究对象、综合领域、方法技术等方面均经历了长足发展，总体向更大时空尺度、更多数据模型、更加全面综合的方向发展（Fu and Pan，2016）。

1）综合自然地理学研究的尺度发展

自 20 世纪 50 年代末正式诞生以来，综合自然地理学始终以区域研究为载体（赵松乔等，1979），在全球环境变化与可持续发展的时代主题下，综合自然地理学的研究对象逐步由自然地理环境扩展到人地耦合系统，相应的研究尺度也由传统的生态脆弱区与关键带转向大陆与全球尺度（彭建等，2017；Fu et al.，2006）。在传统综合自然地理学的研究过程中，多关注典型区域的生态过程与环境问题，重视挖掘区域的独特性，如针对我国黄土高原、青藏高原、农牧交错带、西南喀斯特地区等生态脆弱区与地理关键带的研究（赵松乔等，1979；许学工等，2009；吴绍洪等，2016），均体现了较小尺度下对脆弱性较高区域综合自然地理过程、环境组成要素、物质能量关系的关注。IPCC 第五次评估报告指出，1880 年以来地表升温与气候变暖已具有全球性影响，必会对各地区生态环境关键过程造成重大干扰（IPCC，2013），同时不断加剧的人类活动也影响着地理环境尤其是景观单元的结构与功能。因此，相较于小尺度、短时间的典型区域研究，在可能被人类活动加剧的全球变化大背景下，对区域乃至全球尺度长时间序列的地理环境组成要素、结构类型、演变过程的研究需求更加迫切。

大陆与全球尺度下的地理环境实质上是基于多等级区域单位及其地理分异规律所构成的复杂镶嵌体（陈传康等，1993），因此大、中、小尺度综合自然地理学研究之间具有一定的差异。通常将全球、全大陆、全海洋、典型区域作为大尺度，山地、高原或平原作为中尺度，局部地域作为小尺度（葛京凤，2005）。在综合自然地理学研究过程中，除关注不同尺度自然地理环境的地域分异以外，所涉及的研究内容也各有侧重（图 11-3）：在大尺度研究中重点突出全球气候变化、大气环流、水循环与地质循环对地理要素与过程的影响，所涉及空间范围上至对流层下至基岩层，由于这些要素对地理环境的显性作用都是缓慢的，因此研究的时间尺度也应以几十年、数百年为宜；中尺度研究多关注地区性大气环流、大流域物质迁移过程，研究区的空间范围多在 100 万 km^2 左右（刘

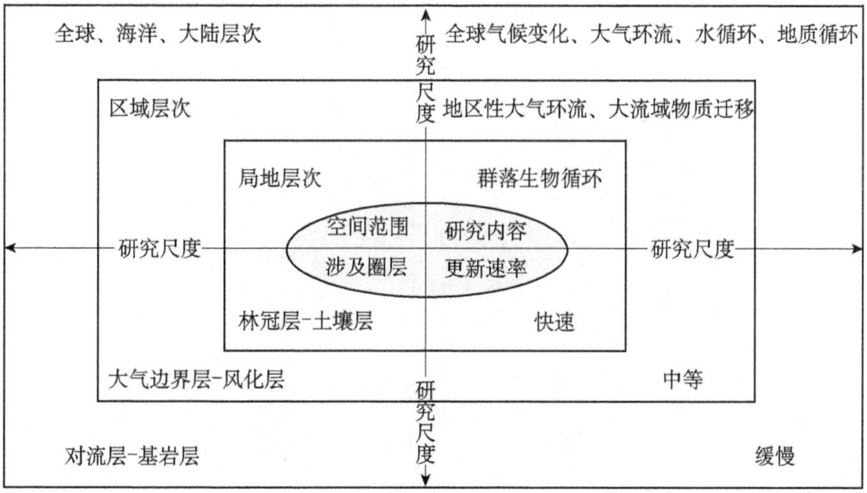

图 11-3　不同尺度综合自然地理学研究特征

南威，2014），多涉及大气边界至风化层的地理过程，该尺度内的关键地理问题多为因地方气候或季风引起的地理要素变化，也包括垂直地带性所造成的气象要素与自然综合体带状变化，研究的时间尺度应介于大、小尺度研究之间；局地范围的小尺度综合自然地理学研究多限于几百平方公里的范围内，一般仅关注林冠层至土壤层的群落生物循环、局地小气候、土壤岩性特征的分异现象，该尺度的地理及生态要素更新较快，因此多以短时段、重复性对比研究为主。

2）大陆及全球尺度综合自然地理学研究的关键进展

为缓解因全球环境变化及社会经济高速发展所带来的生态压力，同时在宏观视角下实现区域可持续发展，新时期综合自然地理学的研究重点应逐步由对地球关键带格局与过程耦合关系的探究转向对全球变化背景下大陆及全球尺度的综合响应剖析，大尺度、长时序的宏观研究成为近年来综合自然地理学的关注热点。同时，紧密结合全球变化、人类活动、城市扩张、生态系统服务、可持续发展等研究主题，基于对国内外相关研究进展的梳理与剖析，新时期综合自然地理学的研究重点可归纳为三大方向：自然与社会经济要素共同参与下的综合区划与地域动态研究、以人地关联互馈为基础的人地关系与土地系统研究、基于遥感影像与数理模型的景观功能与景观服务研究等（彭建等，2017）。图 11-4 展示了各研究方向包含的不同分支，基于各分支对大陆及全球地理环境的综合特征进行解析，可推动大尺度综合自然地理学的发展。

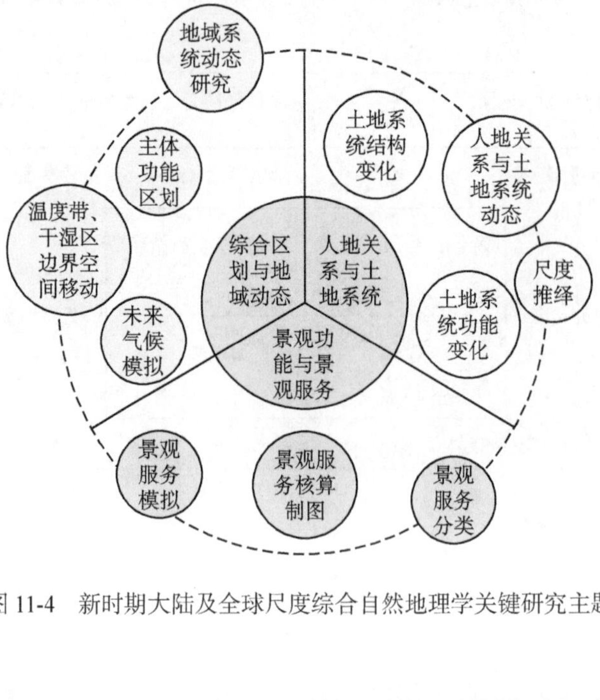

图 11-4　新时期大陆及全球尺度综合自然地理学关键研究主题

自然区划研究作为中国综合自然地理学学科伊始阶段的关键研究主题，在新时期实现了从中小尺度农业及生态区划向大尺度综合区划的跨越。目前，对自然与社会经济要素共同作用下的国家或大陆进行综合区划是国内外学者的关注热点。在我国，樊杰（2007）提出了区域发展的空间均衡模型，系统梳理了我国主体功能区划的科学体系，为构筑我国有序区域发展格局提供了依据。蔡运龙（2007）对中国进行了地理多样性与可持续发展研究，发现人口分布、经济格局具有鲜明的自然地理单元特征。同时，以综合区划研究为理论与技术支撑，郑度等（2016）指出地域系统动态研究将是继综合区划研究后的新方向，其紧密响应全球增温态势，致力于探究长时段气候变化对全球及大陆温度带、干湿区边界空间移动的影响。Zhang 和 Yan（2014）、吴绍洪等（2016）的研究均表明，全球变暖背景下多数关键自然地带均会发生较为显著的北移倾向，尤以中国热带与亚热带间的界线为典型。Wu 等（2010）基于气候模型 PRECIS 预测出未来气候情景下热带、亚热带、暖温带和高原温带的范围将会扩大，而寒温带、温带和高原亚寒带的范围将会减少的趋势。杨强等（2017）基于 HadCM3 气候模拟数据，对我国气候区划变化预测的结果与历史过程的北移趋势一致，亚热带北部界线或将超过秦岭—淮河一线。

土地作为生态过程与人类活动的基础要素，在新时期综合自然地理学的研究中经历了从土地类型到土地系统的发展。21 世纪以来，土地利用与土地覆被变化成为全球关注的热点问题，至今仍然是大、中、小尺度综合自然地理学研究的基础与支撑。近年来，不断加剧的人类活动成为全球普遍现象，因此以人地关联互馈为基础的土地系统研究成为大陆及全球尺度综合自然地理学研究的新方向（Hurtt et al.，2006）。其研究主题主要涉及反映土地系统单元数量、质量、格局的土地系统结构变化，反映生态系统服务与生态风险的土地系统功能变化，以及反映不同时空尺度推绎下人地关系与土地系统动态研究三个方面。目前，针对全球、欧洲、美洲等大尺度区域地理系统结构的研究已较为成熟。例如，Geist 等（2006）指出，为系统梳理全球土地利用变化及其影响因子，可通过将国家与大洲间的大尺度对比与中小尺度局地案例研究相结合来实现。Napton 等（2010）以商品林种植、林业与农业间的竞争、经济和人口增长对美国东南部土地利用变化的突出影响为例，研究发现社会经济因素对土地系统结构变化具有重要作用。Salvati 和 Sabbi（2011）关注欧洲城市区域，探究了紧凑型城市增长与低密度城市扩张对土地覆被变化的差异化影响。同时，土地利用变化通过对生态系统格局与过程的影响直接决定区域生态系统服务的种类与多寡，且固碳释氧与水源涵养服务始终是国家尺度生态系统服务与土地利用变化关系研究的关注热点。Watanabe 和 Ortega（2014）模拟了土地利用变化对水碳循环过程相关生态系统服务的影响。傅伯杰和张立伟（2014）系统梳理了土地利用变化与生态系统服务的相关背景和概念，指出应加强土地利用变化驱动下生态系统服务之间协同、权衡关系的研究。Tolessa 等（2017）分析了 40 年来埃塞俄比亚地区林地减少对生态系统服务的影响。

景观是在综合自然地理学体系下探究人地耦合系统的最佳视角（彭建等，2017）。新时期的景观研究从景观格局扩展到了对基于遥感影像与数理模型的景观功能与景观服务的关注，其与综合自然地理学关注的土地要素有紧密的内在关联（宋章建等，2015）。近年来，基于生态系统服务主题的景观服务研究发展日益蓬勃，借助多时相、高分辨率的遥感影像与以 InVEST 为代表的数理模型，大尺度景观功能与景观服务的定量刻画成为可能，这从景观生态学角度体现了地理单元为人类提供的惠益及人类活动的反馈（Termorshuizen and Opdam，2009）。在理论探索方面，Fang 等（2015）基于景观服务流与服务需求构建了可用于景观可持续性评估的新框架；在方法创新方面，Fu 和 Forsius（2015）通过对 13 篇经典文献所用方法与模型的总结与对比，从水碳循环服务评估、生态系统服务簇、多种生态系统服务集成建模等方面，探讨了不同方法与模型在各尺度景观服务研究中的适用性。同时，针对大尺度研究区的景观服务模拟研究与制图，可为决策者在进行土地利用规划过程中提供可视化支持。

值得注意的是，无论是在何种研究主题下，针对国家、大陆及全球的研究过程均应在对本尺度自然地理关键过程全面分析的基础上，进一步结合全局要素对更小尺度地理单元可能造成的影响进行分析。同时，在不同尺度划分基础上结合尺度转换推绎与特征尺度识别，从而对地理要素及地理过程间的动态联系、协同反馈机制进行探究也将逐步成为未来综合自然地理学的研究重点。

第三节　关键科学问题

一、自然地理要素的关联和相互作用

自然地理要素之间存在着复杂的相互关联和相互作用关系，而这种关联和

作用又与地理区位密切相关。自然地理要素之间相互关联及作用关系的改变也是地球表层系统动态的重要驱动力量。所以，水文、植被、土壤、气象气候等地球表层自然地理要素相互关联和相互作用规律，作为综合自然地理学的基础性关键科学问题，仍然需要从不同的生态地理区、不同的时空尺度和不同的人为干扰梯度等角度开展综合性研究，从而为深刻认识环境变化对自然地理要素及其相互关系的影响，以及地球表层自然综合体的保护和可持续利用提供科学依据。

二、地球表层自然综合体的变化规律

地球表层自然综合体在时间维度上处于不断变化之中，深刻理解其变化规律对于重建其变化历史，预测其变化的未来具有关键意义。因此，需要加强地球表层自然综合体变化过程的历史重建，深化对地球表层自然综合体演变规律的科学认知。揭示历史变化对地球表层自然综合体现状的影响，阐明自然和人为干扰对地球表层自然综合体脆弱性、稳定性和弹性的作用响应机制，也是综合自然地理学面临的关键科学问题。

三、地球表层自然地理格局与过程关系及其尺度效应

在一定的时空尺度下，自然地理要素相互交织构成一定的空间特征，并表现出一定的空间分异和时间变化特征。在一定的自然地理格局下又发生着多样化的自然和人文地理过程。所以，自然地理格局和过程之间经常表现出多元化的复杂关系，并且这种复杂关系随着时空尺度的变化而发生变化，即具有时空尺度效应。深化自然地理格局与过程及其尺度效应的研究，是解析地球表层这一具有等级自组织性和整体性的空间连续体的重要环节。

四、地球表层人地相互作用与反馈

工业革命以来，科学技术得到快速发展，人口增长，人类经济社会发展的物质需求不断提升，从而导致人类资源利用及其环境影响不断扩大。所以，要真正把握不同尺度上地球表层环境变化的规律性，必须跳出传统西方地理学二分或三分的学科体系束缚，将人地相互作用与反馈机制作为综合自然地理学的核心科学问题，在重视自然要素耦合关系及变异、格局过程与尺度等科学问题

的基础上，聚焦人地相互作用与反馈，为地球表层不同尺度上环境变化机理解析和调控管理提供理论与方法基石。

五、全球变化的区域响应与适应

全球变化日益成为地球表层环境变化的突出特征。全球变化的动力至少部分来源于区域环境变化及其互动。同时，在全球变化因素的作用下，不同自然地理区甚至每个局地景观都会从结构、格局、过程、功能等方面做出响应，那么针对系统的响应，人类应该采取适应性的管理对策，以实现不同尺度上人地关系的协调和可持续发展。所以，全球变化的区域响应与适应这一关键科学问题能够连接地球表层环境变化的过去、现状与未来，衔接景观和土地作为小尺度自然综合体到整个全球地表环境的动态影响与响应，提升综合自然地理学对地球表层环境变化预测能力的科学需求。

总之，地球的演化已经进入人类世。人类生存发展对于自然环境的影响不容忽视。综合自然地理学的发展需要在自然要素综合、自然综合体格局过程和功能耦合的基础上，进一步加强学科交叉和融合，提高学科的包容性和整合性，为人类深刻理解变化的环境和变化的星球，有效推动生态文明建设和可持续发展提供更为完整有效的科技支撑。

第四节　优先研究领域

一、气候变化响应与适应的综合自然地理学研究

全球气候变化已经成为当今生态环境领域科学研究和国际履约中的热点问题与前沿领域。全球气候变化是不争的事实，然而科学家和政府在气候变化形成机制及适应途径上仍然存在争议，这表明既往的科学理解还存在不足，特别是对未来气候变化的预测还存在很大的不确定性，难以真正有效地指导人类适应和调控气候变化的实践。综合自然地理学应发挥学科综合性强的优势，继续深入深化以下研究方向：气候变化背景下，地表过程和格局的动态变化；气候变化对自然生态系统、人类－自然耦合系统产生的影响；不同人群、不同地区对气候变化的响应与适应过程；识别易受气候变化影响的重点区域与自然过

程；不同未来气候变化情景下，地表过程和格局的动态模拟；未来不同气候变化结合人口、政策等因素的综合情景下，人类-自然耦合系统的动态监测与预测；不同社会经济情景下，未来人类活动对气候变化造成影响的预判；人类活动与气候自然变化的叠加效应；对全球性气候数据的地学解读与应用；减缓气候变化及适应行动的可行性研究；日地系统、月地系统等地球星际因素对地球大气圈、水循环等地表圈层和过程的影响研究；将天际因素、地际因素和人际因素相综合，寻求对于气候变化等地球表层过程的全景式科学理解，推动预测方法日趋成熟。

二、生态系统服务地理学

生态系统服务本质上是对生态系统功能人类效用的科学认知，具有高度综合性，已成为国际地理学、生态学和环境科学新的学科生长点。随着学术影响的飞速扩展，政府日益重视生态系统服务理论和方法的政策运用。在此背景下，生物多样性和生态系统服务政府间科学-政策平台（Intergovernmental Science-Policy Platform on Biodiversity and Ecosystem Services，IPBES）于2012年4月成立，它是联合国环境规划署在整合“千年生态系统评估后续行动计划”和“生物多样性科学知识国际机制”两个进程后形成的独立政府间机构。该机构专注于生物多样性与生态系统服务领域，联系科学界与政府、决策者，期望将科学知识运用到政府决策，实现对生物多样性的保护和可持续利用，提升生态系统服务和人类福祉。

针对IPBES的机构性质与成立目标，自然地理过程耦合及其资源环境效应与决策指引研究应在此框架下进一步发展。对自然地理要素展开持续的动态监测，建立地球表层景观和环境特征及空间组织模式；建立生态系统数据库，提高生态数据多样性与大数据处理水平；开展水、土、气、生等自然地理要素集成的耦合效应研究；识别地球关键带、生态脆弱区，深入理解生态系统服务之间的权衡与协同关系，从不同利益相关者的角度指导政府决策，探索生态系统及其服务管理的新模式；从局地到全球不同尺度，解析生态系统服务的尺度关联效应，量化生态系统服务的供需关系，开展景观可持续性与人类-自然耦合系统可持续发展研究。深入解析景观、不同尺度自然综合体的结构、过程、功能和服务与人类健康和福祉的关联关系，发展具有中国特色的生态系统服务地理学。

三、土地变化地理学

土地变化已经成为全球变化的一部分，推动着整个地球表层环境的变化，直接影响着人类可持续发展的前景。因此，在21世纪初，国际上就开始探讨土地变化科学的发展。由国际地圈–生物圈计划和全球环境变化人文因素计划共同提倡，建立了全球土地计划，目的是定量研究社会–生态耦合系统与土地系统的利用及其变化之间的相互作用，具体研究专题包括土地系统动力机制，土地系统变化后果及土地可持续性集成分析与模拟。

土地系统一直以来都是综合自然地理学研究的主要范畴之一。在新的国内外土地变化及其科学研究的态势下，综合自然地理学在土地系统方面还可向以下方面进一步拓展：建立统一、持续的数据共享平台，开发更为高效、准确的土地变化信息获取方法；关注在以往的土地决策实践中，全球化与人口变化对区域土地利用的影响；明确土地利用变化对自然生态系统的干扰机制，量化对自然生态系统的干扰程度；识别土地系统受全球环境变化的驱动机制，明晰土地系统变化与生态系统服务、人类福祉之间的关键联系；定量评估土地系统变化对生态系统服务供给与需求的影响；对土地系统研究进行不同尺度的拓展与关联，解析人类对土地系统引起生态系统服务变化时的响应；模拟不同土地利用情景下的生态系统服务权衡关系，为土地决策提供建议；丰富土地资源优化配置理论与技术，探索土地退化修复方法；解析土地单元、土地类型、土地系统的等级关联和空间互动机制，量化土地系统对自然扰动的弹性，评估土地系统对灾害的脆弱性、适应性及可持续性。

四、关键带地理学

2001年，美国国家研究委员会在其《地球科学基础研究的机遇》(*Basic Research Opportunities in Earth Science*)报告中提出，地球关键带研究是21世纪地球系统科学的前沿，孕育着重大发展机遇。这与我国地理学家倡导下建立和发展起来的综合自然地理学，在学术思想上有异曲同工之妙。但是，在地球关键带科学这一方向提出以后，学科发展的高度综合性在现实的观测和研究实践中并没有很好地得到贯彻。目前，地球关键带科学最显著的成就是建立了一系列的观测研究台站，在台站观测基础上产生了一系列关于特定关键带结构、过程、演化等方面的学术成果，空间尺度普遍偏小，代表性还存在明显的局限性。所以，有必要将地球关键带科学的学术思想和方法与综合自然地理学相融合，发展关键带地理学。通过关键带地理学的发展，加强地球表层关键带的类型、地域分异和区划，以及不同类型和区域关键带的相互影响、相互作用研究，深化水平方向关键带格局、过程、功能和服务及其跨尺度关联的科学理解。同时，在传统综合自然地理学擅长于地表水平格局、过程研究的基础上，借鉴关键带科学在地球表层垂直方向上结构、过程、功能、演化的理论和方法，促进对地球表层三维空间及其变异规律的深入探索，从而引导综合自然地理学逐步深化和拓展。

五、可持续发展与生态文明建设地理学

“未来地球”研究计划由国际科学理事会和国际社会科学理事会于 2011 年发起成立，实施时间为 2014～2023 年。该计划将多个全球环境变化研究项目与大型国际科学研究计划整合在一起，以解决“全球环境变化如何满足人类对食物、水、健康和能源的需求”等关系地球未来发展的问题为导向，提出了动态地球（dynamic planet）、全球发展（global development）、向可持续发展转变（transformations towards sustainability）三大研究领域，强调学科交叉与协同，致力于联系科研机构、政府、企业和公众，以期共同为人类可持续发展提供科学理论、研究方法与手段。2015 年，联合国在《变革我们的世界：2030 年可持续发展议程》中正式提出了 17 项可持续发展目标（Sustainable Development Goals，SDGs）。SDGs 兼顾了经济、社会和环境三方面的可持续发展，促使人类在重要领域采取行动，主要包括消除贫困与饥饿、管理自然资源、应对气候变化、与自然和谐共处等。“未来地球”研究计划是一项国际重大科学计划，联合国可持续发展目标是国际发展目标，但两者都以解决未来人类可持续发展的若干问题为导向，涉及的重大问题综合了人类－自然耦合系统各要素。因此，未来综合自然地理学应借助其综合自然、社会研究的特点，提高对区域和全球自然生态系统与人类未来可持续发展的认识，回答区域和全球变化的原因，模拟未来变化趋势，为不同尺度人类可持续发展提供决策支持。

“未来地球”研究计划与联合国可持续发展目标中都强调了自然科学、社会科学的交叉与可持续发展的概念，与综合自然地理学中综合、系统、集成的思想十分契合。因此，综合自然地理学在此研究计划中，也迎来了进一步丰富和发展理论、方法与实践的机遇，具体研究方向主要包括：建立能够容纳多维

空间数据及其变化的模型或表征方法；对非线性地理过程，综合多种手段与技术，定量模拟陆地表层格局变化，并揭示其不确定性；明确人类活动对资源与环境（生物多样性、粮食和水资源安全等）的影响过程及结果；聚焦全球环境变化与陆地表层系统的相互作用，研究主要陆表过程对外界扰动响应的敏感性和恢复机制；建立综合生态风险评价体系，提升风险预警能力。

从国内的情况看，生态文明建设已经成为国家发展中的重要战略选择，从中央到地方正在不断推进，也已经引起了国际社会的广泛关注和赞扬。但是，生态文明建设相关的众多科学问题并没有得到充分有效的解决，如资源环境承载力的动态维持机制、生态文明建设的指标和标准、不同尺度生态文明建设的内容和区域适宜性、生态文明建设成效的动态评估与预测预警等。在这些方面，综合自然地理学必须面对新的重大需求，开展生态文明建设的地理学综合研究。

上述国际国内的发展态势表明，学科发展必须进一步提高其包容性、实践性、综合与集成性，综合自然地理学的发展可以进一步关注如下方面。

（1）在科学问题上，既要关注全球共性问题，也要重视局地典型性问题。全球尺度的研究着眼于全人类与整个地球系统，强调人类共同福祉与地球生态系统的可持续性；在实践层面，实施过程将从局地或区域入手，政策决定一定是在符合区域利益诉求的前提下实施。在尺度上推的过程中，区域和全球的利益诉求可能产生冲突，解决冲突的最佳方案应是综合各方利益，实现综合利益最大化。因此，综合自然地理学应发挥其综合、集成的学科特性，基于空间异质性视角，对自然、社会要素的尺度关联与差异进行深入研究，探寻其地理空间分异规律；在区域尺度上，致力于因地制宜，缩小地区差异，为国家政策制定提供科学支撑；在全球尺度上，进行全球地域分异的研究，参与国际决策，保证决策的公平、合理，提升人类共同福祉。

（2）在研究导向上，以解决发展中的问题为重心。不论是可持续发展还是生态文明建设，都比以往更加强调全社会利益相关者的广泛参与，在组织架构上，不仅包括科研工作者与科研机构，还致力于紧密联系政府、决策者、公众与筹资机构、企业等，其目的在于将科研成果广泛应用到实践中，指导政策制定，为政府提供决策支撑。综合自然地理学在新的国际环境下被赋予了新的内涵，即综合自然地理学不仅综合自然地理要素，综合人类－自然耦合系统，还应综合科研与实践，努力搭建科学与决策的桥梁，实现地理科学的服务价值。因此在未来，综合自然地理学学者应广泛听取各方意见，了解实践中出现的问题，进而通过科学手段探索解决问题的路径，推广科研成果，加强政策制定与科学研究的联系。

（3）在研究方法和内容上，强调综合与集成，打破学科壁垒，融合多学科、多方法、多视角、多尺度，关注自然科学与社会科学的交叉，将气候变化、人类活动、资源与环境综合纳入考虑，提高运用先进技术解析地理现象的能力，提升预测未来自然生态系统、人类－自然耦合系统变化的能力。

（4）在研究理念上，核心仍是生态文明建设和可持续性动态。随着自然系统和人类社会的协同演进，所关注的时间和空间尺度在不断拓展。因此，未来综合自然地理学应加深对持续变化的地球表层系统的理解，加强人类活动对自然地域系统影响的动态研究。由于人类对环境施加的影响不是一成不变的，而是叠加在气候、环境等自身节律变化的基础上，综合自然地理学的研究应重点关注这种动态、持续的变化，针对人类－自然耦合系统面临气候变化、食物与水等资源短缺、生物多样性丧失、生态系统服务退化等众多挑战，探讨其可持续性的解决途径，提出保护与发展双赢的科学解决方案。

本章参考文献

蔡运龙 . 2007. 中国可持续发展总纲 : 第 14 卷 : 中国地理多样性与可持续发展 . 北京 : 科学出版社 .

曹建华 .2017-10-10. 创新岩溶关键带研究 , 推进国际岩溶大科学计划 . 中国国土资源报 , 第 5 版 .

陈传康 , 伍光和 , 李昌文 . 1993. 综合自然地理学 . 北京 : 高等教育出版社 .

陈肖飞 , 张落成 , 姚士谋 . 2015. 基于新经济地理学的长三角城市群空间格局及发展因素 . 地理科学进展 , 34(2): 229-236.

丁冬静 , 廖宝文 , 管伟 , 等 . 2016. 东寨港红树林自然保护区滨海湿地生态系统服务价值评估 . 生态科学 , 35(6): 182-190.

樊杰 . 2007. 我国主体功能区划的科学基础 . 地理学报 , 62(4): 339-350.

樊杰 . 2015. 中国主体功能区划方案 . 地理学报 , 70(2): 186-201.

方创琳 , 刘海猛 , 罗奎 , 等 . 2017. 中国人文地理综合区划 . 地理学报 , 72(2): 179-196.

傅伯杰 . 2014. 地理学综合研究的途径与方法 : 格局与过程耦合 . 地理学报 , 69(8): 1052-1059.

傅伯杰 . 2017. 地理学 : 从知识、科学到决策 . 地理学报 , 72(11): 1923-1932.
傅伯杰 , 张立伟 . 2014. 土地利用变化与生态系统服务 : 概念、方法与进展 . 地理科学进展 , 33(4): 441-446.
傅伯杰 , 刘国华 , 陈利顶 , 等 . 2001. 中国生态区划方案 . 生态学报 , 21(1): 1-6.
傅伯杰 , 吕一河 , 陈利顶 , 等 . 2008. 国际景观生态学研究新进展 . 生态学报 , 28(2): 798-804.
傅伯杰 , 徐延达 , 吕一河 . 2010. 景观格局与水土流失的尺度特征与耦合方法 . 地球科学进展 , 25(7): 673-681.
高光耀 , 傅伯杰 , 吕一河 , 等 . 2013. 干旱半干旱区坡面覆被格局的水土流失效应研究进展 . 生态学报 , 33(1): 12-22.
高江波, 黄姣, 李双成, 等. 2010. 中国自然地理区划研究的新进展与发展趋势. 地理科学进展, 29(11): 1400-1407.
葛京凤 . 2005. 综合自然地理学 . 北京 : 中国环境科学出版社 .
巩杰 , 李秀珍 . 2015. 跨越尺度、跨越边界 : 面向复杂挑战的全球方法——2015 年第九届国际景观生态学大会述评 . 生态学报 , 35(18): 6233-6235.
郭艺 , 康宇航 , 刘旺 , 等 . 2016. 福田红树林自然保护区湿地生态系统模型框架的构建 . 中国科技博览 , 2: 297.
胡序威 . 2006. 中国区域规划的演变与展望 . 地理学报 , 61(6): 585-592.
黄秉维 . 1996. 加强可持续发展战略科学基础 : 建立地球系统科学 . 科学对社会的影响 , 51(1): 15-21.
李波 , 袁天凤 . 1998. 论地球表层系统的结构与进化 . 内江师范学院学报 , 13(2): 29-36.
李德威 . 2005. 地球系统动力学纲要 . 大地构造与成矿学 , 29(3): 285-294.
李小雁 , 马育军 . 2016. 地球关键带科学与水文土壤学研究进展 . 北京师范大学学报（自然科学版）, 52(6): 731-737.
刘建国 , Hull V, Batistella M, 等 . 2016. 远程耦合世界的可持续性框架 . 生态学报 , 36(23): 7870-7885.
刘建国 , Dietz T, Carpenter S R, 等 . 2007. 人类与自然耦合系统 . AMBIO- 人类环境杂志 , 36(8): 602-611, .
刘敏 , 许世远 , 侯立军 . 2007. 长江口潮滩沉积物 – 水界面营养盐环境生物地球化学过程 . 北京：科学出版社 .
刘敏, 许世远, 侯立军, 等 . 2018. 城市自然地理学的理论、实践和发展 . 地理科学进展, 37 (1): 102-108.
刘南威 . 2014. 自然地理学（第三版）. 北京 : 科学出版社 .

马宗晋，高祥林，杜品仁 . 2006. 全球表层系统研究的思考 . 地学前缘，13(6): 96-101.

彭建，杜悦悦，刘焱序，等 . 2017. 从自然区划、土地变化到景观服务：发展中的中国综合自然地理学 . 地理研究，36(10): 1819-1833.

彭建，吕慧玲，刘焱序，等 . 2015. 国内外多功能景观研究进展与展望 . 地球科学进展，30(4): 465-476.

宋章建，曹宇，谭永忠，等 . 2015. 土地利用 / 覆被变化与景观服务：评估、制图与模拟 . 应用生态学报，26(5): 1594-1600.

孙九林 . 2006. 地球系统科学理论与实践 . 地理教育，(1): 4-6.

汪品先 . 2014. 对地球系统科学的理解与误解——献给第三届地球系统科学大会 . 地球科学进展，29(11): 1277-1279.

王常顺，孟凡栋，李新娥，等 . 2013. 青藏高原草地生态系统对气候变化的响应 . 生态学杂志，32(6): 1587-1595.

王宁舸，龚政，张长宽，等 . 2016. 淤泥质潮滩地貌演变中的水动力及生物过程研究进展 . 海洋工程，34(1): 104-116.

王如松，欧阳志云 . 2012. 社会 - 经济 - 自然复合生态系统与可持续发展 . 中国科学院院刊，27(3) : 337-345, 403-404, 254.

邬建国 . 2000. 景观生态学——概念与理论 . 生态学杂志，19(1): 42-52.

邬建国，何春阳，张庆云，等 . 2014. 全球变化与区域可持续发展耦合模型及调控对策 . 地球科学进展，29(12): 1315-1324.

吴绍洪，刘文政，潘韬，等 . 2016. 1960～2011 年中国陆地表层区域变动幅度与速率 . 科学通报，61(19): 2187-2197.

吴绍洪，潘韬，刘燕华，等 . 2017. 中国综合气候变化风险区划 . 地理学报，72(1): 3-17.

徐义刚，钟玉婷，位荀，等 . 2017. 二叠纪地幔柱与地表系统演变 . 矿物岩石地球化学通报，36(3): 359-373,358.

许学工，李双成，蔡运龙 . 2009. 中国综合自然地理学的近今进展与前瞻 . 地理学报，64(9): 1027-1038.

杨建锋，张翠光 . 2014. 地球关键带：地质环境研究的新框架 . 水文地质工程地质，41(3): 98-104,110.

杨强，郑西楠，何立恒 . 2017. 基于 HadCM3 模式的我国主要气候区划界线时空预测研究 . 干旱区地理，40(1): 17-25.

杨勤业，郑度，吴绍洪，等 . 2005. 20 世纪 50 年代以来中国综合自然地理研究进展 . 地理研究，24(6): 899-910.

杨巍然 . 2006. 地球表层系统与中国区域大地构造的研究发展 . 地学前缘 , 13(6): 102-110.

于志刚 , 姚鹏 , 甄毓 , 等 . 2011. 河口及近岸海域底边界层生物地球化学过程研究进展 . 海洋学报 , 33(5): 1-8.

张猛刚 , 雷祥义 . 2005. 地球表层系统浅论 . 西北地质 , 38(2): 99-101.

赵松乔 , 陈传康 , 牛文元 . 1979. 近三十年来我国综合自然地理学的进展 . 地理学报 , 34(3): 187-199.

赵文武 , 房学宁 . 2014. 景观可持续性与景观可持续性科学 . 生态学报 , 34(10): 2453-2459.

郑度 . 2008. 中国生态地理区域系统研究 . 北京 : 商务印书馆 .

郑度 , 葛全胜 , 张雪芹 , 等 . 2005. 中国区划工作的回顾与展望 . 地理研究 , 24(3): 330-344.

郑度 , 吴绍洪 , 尹云鹤 , 等 . 2016. 全球变化背景下中国自然地域系统研究前沿 . 地理学报 , 71(9): 1475-1483.

中国科学技术协会 , 中国地理学会 . 2009. 2008-2009 地理学学科发展报告（自然地理学）. 北京 : 中国科学技术出版社 .

周秀骥 . 2004. 对地球系统科学的几点认识 . 地球科学进展 , 19(4): 513-515.

Andersen T J, Jensen K T, Lund-Hansen L, et al. 2002. Enhanced erodibility of fine-grained marine sediments by Hydrobia ulvae. Journal of Sea Research, 48(1): 51-58.

Anderson R S, Anderson S, Aufdenkampe A K, et al. 2010. Future directions for critical zone observatory (CZO) science[R/OL]. https://czo-archive.criticalzone.org/images/national/associated-files/1National/CZO-FutureDirectionsReport_v3.pdf[2021-03-04].

Arkema K K, Verutes G M, Wood S A, et al. 2015. Embedding ecosystem services in coastal planning leads to better outcomes for people and nature. Proceedings of the National Academy of Sciences of the United States of America, 112(24): 7390-7395.

Averill C, Finzi A C. 2011. Increasing plant use of organic nitrogen with elevation is reflected in nitrogen uptake rates and ecosystem delta N-15. Ecology, 92(4): 883-891.

Barbier E B. 2015. Valuing the storm protection service of estuarine and coastal ecosystems. Ecosystem Services, 11: 32-38.

Barbier E B, Hacker S D, Kennedy C, et al. 2011. The value of estuarine and coastal ecosystem services. Ecological Monographs, 81(2): 169-193.

Bennett N D, Croke B F, Guariso G, et al. 2013. Characterising performance of environmental models. Environmental Modelling and Software, 40: 1-20.

Boldt K V, Nittrouer C A, Ogston A S. 2013. Seasonal transfer and net accumulation of fine sediment on a muddy tidal flat: Willapa Bay, Washington. Continental Shelf Research, 60

(Supplement): S157-S172.

Cai W J. 2011. Estuarine and coastal ocean carbon paradox: CO_2 sinks or sites of terrestrial carbon incineration?. Annual Review of Marine Science, 3: 123-145.

Chen J, Liu Y. 2014. Coupled natural and human systems: a landscape ecology perspective. Landscape Ecology, 29(10): 1641-1644.

Cheng G D, Jin H J. 2013. Permafrost and groundwater on the Qinghai-Tibet Plateau and in northeast China. Hydrogeology Journal, 21(1): 5-23.

Ciutat A, Widdows J, Pope N D. 2007. Effect of Cerastoderma edule density on near-bed hydrodynamics and stability of cohesive muddy sediments. Journal of Experimental Marine Biology and Ecology, 346(1): 114-126.

Corrao M V, Link T E, Heinse R, et al. 2017. Modeling of terracette-hillslope soil moisture as a function of aspect, slope and vegetation in a semi-arid environment. Earth Surface Processes and Landforms, 42(10): 1560-1572.

Davies T, Everard M, Horswell M. 2016. Community-based groundwater and ecosystem restoration in semi-arid north Rajasthan (3): evidence from remote sensing. Ecosystem Services, 21: 20-30.

de Vittor C, Relitti F, Kralj M, et al. 2016. Oxygen, carbon, and nutrient exchanges at the sediment–water interface in the Mar Piccolo of Taranto (Ionian Sea, southern Italy). Environmental Science and Pollution Research, 23(13): 12566-12581.

Engle V D. 2011. Estimating the provision of ecosystem services by Gulf of Mexico coastal wetlands. Wetlands, 31(1): 179-193.

Fagherazzi S, Kirwan M L, Mudd S M, et al. 2012. Numerical models of salt marsh evolution: ecological, geomorphic, and climatic factors. Reviews of Geophysics, 50(1): 1-28.

Fang X N, Zhao W W, Fu B J, et al. 2015. Landscape service capability, landscape service flow and landscape service demand: a new framework for landscape services and its use for landscape sustainability assessment. Progress in Physical Geography, 39(6): 817-836.

Feng X M, Fu B J, Lu N, et al. 2013. How ecological restoration alters ecosystem services: an analysis of carbon sequestration in China's Loess Plateau. Scientific Reports, 3:2846.

Feng X M, Fu B J, Piao S, et al. 2016. Revegetation in China's Loess Plateau is approaching sustainable water resource limits. Nature Climate Change, 6(11): 1019-1022.

Feng X M, Li J X, Cheng W, et al. 2017. Evaluation of AMSR-E retrieval by detecting soil moisture decrease following massive dryland re-vegetation in the Loess Plateau, China. Remote Sensing of Environment, 196: 253-264.

Fensholt R, Langanke T, Rasmussen K, et al. 2012. Greenness in semi-arid areas across the globe 1981-2007—an Earth Observing Satellite based analysis of trends and drivers. Remote Sensing of Environment, 121: 144-158.

Fierer N, McCain C M, Meir P, et al. 2011. Microbes do not follow the elevational diversity patterns of plants and animals. Ecology, 92: 797-804.

Fu B J, Forsius M. 2015. Ecosystem services modeling in contrasting landscapes. Landscape Ecology, 30(3): 375-379.

Fu B J, Lü Y H, Chen L D, et al. 2006. Progress and prospects of integrated physical geography in China. Progress in Physical Geography, 30(5): 659-672.

Fu B J, Pan N Q. 2016. Integrated studies of physical geography in China: review and prospects. Journal of Geographical Sciences, 26(7): 771-790.

Geist H, McConnell W, Lambin E F, et al. 2006. Causes and trajectories of land-use/cover change. Berlin: Springer.

Girardin C A J, Malhi Y, Aragao L, et al. 2010. Net primary productivity allocation and cycling of carbon along a tropical forest elevational transect in the Peruvian Andes. Global Change Biology, 16(12): 3176-3192.

Good M K, Schultz N L, Tighe M, et al. 2013. Herbaceous vegetation response to grazing exclusion in patches and inter-patches in semi-arid pasture and woody encroachment. Agriculture Ecosystems & Environment, 179: 125-132.

Gottfried M, Pauli H, Futschik A, et al. 2012. Continent-wide response of mountain vegetation to climate change. Nature Climate Change, 2(2): 111-115.

Grimm N B, Faeth S H, Golubiewski N E, et al. 2008. Global change and the ecology of cities. Science, 319(5864): 756-760.

Guo L, Lin H. 2016. Critical zone research and observatories: current status and future perspectives. Vadose Zone Journal, 15(9):1-14.

Hurtt G C, Frolking S, Fearon M G, et al. 2006. The underpinnings of land-use history: three centuries of global gridded land-use transitions, wood-harvest activity, and resulting secondary lands. Global Change Biology, 12(7): 1208-1229.

Immerzeel W W, van Beek L P H, Bierkens M F P. 2010. Climate change will affect the Asian water towers. Science, 328(5984): 1382-1385.

IPCC. 2013. Working group contribution to the IPCC fifth assessment report, climate change 2013: the physical science basis. Final draft underlying scientific-technical assessment.

Isaac R S, Bradley D E, Markus H. 2012. The driving forces of porewater and groundwater flow in permeable coastal sediments: a review. Estuarine, Coastal and Shelf Science, 98: 1-15.

Jaud M, Grasso F, Le Dantec N, et al. 2016. Potential of UAVs for monitoring mudflat morphodynamics (application to the Seine Estuary, France). ISPRS International Journal of Geo-Information, 5(4): 50.

Jia X Q, Fu B J, Feng X M, et al. 2014. The tradeoff and synergy between ecosystem services in the Grain-for-Green areas in Northern Shaanxi, China. Ecological Indicators, 43: 103-113.

Justić D, Wang L. 2014. Assessing temporal and spatial variability of hypoxia over the inner Louisiana-upper Texas shelf: application of an unstructured-grid three-dimensional coupled hydrodynamic-water quality model. Continental Shelf Research, 72: 163-179.

Kassakian J, Jones A, Martinich J, et al. 2017. Managing for no net loss of ecological services: an approach for quantifying loss of coastal wetlands due to sea level rise. Environmental Management, 59(5):736-751.

Kennedy C, Cuddihy J, Engelyan J. 2007. The changing metabolism of cities. Journal of Industrial Ecology, 11: 43-59.

Kennedy C, Pincetl S, Bunje P. 2011. The study of urban metabolism and its applications to urban planning and design. Environmental Pollution, 159(8-9): 1965-1973.

Kessler M, Kluge J, Hemp A. et al. 2011. A global comparative analysis of elevational species richness patterns of ferns. Global Ecology and Biogeography, 20(6): 868-880.

Kim T, Khangaonkar T. 2012. An offline unstructured biogeochemical model (UBM) for complex estuarine and coastal environments. Environmental Modelling & Software, 31: 47-63.

Kirwan M L, Megonigal J P. 2013. Tidal wetland stability in the face of human impacts and sea-level rise. Nature, 504(7478): 53-60.

Koch A, McBratney A, Lal R. 2012. Global soil week: put soil security on the global agenda. Nature, 492(7428): 186.

Kraas F. 2008. Megacities as global risk areas. Petermanns Geographische Mitteilungen, 147 (4): 583-596.

Kristensen E, Neto J M, Lundkvist M, et al. 2013. Influence of benthic macroinvertebrates on the erodability of estuarine cohesive sediments: density-and biomass-specific responses. Estuarine, Coastal and Shelf Science, 134: 80-87.

Kurtz W, He G W, Kollet S J, et al. 2015. TerrSysMP-PDAF (version 1.0): a modular high-performance data assimilation framework for an integrated land surface-subsurface model.

Geoscientific Model Development Discussions, 8: 9617-9668.

Lai L, Huang X, Yang H, et al. 2016. Carbon emissions from land-use change and management in China between 1990 and 2010. Science Advances, 2(11): e1601063.

Larsen L, Hajek E, Maher K, et al. 2016. Taking the Pulse of the Earth' s Surface Systems. Eos, 96.

Lee S Y, Primavera J H, Dahdouh-Guebas F, et al. 2014. Ecological role and services of tropical mangrove ecosystems: a reassessment. Global Ecology and Biogeography, 23(7): 726-743.

Lei M, Minghelli A, Fraysse M, et al. 2016. Geostationary image simulation on coastal waters using hydrodynamic biogeochemical and sedimentary coupled models. IEEE Journal of Selected Topics in Applied Earth Observations and Remote Sensing, 9(11): 5209-5222.

Lenton T M, Williams H T. 2013. On the origin of planetary-scale tipping points. Trends in Ecology & Evolution, 28: 380-382.

Liang E Y, Wang Y F, Eckstein D, et al. 2011. Little change in the fir tree-line position on the southeastern Tibetan Plateau after 200 years of warming. New Phytologist, 190(3): 760-769.

Liu F, Yang Q, Hu Y, et al. 2014. Distribution and transportation of polycyclic aromatic hydrocarbons (PAHs) at the Humen river mouth in the Pearl River delta and their influencing factors. Marine Pollution Bulletin, 84(1): 401-410.

Liu J G, Hull V, Batistella M, et al. 2013. Framing sustainability in a telecoupled world. Ecology and Society, 36(23):7870-7885.

Liu J. 2014. Forest sustainability in China and implications for a telecoupled world. Asia & the Pacific Policy Studies, 1(1): 230-250.

Liu M. 2020. Urban physical geography. International Encyclopedia of Human Geography (2nd Edition). Amsterdam: Elsevier Science.

Liu M, Hou L J, Yang Y, et al. 2020. The case for a critical zone science approach to research on estuarine and coastal wetlands in the Anthropocene. Estuaries and Coasts, https://doi.org/10.1007/s12237-020-00851-9.

Lü Y H, Fu B J, Feng X M, et al. 2012. A policy-driven large scale ecological restoration: quantifying ecosystem services changes in the Loess Plateau of China. Plos One, 7(2): e31782.

Lü Y H, Zhang L W, Feng X M, et al. 2015. Recent ecological transitions in China: greening, browning, and influential factors. Scientific Reports, 5: 8732.

Lutz A F, Immerzeel W W, Shrestha A B, et al. 2014. Consistent increase in High Asia' s runoff due to increasing glacier melt and precipitation. Nature Climate Change, 4(7): 587-592.

Maciel D C, de Souza J R B, Taniguchi S, et al. 2015. Sources and distribution of polycyclic aromatic hydrocarbons in an urbanized tropical estuary and adjacent shelf, Northeast of Brazil. Marine Pollution Bulletin, 101(1): 429-433.

Mani M R, Dinesh K P K. 2015. Implications of sea level rise scenarios on land use/land cover classes of the coastal zones of Cochin, India. Journal of Environmental Management, 148:124-133.

McKee M, White J R, Putnam-Duhon L A. 2016. Simulated storm surge effects on freshwater coastal wetland soil porewater salinity and extractable ammonium levels: implications for marsh recovery after storm surge. Estuarine, Coastal and Shelf Science, 181: 338-344.

Morrissey E M, Gillespie J L, Morina J C, et al. 2014. Salinity affects microbial activity and soil organic matter content in tidal wetlands. Global Change Biology, 20(4): 1351-1362.

Napton D E, Auch R F, Headley R, et al. 2010. Land changes and their driving forces in the Southeastern United States. Regional Environmental Change, 10(1): 37-53.

National Research Council. 2001. Basic Research Opportunitiesin Earth Science. Washington, DC: National Academy Press.

Neeck S P. 2015. The NASA Earth Science Program and Small Satel-lites. HQ-E-DAA-TN21947. Berlin, Germany.

O' Driscoll K, Mayer B, Ilyina T, et al. 2013. Modelling the cycling of persistent organic pollutants (POPs) in the North Sea system: fluxes, loading, seasonality, trends. Journal of Marine Systems, 111-112: 69-82.

Osland M J, Enwright N, Day R H, et al. 2013. Winter climate change and coastal wetland foundation species: salt marshes vs. mangrove forests in the southeastern United States. Global Change Biology, 19(5): 1482-1494.

Ostrom E. 2009. A general framework for analyzing sustainability of social-ecological systems. Science, 325(5939): 419-422.

Pepin N, Bradley R S, Diaz H F, et al. 2015. Elevation-dependent warming in mountain regions of the world. Nature Climate Change, 5(5): 424-430.

Phillips J D. 2016. Complexity of earth surface system evolutionary pathways. Mathematical Geosciences, 48(7): 1-23.

Pieterse A, Puleo J A, McKenna T E. 2016. Hydrodynamics and sediment suspension in shallow tidal channels intersecting a tidal flat. Continental Shelf Research, 119: 40-55.

Rangwala I, Miller J R. 2012. Climate change in mountains: a review of elevation-dependent warming and its possible causes. Climatic Change, 114(3-4): 527-547.

Reaney S M, Bracken L J, Kirkby M J. 2014. The importance of surface controls on overland flow connectivity in semi-arid environments: results from a numerical experimental approach. Hydrological Processes, 28(4): 2116-2128.

Reed D C, Slomp C P, Gustafsson B G. 2011. Sedimentary phosphorus dynamics and the evolution of bottom-water hypoxia: a coupled benthic-pelagic model of a coastal system. Limnology and Oceanography, 56(3): 1075-1092.

Reid W V, Chen D, Goldfarb L, et al. 2010. Earth system science for global sustainability: grand challenges. Science, 330: 916-917.

Rindfuss R R, Walsh S J, Turner B L, et al. 2004. Developing a science of land change: challenges and methodological issues. Proceedings of the National Academy of Sciences of the United States of America, 101(39): 13976-13981.

Robinson D A, Hockley N, Dominati E, et al. 2012. Natural capital, ecosystem services, and soil change: why soil science must embrace an ecosystems approach. Vadose Zone Journal, 11(1): 1-6.

Rockström J, Steffen W, Noone K, et al. 2009. Planetary boundaries: exploring the safe operating space for humanity. Ecology and Society, 14(2), art32.

Running S W. 2012. A measurable planetary boundary for the biosphere. Science, 337: 1458-1459.

Salinas N, Malhi Y, Meir P, et al. 2011. The sensitivity of tropical leaf litter decomposition to temperature: results from a large-scale leaf translocation experiment along an elevation gradient in Peruvian forests. New Phytologist, 189(4): 967-977.

Salvati L, Sabbi A. 2011. Exploring long-term land cover changes in an urban region of southern Europe. International Journal of Sustainable Development and World Ecology, 18(4): 273-282.

Schalge B, Rihani J, Baroni G, et al. 2016. High-resolution virtual catchment simulations of the Subsurface-Land Surface-Atmosphere System. Hydrology & Earth System Sciences Discussions. https://doi.org/10.5194/hess-2016-557.

Seto K C, Reenberg A. 2014. Rethinking Global Land Use in an Urban Era. Cambridge: MIT Press.

Seto K C, Reenberg A, Boone C G, et al. 2012. Urban land teleconnections and sustainability. Proceedings of the National Academy of Sciences of the United States of America, 109(20): 7687-7692.

Shi B W, Yang S L, Wang Y P, et al. 2017. Role of wind in erosion-accretion cycles on an estuarine mudflat. Journal of Geophysical Research: Oceans, 122(1): 193-206.

Song C Q, Huang B, Richards K, et al. 2014. Accelerated lake expansion on the Tibetan Plateau in the 2000s: induced by glacial melting or other processes?. Water Resources Research, 50(4):

3170-3186.

Termorshuizen J W, Opdam P. 2009. Landscape services as a bridge between landscape ecology and sustainable development. Landscape Ecology, 24(8): 1037-1052.

Tolessa T, Senbeta F, Kidane M. 2017. The impact of land use/land cover change on ecosystem services in the central highlands of Ethiopia. Ecosystem Services, 23:47-54.

Verburg P H, Crossman N, Ellis E C, et al. 2015. Land system science and sustainable development of the earth system: a global land project perspective. Anthropocene, 12: 29-41.

Wang S, Fu B J, Piao S L, et al. 2016. Reduced sediment transport in the Yellow River due to anthropogenic changes. Nature Geoscience, 9(1): 38-41.

Watanabe M D B, Ortega E. 2014. Dynamic emergy accounting of water and carbon ecosystem services: a model to simulate the impacts of land-use change. Ecological Modelling, 271(SI): 113-131.

Wilkinson S N, Hancock G J, Bartley R, et al. 2013. Using sediment tracing to assess processes and spatial patterns of erosion in grazed rangelands, Burdekin River basin, Australia. Agriculture Ecosystems & Environment, 180: 90-102.

Wolman A. 1965. The metabolism of cities. Scientific American, 213 (3): 179-190.

Wu S, Zheng D, Yin Y, et al. 2010. Northward-shift of temperature zones in China' s eco-geographical study under future climate scenario. Journal of Geographical Sciences, 20(5): 643-651.

Xystrakis F, Psarras T, Koutsias N. 2017. A process-based land use/land cover change assessment on a mountainous area of Greece during 1945–2009: signs of socio-economic drivers. Science of the Total Environment, 587-588: 360-370.

Yin S, Wu Y, Xu W, et al. 2016. Contribution of the upper river, the estuarine region, and the adjacent sea to the heavy metal pollution in the Yangtze Estuary. Chemosphere, 155: 564-572.

Zhang G Q, Yao T D, Xie H J, et al. 2014. Lakes' state and abundance across the Tibetan Plateau. Chinese Science Bulletin, 59(24): 3010-3021.

Zhang X, Yan X. 2014. Temporal change of climate zones in China in the context of climate warming. Theoretical and Applied Climatology, 115(1-2): 167-175.

Zheng Y, Bu N S, Long X E, et al. 2017. Sulfate reducer and sulfur oxidizer respond differentially to the invasion of Spartina alterniflora in estuarine salt marsh of China. Ecological Engineering, 99: 182-190.

Zhou J, Fu B J, Gao G Y, et al. 2016. Effects of precipitation and restoration vegetation on soil erosion in a semi-arid environment in the Loess Plateau, China. Catena, 137: 1-11.

Zhu Y G, Meharg A A. 2015. Protecting global soil resources for ecosystem services. Ecosystem Health and Sustainability, 1(3): 1-4.

第十二章
地理系统模型模拟发展态势与发展方向

第一节　地理系统模型模拟研究任务

地理系统是地球表层各圈层在长期演化过程中形成的复杂的交互巨系统，其强调圈层之间的界面过程及其物质交换和能量传输的关系，重点关注自然与社会经济高度复合地区和生态环境脆弱地带（钱学森，1991；《黄秉维文集》编写组，2003；傅伯杰，2017）。地理系统模型是从地理系统的整体出发，从多个角度对地理系统的结构和功能进行分析，并运用计算机等多种技术手段，对地理系统各要素及其相互作用的定量表达（冷疏影和宋长青，2005）。地理系统模型是对不同时空尺度下地理要素、格局及其过程的简化（陈报章等，2017），是从机理上理解与解决地理学诸多关键科学问题的有效方法（傅伯杰，2014）。目前，已经建立了具有较强的模拟多种自然地理要素及其相互作用的地理系统模型（Krinner et al.，2005；Oleson et al.，2010；陈报章等，2017；彭书时等，2018），并且被耦合于地球系统模式，初步实现了对人类活动、地表－地球系统之间的水分、能量、动量和物质（碳、氮、磷等）交换等过程的模拟。

随着科学技术的不断进步，地理系统更加强调多学科交叉，研究内容和发展趋势都在发生深刻变化，更加侧重于研究地球表层多圈层相互作用、全球变化与可持续发展等相关问题，研究目标不仅在于解释过去，还在于服务现在、预测未来（傅伯杰，2017），对地理系统模型提出了新的要求。同时，观测和实验技术日新月异，高性能计算和大数据等技术的不断进步，为地理系统模型发展和模拟提供了坚实的基础（郑度和陈述彭，2001）。具体而言，地理系统模型和模拟的主要任务包括以下三个方面（傅伯杰，2017）。

（1）精准找出地理系统模型的模拟和预测对象，切实满足国家、地方社会经济可持续发展和地理系统科学研究的需求。在全球变化背景下，亟须精准确定地理系统模型需要模拟的过程，不断调整和更新其模拟和预测对象，重点提高对人类社会经济发展有重大影响过程的模拟水平，如气候变化、生物地球化学循环、生态系统服务等，准确预测地球系统变化。

（2）实现地理系统过程从概念模型到定量表达的深化，促进其从定性描述到过程模拟的转变。目前，对于很多地理过程的模拟还停留在概念模型的发展阶段，亟须在充分认识其格局和变化的基础上，发展过程模型方法，增强定量化模拟水平，实现动态模拟和预测，深化地理系统模型的内涵。

（3）完善和发展地理系统模型算法、数据同化和实时预测预报技术，提高地理系统模型的模拟能力和精度。不断改进模型算法，特别要加强对人类社会活动的模拟能力，完善自然生态和人类社会经济双向耦合的模型系统，并充分利用多源、长时间的观测数据，借助大数据、数据挖掘、数据同化等方法，提高模型实时预测和预报能力。

第二节　研究现状与发展趋势

地理系统模型在过去几十年经历了从单要素到多要素、从统计到过程、从静态到动态、从单点到区域和全球尺度模拟等发展历程，逐步形成了以不同研究对象为主的多种地理过程模型，整体发展趋势以开发耦合各种自然地理过程和人地关系的地理系统模型为目标。本节总结了地理系统模型的主要发展过程、应用及其发展趋势。

一、地理系统模型的现状与发展

目前，地理系统模型已经涵盖了陆地生态系统的主要过程，包括元素物质循环（碳循环、氮循环和水循环）、能量流动、植被动态等过程（于贵瑞等，2014）。在真实世界中，这些物理的、化学的和生物的自然过程并不是相对独立的，而是通过土壤－植物－大气连续体中一系列的能量转化、物质循环和水分传输过程紧密耦合在一起的有机整体。目前，模型以碳循环为中心，耦合了水循环、能量平衡等主要过程（图 12-1），并逐步发展耦合氮磷等元素循环、人为管理等其他地理过程。其中，植物光合作用、生长、凋落和分解是碳循环的核心过程，其间伴随着陆地系统的能量固定和初级生产力的形成，并受到氮磷等营养元素和水循环的调控与相互作用。随着人们对光合、呼吸和分解等过程的认知不断深入，模型对这些过程的刻画也越来越精细，过程的模拟也越来越复杂。

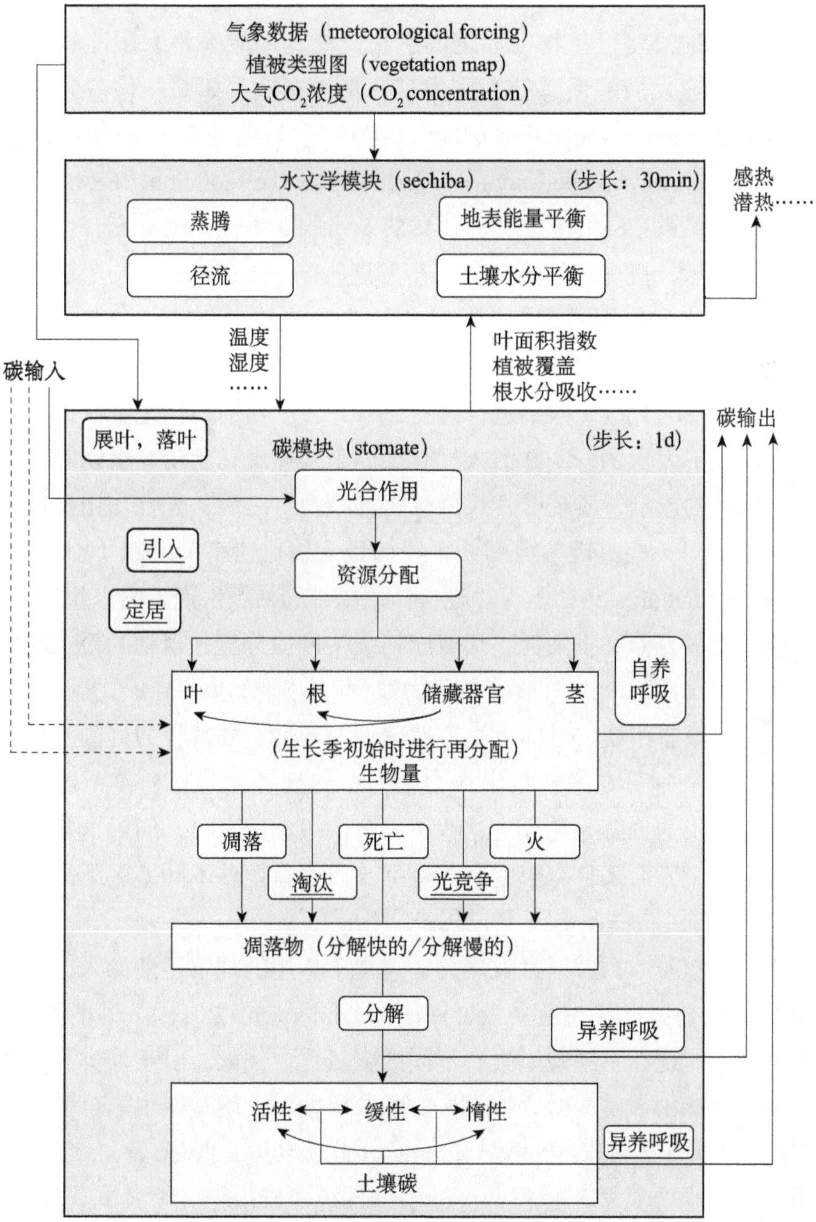

图 12-1　法国 ORCHIDEE 模型过程框架

作为碳循环的核心过程，光合作用过程的模拟最初基于经验认知的光能利用率模型。20 世纪 70 年代，Monteith（1972）发现在农田生态系统中植被地上生产力与所吸收的光合有效辐射呈线性关系，首次提出光能利用率模型。该模型认为在最适环境条件下，植物光合作用的大小取决于叶片吸收的光合有效辐射总量，植物以固定的潜在光能利用效率将太阳能转化为化学能。同时期迅速发展的遥感技术则发现，植被指数［如归一化差分植被指数（normalized difference vegetation index，NDVI）］与植被对光合有效辐射的吸收比例（fraction of absorbed photosynthetically active radiation，FPAR）之间存在良好的线性关系（Sellers，1985，1987）。到 80 年代，植物光合作用的生理过程被逐步揭示，机理过程模型也逐步发展。Farquhar 等（1980）最早提出基于机理过程的光合作用模型框架，他们认为叶片的光合速率由光合酶促反应的羧化速率和光合作用中电子传递速率的光量子效应共同决定。随后，Collatz 等（1991，1992）对这一框架进行修正，将光合产物的转化速率作为影响叶片光合速率的决定因素之一，并引入气孔导度来描述气孔活动对植物叶片和大气之间碳水交换的影响，实现叶片尺度碳水的耦合。之后，光合作用机理模型的发展则主要针对一些关键参数的修正，如最大羧化速率 Vcmax（Kattge et al.，2009；Vuichard et al.，2019）等。光合作用提供的初级生产力进入生态系统后，一部分通过植被自养呼吸消耗，形成净初级生产力分配到植物的根、茎、叶等各个器官，根、茎、叶进而形成凋落物被分解一部分以 CO_2 形式返回大气中，一部分形成土壤有机质。目前，模型对碳循环各个主要过程的刻画仍然有很大的不确定性，特别是在净初级生产力如何分配到各个器官和各个器官的碳周转、土壤有机质的分解等过程。这些不确定性一方面来自人们对这些过程的机理不清楚，另一方面来自有限的观测数据难以覆盖全球不同地区不同类型的生态系统。

近年来，随着人们对氮素在碳循环过程中作用的理解逐渐深入，越来越多的模型开始耦合氮循环过程（Zaehle and Dalmonech，2011）。早期的模型中，氮的影响主要体现在不同碳库具有不同的碳氮比。例如，由于糖类和木质素碳氮比不同，凋落物木质素的含量直接影响凋落物在土壤碳库中的分配，从而影响各碳库的大小和异养呼吸过程（Potter et al.，1993；Foley et al.，1996）。目前的模型逐渐耦合氮循环过程，包括生态系统中氮的输入（氮沉降等），氮在植物各组织中的分配及其在土壤中的周转、硝化、反硝化和淋溶等过程（Wang et al.，2010；Xu and Prentice，2008；Zaehle and Friend，2010）。2011 年以来，陆地碳源汇趋势（Trends in Net Land Carbon Exchange，TRENDY）模型比较项目所使用的动态植被模型中，包含氮循环过程的模型起初仅占据10个模型中的2个（Sitch et al.，2015），而目前包含氮循环过程的模型已经接近所有模型的一半（Le Quéré et al.，2018a）。另外，也有少部分模型已经在发展耦合磷循环的过程（Goll et al.，2017），包括磷元素在生态系统中的循环转化，与碳氮循环的耦合过程。生物地球化学循环模型中不断丰富的元素循环过程为地理系统模型的迅速发展提供了基础，被广泛用于全球碳氮循环的模拟。同时，以生物地球化学循环模型为基础，耦合植物地理学（biogeography）、生物物理学（biophysics）和植被动态（vegetation dynamics）等发展陆地生物圈模型成为目前的发展趋势（Bonan and Doney，2018）。

人类主导的土地利用/覆盖变化是全球变化的重要驱动力，同时也是全球变化的结果（Verburg et al.，2015），这一问题历来是全球变化和可持续发展研究的重要内容（Turner et al.，2007）。目前，土地利用变化模拟的研究主要解决土地利用变化的过程格局模拟、驱动机制分析、生态和环境效应评估三个方面的问题。在研究方法上，土地利用驱动力模型一般包括数理统计模型和系统动力模型，多聚焦土地利用变化的人为驱动力方向（杨梅等，2011）。土地利用变化过程格局模拟模型则是在深刻认识土地利用系统驱动机制的基础上，模拟系统中各组成部分之间的相互作用，进而模拟土地利用变化过程。目前，国内外应用较多的模型有马尔可夫模型、元胞自动机模型、多智能体模型等。土地利用变化的生态和环境效应模型则多以水文、气候、土壤等专业模型为主，通过调整下垫面参数实现土地利用变化效应的模拟。虽然耦合土地利用变化模型和其他陆表过程模型、水文模型等对于认识人地耦合过程具有重要意义，但是目前土地覆被和土地利用信息多作为地球系统模型的输入数据，较少考虑土地利用的连续变化过程对陆表过程的影响以及自然系统变化后对人类和土地利用的反馈。随着人们对全球变化过程认识的不断深入，土地利用变化模型需要嵌入其他地理或地球系统模型，更好地解释人地相互作用机制，同时也进一步提升对地理系统的理解（Robinson et al.，2018）。

我国是世界上水土流失最严重的国家之一。水土流失直接关系着国家的生态安全、防洪安全、粮食安全和饮水安全（孙鸿烈，2011）。土壤侵蚀模型是了解土壤侵蚀过程与强度，监测水土流失和评估水保措施效益的重要技术工具（蔡强国和刘纪根，2003）。我国从20世纪40年代就开始了土壤侵蚀的定量化研究。根据模型原理的不同，土壤侵蚀模型通常可分为经验模型与物理模型。经验模型也称黑箱子模型，是通过试验资料和统计方法确定土壤侵蚀的影响因素，构建土壤流失量计算公式（穆兴民等，2016）。自 20 世纪 60 年代美国通用土壤流失方程（universal soil loss equation，USLE）问世以来，我国学者以该方程为基础，结合我国当地的地貌特征，利用径流小区观测资料对各侵蚀因子指标及其算法进行了修正。物理模型也称过程模型，以水土流失的物理机制和过程为基础，建立一系列表征水土流失发生过程及其系统内部交互作用的数学公式，采用水动力学、一维圣维南方程（one-dimensional de Saint-Venant system of equations）等对坡面流进行计算，结合泥沙运动力学考虑泥沙的侵蚀 - 输移 - 沉积过程，最终模拟特定时段的土壤侵蚀量。王光谦等（2005）通过运用水力学、土力学等力学方法对重力侵蚀主要影响因素进行分析，建立起沟坡重力侵蚀的概化力学模型，同时运用模糊及概率分析等数学方法将沟坡的稳定问题转化为失稳概率，作为沟坡崩塌发生的预报条件，从而实现了重力侵蚀模拟。2007 年，王光谦团队在此基础上发展了数字黄河模型（digital yellow river model，DYRIM）。不过，虽然目前我国关于土壤侵蚀模拟的研究较多，研究方法取得了很大进步，但在侵蚀过程与机理、模型验证、侵蚀尺度效应、复合侵蚀相互作用模拟等方面还有待完善。

以上这些生物地球化学循环模型、水文模型、土地利用模型、水土流失模型为地理系统模型的集成提供了基础。由于地理系统过程及不同圈层之间交互作用的复杂性，当前的地理系统模型迫切需要对这些过程模块进行集成发展，并进一步深化对一些主要过程的刻画。国际上集成的地理系统模型有美国的 CLM 模型、英国的 JULES 模型、法国的 ORCHIDEE 模型、澳大利亚的 CABLE 模型、德国的 LPJ 模型、瑞士的 LPX 模型等，这些模型也成为 IPCC 评估报告预测未来地球系统模式中的陆面模式。但当前大多数模型仍未包括氮、磷等养分元素的循环，对氮磷循环过程的刻画比较简单，而全球大多数植物的生长受到氮、磷的限制（Davidson and Howarth.，2007；Fisher et al.，2012），不考虑植物生长过程中氮、磷元素的亏缺会导致模型高估陆地生态系统吸收的 CO_2（Hungate et al.，2003）。另外，对于土壤有机质的分解过程，目前很多模型并没有直接模拟微生物或者微生物群落的活动，而是强调了凋落物化学抗性和土壤碳存储的关系，然而实验结果显示微生物通过分泌酶强烈影响着土壤有机质的形成（Wieder et al.，2014；Huang et al.，2018）。除了自然过程外，目前集成的地理系统模型仍缺少人类活动的影响。随着近几十年人类活动的加剧，模型中对于施肥、灌溉、水利工程等人类活动的表达仍然需要进一步完善。在地理系统模型中集成人类社会经济活动是现在地理系统模型发展的重要方向和趋势。

二、地理系统模型的应用

近年来，随着遥感技术的迅速发展和地面观测网络的逐步完善，地理系统模型的驱动数据日益丰富。相较于统计模型，地理系统模型注重对内在机理和过程的刻画，可以对生态系统过程进行定量分析和模拟，因此在地理学中被广泛应用于评估、归因、预测和决策。当前，地理系统模型主要应用于以下三方面。

1. 定量分析地表过程，评估环境变化的影响

综合考虑气候变化、大气 CO_2 浓度升高、土地利用变化、氮沉降等环境因子变化，地面过程模型可以模拟陆地生态系统温室气体源汇功能，评估环境因子变化对水资源、农业等多个领域的影响。例如，全球碳计划（Global Carbon Project）基于 16 个动态植被模型（dynamic global vegetation model）和 2 个簿式模型（bookkeeping model）估算出 2008～2017 年土地利用变化（主要是森林砍伐）造成 CO_2 排放量为 1.5 ± 0.7 Gt C/a，陆地的碳汇约 3.2 ± 0.8 Gt C/a（Le Quéré et al.，2018b）；基于 11 个陆面过程模型估算出 1993～2004 年自然湿地的 CH_4 排放量为 141～264Tg/a（Saunois et al.，2016）。ISIMIP 基于过程模型探讨全球变化对地表过程和人类社会的影响，其研究结果已经成为 IPCC 报告中模拟过去和预测未来全球变化对地表和人类社会影响的主要依据（IPCC，2013；Warszawski et al.，2014；McSweeney and Jones，2016；Frieler et al.，2017）。农业模型比较与改进项目（Agricultural Model Intercomparison and Improvement Project，AgMIP）和 ISIMIP 使用 2 个动态植被模型和 5 个气候模型，研究发现气候变暖对全球农作物产量有负向影响，全球的负效应主要源于热带地区（Rosenzweig et al.，2014）。

2. 归因地表过程变化，量化环境因子的贡献

使用因子模拟的方法，控制地表过程模型中输入的各个环境因子的变化，可以分析不同环境因子对某一地表过程的影响。例如，Zhu 等（2016）使用 TRENDY 模型的输出结果，定量分析 1982～2009 年全球尺度多种环境因子对植被叶面积指数上升的贡献，发现 CO_2 施肥效应、氮沉降、气候变化和土地利用变化分别贡献了约 70%、9%、8% 和 4%。Piao 等（2007）使用 ORCHIDEE

模型，研究发现气候变化和土地利用变化比上升的大气 CO_2 浓度对全球径流变化的贡献更大，气候变化和土地利用变化分别导致过去一个世纪的全球径流增加了 0.13 mm/a^2 和 0.08 mm/a^2，而 CO_2 浓度变化导致全球径流减少了 0.04 mm/a^2。Xi 等（2018）使用 ORCHIDEE 模型对我国 10 个流域 1979～2015 年天然径流的变化进行归因，发现在所有流域气候变化都贡献了天然径流变化的 90% 以上，而土地利用变化和上升的 CO_2 浓度最多解释天然径流变化的 6.3%。基于国际上多尺度综合与陆面模型比较项目（Multi-scale Synthesis and Terrestrial Model Intercomparison Project，MsTMIP）中 12 个模型的模拟结果，Huntzinger 等（2017）基于包含氮循环的 5 个模型，研究发现大气 CO_2 浓度上升贡献了过去 50 年 43% 的陆地碳汇，氮沉降贡献了 18% 的碳汇，气候变化和土地利用削弱了碳汇贡献分别为 6% 和 33%。

3. 预测未来气候变化，辅助相关政策的制定

基于预测的未来土地利用数据、社会经济数据等，地理系统模型可以预估未来气候及一些地表过程的变化。2008 年 9 月，世界气候研究计划（World Climate Research Programme）启动了第五次国际耦合模式比较计划（CMIP5）。该计划包含来自全球 20 多个研究组的 24 个气候模式和 11 个地球系统模式，旨在提高对未来气候变化的预估能力。IPCC 第五次评估报告中评估了 CMIP5 对四种典型浓度路径情景（representative concentration pathways，RCPs）下未来短期（到 2035 年）和长期（到 2100 年）大气温度、水循环、空气质量、海洋、冰冻圈、海平面、碳和其他生物地球化学循环过程等可能的变化。此外，参与 ISIMIP 的过程模型目前已经完成未来不同 RCPs 情景下水资源、洪涝灾害、生物圈、冻土、农业影响的预测。其结果将有助于深入理解气候变化以及人类活动影响下地表关键过程的内在机理和过程，并为未来气候政策和经济政策的制定提供重要依据（IPCC，2013；Ricke et al.，2015；McSweeney and Jones，2016；Frieler et al.，2017；Veldkamp et al.，2017）。

三、未来情景预测

IPCC 第五次评估报告指出，近百年来全球气候的显著变暖已经对人类社会和自然生态系统产生了广泛而深刻的影响。改革开放以来，我国经济持续快速发展，“中国奇迹”背后的粗放式发展方式使我国在资源环境方面付出了沉重的代价，也积累了大量的环境问题。因此，应对未来气候变化、制定绿色适

宜的经济发展政策，是我国也是世界各国统筹经济发展、环境保护和应对气候变化多方共赢、实现可持续发展的根本途径和战略选择。建立更为完善的地理系统模型、准确预测未来不同情景下的气候变化则是制定合理气候政策、规划未来经济发展的重要前提。从 20 世纪 70 年代的全球气候模式（global climate model，GCM）建立，到如今最新的“典型浓度路径”情景和“共享社会经济路径”（shared socio-economic pathways，SSPs）情景的建立和发展（图 12-2），模拟情景已经广泛应用于系统科学模拟研究中，特别是与气候变化息息相关的地球系统科学研究中。

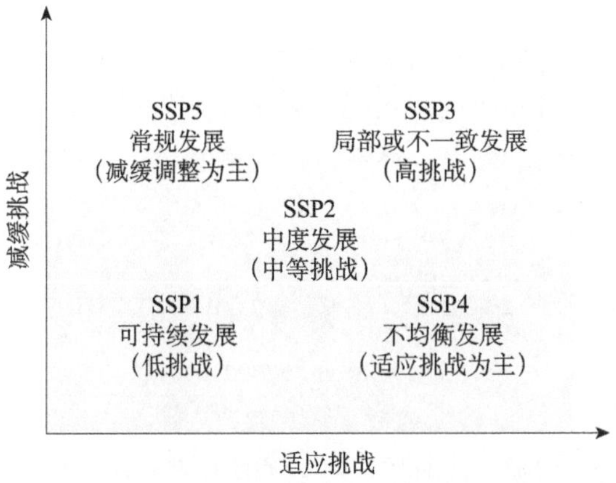

图 12-2　共享社会经济路径分布 （O' Neill et al.，2017）

RCPs 是由 IPCC 开发并推广的针对气候变化科学研究的最新排放情景，在 IPCC 第五次评估报告中发布。该情景最初名为“基础排放情景”，是基于气候模型模拟，开发生成的能够广泛用于气候变化相关领域科学研究的情景。与更早的情景相比，RCPs 改变了情景开发传统的线性过程，引入了平行过程的概念，为气候变化提供了多种可能的选择，降低了情景的不确定性。此外，RCPs 还针对不同研究提供了短期情景（覆盖到 2035 年）和长期情景（覆盖到 2100 年，按固定格式推演可到 2300 年）两种选择。RCPs 情景包括四种具体的排放情景（RCP2.6、RCP4.5、RCP6.0 和 RCP8.5），这些情景是用相对于 1750 年的 2100 年的近似总辐射强迫来表示的。其中，RCP2.6 是极低辐射强迫水平减缓情景，RCP4.5 和 RCP6.0 是中等稳定化情景，RCP8.5 是温室气体排放非常高的情景。与 IPCC 第三次、第四次评估报告中所用的排放情景特别报告（The Special Report on Emissions Scenarios，SRES）中的非气候政策相比，这些

RCPs 可以代表一系列 21 世纪的气候政策（IPCC，2013）。

SSPs 是在 RCPs 的基础上发展而来的社会经济情景。模拟情景的设定离不开定量和定性分析社会经济和生态系统之间的潜在关系，特别是在未来减排和适应挑战情景下的联系，SSPs 为这些分析提供了一个科学的基础框架，反映了辐射强度和社会经济发展之间的关联。SSPs 在宏观尺度上定义人类社会和自然世界，其由两个主要元素组成：一个清晰的故事链和一系列 21 世纪高水平社会发展的定量评估，这一系列评估遵循一个前提，即假设 SSPs 情景不会受到明显的气候变化反馈。基于上述 SSPs 情景的特点，以未来社会经济面临的适应和挑战来划分，SSPs 主要包括可持续发展（SSP1）、中度发展（SSP2）、局部或不一致发展（SSP3）、不均衡发展（SSP4）和常规发展（SSP5）五种路径。路径中主要包含相应的社会经济要素，如人口增长、经济发展、技术进步、政府管理、全球化进程等，但不包括政策假设（曹丽格等，2012）。

第三节　关键科学问题

一、如何完善模型对地表系统自然过程的刻画

准确估计陆地生态系统结构和功能的时空变化是预测气候变化的基础。过去几十年来，随着多尺度生态观测网络及对地观测体系的不断发展和完善，积累了大量有关生态系统结构和功能变化的数据，推动了基于过程的陆地生物圈模型的蓬勃发展，极大地提高了模型在多时间（小时、季节、年际和百年等）和多空间尺度（站点、区域和全球尺度）上对陆地生态系统变化的模拟和预测能力。近 10 年来，随着观测手段的提高和陆地系统碳氮循环研究的深入，气候继续变暖情景下某些关键过程（如冻土融化）的重要性逐渐凸显，但目前大多数模型仍缺乏对这些关键过程的机理描述，这成为当前陆地生态系统对未来气候变化响应和反馈研究的瓶颈。此外，随着实验和观测数据的不断积累，人们的认知已经逐渐从简单的过程响应转向生态系统格局和功能的适应性变化，而这些在过去模型发展中鲜有考虑，因而成为未来陆地生物圈模型亟待发展的几个方面。

1. 改进和完善模型对热带关键生态过程的刻画

热带森林因降水丰富、物种多样、碳储量大，是全球碳循环的重要组成部

分（Pan et al.，2011）。热带森林的碳循环过程不仅在很大程度上调节区域能量与水循环，而且还通过与大气的耦合作用产生区域性乃至全球性气候效应。然而，现有模型对热带雨林光合作用过程及其季节性变异（Wu et al.，2016）、热带毁林后生态系统恢复、热带雨林的 CO_2 施肥效应、氮磷营养元素限制等过程的刻画存在很大争议或没有相应的过程，是陆地生物圈模型预测和归因不确定的主要来源之一。因此，亟须在陆地生物圈模型中完善热带雨林光合作用季节性变化过程，准确表达干扰对生态系统碳水循环影响及 CO_2 的施肥效应，考虑养分元素尤其是磷循环过程对碳氮水耦合循环的影响等。

2. 充分考虑冻土融化与气候变化相互关系的模拟

泛北极和第三极地区多年冻土中存储了大量有机碳，初步估计其碳储量是大气碳储量的两倍，被视为未来气候加速变暖的“定时炸弹”（Zimov et al.，2006；Tarnocai et al.，2009）。冻土区极为显著的增温很可能导致冻土碳的井喷式释放，从而加速多年冻土区生态系统碳源汇功能的转换，进而深刻改变未来全球碳平衡过程。与此同时，冻土融化带来的水分条件的转变及氮等营养有效性的改善，使得冻土碳循环对气候变化的响应和反馈更为复杂。然而，目前绝大部分基于生理生态过程的陆地生物圈模型仍未考虑土壤冻融过程对碳氮水耦合循环的影响，这极大地限制了对多年冻土区域碳源汇转换的气候阈值、冻土碳释放量及其对未来全球气候变化的影响大小的准确估算。因此，亟须发展生态系统模型多年冻土碳氮循环模块，加强与大气环流模式的结合，为准确评估气候变暖下冻土消融对生物地球化学循环、水循环和气候变化的影响提供强有力的模型支撑。

3. 加强模型对生物自适应过程及其与物理和化学过程相互作用的模拟

地球系统中各圈层之间是通过物理、化学和生物学过程相互联系在一起的。相比于模型对地表物理和化学过程较为精确的描述，模型对生物过程及其与物理、化学过程相互关系的刻画并不完备，这是当前气候变化预测研究中最主要的不确定性之一。目前，主流陆面模型采取土壤－植被－大气传输模式来描述土壤、植被和大气之间能量、水和碳输送的关键生物物理和生物化学过程。生态系统不仅可以被动地受到气候变化的影响，同时还可以积极主动地对气候变化做出响应和适应。例如，土壤异养呼吸对增温的响应会随着增温的持续而逐渐降低，原因很可能是土壤微生物对温度的适应；在水分匮缺的条件下，植物往往采取一定策略（休眠、调节气孔、改变根冠比等）来适应干旱条件。然而，鲜有模型考虑生物过程对环境变化的适应机制。但有研究指出，生物过程对气候变化的响应和适应程度，在一定程度上决定着全球气候变化影响的长期性和严重性。因此，在未来模型发展中，不仅需要加强生态系统对气候变化的响应研究，更需要反映生物对气候变化的适应过程，为更有效、更准确地探讨生态系统对未来气候变化的影响提供支撑。

二、如何准确刻画人地耦合过程

人地关系是地理学研究的核心内容，如何在地理系统模型中刻画人地耦合过程始终是地理学研究的前沿问题。人地耦合过程是指人类活动与自然环境的相互作用和反馈，其中土地利用和土地覆被是人类系统与地球系统相互联系、相互作用的重要纽带之一。一方面，人类为了获取食物、纤维、木材和能源改变土地利用类型和强度，进而影响到陆表自然和生态系统。截至 2000 年，全球大部分地区（42%～68%）均受人类活动影响（Hurtt et al.，2006）。人类排放的 CO_2 等温室气体是全球变暖的最主要原因已经成为共识（IPCC，2013）。例如，人类农业开垦和耕作的地表水灌溉带来大范围地表水减少、过量施肥导致氮过量增加（Smil，1999）、农业扩张带来生物多样性的破坏，这些环境变化已经深刻影响到生态系统结构和功能（Rabin et al.，2017）。另一方面，土地利用带来的地表覆盖的变化也会反过来影响到人类的生产和生活，如人类发展所需要的水、土、气、生物等各类资源依赖于地表系统。地表覆盖和环境的变化可以改变农业生产和经济建设活动的基础条件，影响到社会经济的发展。准确刻画人地耦合过程并纳入地理系统模型，是未来地理系统模型发展的一个必然方向（傅伯杰，2017）。

早在 20 世纪 80 年代，耦合自然系统和人类社会经济模型的概念被提出。至今，全球已经开发出超过 20 个综合评价模型（integrated assessment models，IAMs）（Kriegler et al.，2015），IAMs 框架考虑人类发展对自然系统和自身生存环境的影响与反馈，是研究人地关系和人类可持续发展的重要工具。然而，现有的 IAMs 中自然系统和人类社会－经济活动的过程仍比较简单，如何耦合复杂的人类活动和地表过程模式依然是目前人地关系模拟研究的关键科学问题。利用反映人地耦合过程的 IAMs 对我国典型生态脆弱区和生态工程实施区域，如农牧交错区、黄土高原退耕还林还草区、喀斯特生态修复区等进行地理系统综合模拟分析，对实现区域或全国的可持续发展具有重要意义。

三、如何融合多源观测数据提高模型模拟能力和精度

随着地面观测技术的快速发展，如森林清查、涡度通量观测、化学计量、物候相机、同位素观测等技术方法已经积累了大量地面观测数据，并在持续产生观测数据。同时，遥感技术的发展也提供了长时间序列全球地表格局和过程数据集。这些多源数据在模型发展、参数校准、模型验证等方面提供了观测值，对模型模拟基准评估（benchmark）至关重要（Bonan，2014）。近几十年来，数据－模型融合方法的快速发展为提高模型模拟精度提供了有效案例和示范（Kuppel et al.，2014；Zhu et al.，2014；Bastrikov et al.，2018）。目前，数据－模型融合方法主要有参数估计、数据同化和模型－参数同步估计三种方法（Trudinger et al.，2007）。参数估计主要通过优化模型参数达到提高预测效果的目的（Richardson et al.，2010；Pokhrel et al.，2012）；数据同化更倾向于通过依靠观测数据不断调整模型运行轨迹来优化状态变量的预报结果（李新和摆玉龙，2010）；模型－参数同步估计是采用一定的方法力求实现模型状态变量和参数的同步估计（Nagarajan et al.，2011；Noh et al.，2011；Vrugt et al.，2013）。

由于多源数据具有不同时空分辨率、不同不确定性、代表不同过程等特征，同时也受到计算资源的限制，在模型中同时同化多源数据来提高模型模拟能力和精度是目前模型研究的难点之一（Clark and Gelfand，2006；Zhu et al.，2014；Bastrikov et al.，2018）。如何发展高效的数据－模型融合方法融合多源数据来提高模型模拟能力和精度，是地理系统模型研究的关键科学问题，也是地球系统科学研究的热点（Clark and Gelfand，2006）。

第四节　优先研究领域

综合考察近年来地球系统的研究热点，以及国际地圈-生物圈计划和“未来地球”研究计划等与地理系统过程相关的国际科学计划的研究主题，当前地理系统模型的研究重点和核心已经从单一自然要素向综合多元素循环，从单个自然过程向综合生物物理和生物化学过程的方向发展，从纯粹的自然过程向自然与人文过程相结合的方向发展（冷疏影和宋长青，2005；彭书时等，2018；Bonan and Doney，2018）。同时，我国国家层面的战略需求的角度亦为地理系

统模型发展提出了新的任务。一方面，虽然我国对工业革命以来全球辐射强迫的变化贡献仅为10%左右（Li et al.，2016），但自2006年以来中国成为温室气体 CO_2 的最大排放国（Piao et al.，2008；Friedlingstein et al.，2014；Le Quéré et al.，2018b），我国在国际气候外交中面临很大的压力；另一方面，我国一系列生态工程的实施，如全球规模最大的植树造林工程，为减缓温室气体浓度增加（Piao et al.，2018；Houghton and Nassikas，2018）和可持续发展做出了重要的贡献。然而，囿于当前地理系统模型的局限性，尚没有全面评估地理系统如何响应与反馈人类活动的正负两方面的影响。基于以上考虑和全球40位模型开发者的调查问卷结果（图12-3），本书认为未来地理系统模型的优先研究领域包括：生物地球化学循环、生物地球物理过程、人类管理活动对地表系统的影响、通过跨学科综合服务于可持续发展。

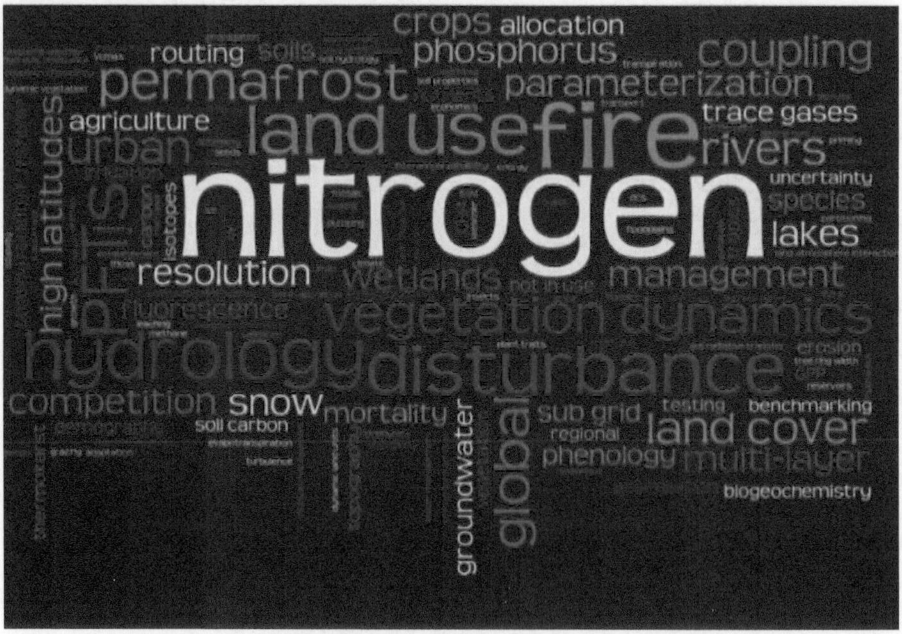

图12-3 地理系统模型优先研究关键词频（Fisher et al.，2014）

一、生物地球化学循环

碳是生命体的主要组成元素，并且生命体与无机环境每年存在巨量的碳交换。另外，大气中的 CO_2 是重要的温室气体，其浓度波动与气候变化直接相关。因此，自地理系统模型诞生起，碳循环一直是地理系统模型的优先研究目标。尽管从区域到全球生态系统丰富的多样性和复杂性使得碳循环研究面临诸多挑战，但在气候变化议题的驱动下，各国学者持续的研究与发展使得目前地理系统模型逐渐具备了较为完备的碳循环过程，并能够承担起全球陆地生态系统碳收支的计量任务（Le Quéré et al.，2018b）。然而，模型对陆地生态系统碳循环对气候变化反馈的关系及强度的预测仍然存在很大的不确定性（Friedlingstein et al.，2006；Arora et al.，2013），对陆地生态系统如何响应日益频繁的极端气候事件也存在较大争议（Zscheischler et al.，2014）。

人类活动不仅深刻地改变了全球碳循环，也显著改变了包括氮、磷等养分元素的循环（Janssens and Luyssaert，2009；Peñuelas et al.，2012）。养分元素循环的变化又会直接影响碳循环对环境变化的响应（Zaehle et al.，2011）。尽管越来越多的地理系统模型在碳氮耦合方面已经做了一些工作，但其结构还并不完善，部分参数还有待验证和优化。此外，当前模型对磷等其他元素循环的考虑不足。未来的研究亟须完善多元素循环的耦合模型，厘清多元素循环的交互作用，进而提升模型对地球表层生物地球化学循环响应环境变化的预测能力，加深生物地球化学循环反馈气候变化过程和机制的认识。

重点内容：①碳循环对气候变化的敏感性及其对极端气候事件的响应过程和机制；②碳循环与氮循环、磷循环等多元素循环过程的耦合；③生物地球化学循环对气候变化的反馈作用。

二、生物地球物理过程

地球表层与大气之间的交互作用是通过能量通量、动量通量和水循环过程进行的（Bonan and Doney，2018）。其中，地表反照率和蒸散速率等刻画的典型生物地球物理过程变化正在改变地表的物理性质和能量收支。土地覆被和土地利用变化及植被活动的变化，都会通过改变生物地球物理过程进而对区域和全球气候产生影响（也被称为生物地球物理反馈）。近年来，植被活动的生物地球物理反馈受到越来越多的关注。研究表明，过去 30 年全球植被活动增强显著减缓了地表温度的上升（Alkama and Cescatti，2016；Zeng et al.，2017）。然而，由于植被活动的生物地球物理反馈的方向和强度还很不确定，IPCC 第五次评估报告中仅考虑了土地利用变化导致的地表反照率变化这一生物地球物理反馈过程，暂时没有包括其他生物地球物理反馈过程。更好地认识生态系统的生物地球物理反馈过程不仅是学术界关注的重要科学问题，同时也将有利于未来国家间的气候谈判及气候变化减缓政策的制定。因此，完善对生态系统的生物地球物理过程的刻画，是地理系统模型的一个优先发展方向。

重点内容：①刻画生态系统对地表物理性质和能量收支格局与过程的影响；②评估模型对生物地球物理过程的模拟表现；③预测气候变化和人类活动强度对地表系统生物地球物理反馈强度的影响。

三、人类管理活动对地表系统的影响

人类社会的可持续发展依赖于地球表层系统的健康运转（傅伯杰，2017）。然而，日益增强的人类活动正在深刻改变着人类赖以生存的陆地表层系统。工业革命以来，大量的森林被砍伐，现存的森林大多不是原始林而是受到人类管理活动影响较大的次生林和人工林（Luyssaert et al.，2014）。包括农田和牧场在内的农业用地已经占据了陆地表面积的 40%（Foley et al.，2011），并且陆地生态系统的生产力也被人类大量使用（Haberl et al.，2007）。尽管人类管理活动对地表生态系统的影响可能要比气候变化更加强烈，然而相较于自然过程，地理系统模型对人类管理活动的描述还处于起步阶段，人类管理活动时空分布的模拟还有很大不确定性，人类管理活动的参数化方案还有待提高。例如，目前只有少部分地理系统模型能够模拟作物生长周期和产量过程（Wang et al.，2017；Levis et al.，2018），并且其对作物品种变化和作物轮作等管理活动的模拟还存在较大的局限性。木材生产和间伐等林业管理措施虽然对地表气温的影响和土地利用变化影响的强度相似，但目前几乎所有地理系统模型均没有较好地模拟相关过程（Bonan and Doney，2018）。因此，加强人类管理活动过程的模拟，是地理系统模型的前沿与优先发展方向。

重点内容：①加强对人类管理活动（如林业与农业管理等）与生物地球化学和生物地球物理过程耦合研究；②评估人类管理活动对地表生态系统结构功能的影响。

四、通过跨学科综合服务于可持续发展

全球变化与可持续发展中的人地关系问题，是人类社会面临的重大问题，其研究目标不仅在于解释过去，更重要地在于服务现在、预测未来（傅伯杰，2017）。人类活动（如人口变化、经济发展、生活方式、政策及技术发展等）

的变化受到人地关系的制约，但预测人类活动的变化不仅涉及地理系统，还受到社会经济变化和工程技术进步的驱动。探讨这一跨学科命题依赖于相关学科模型的发展与耦合。早期的研究通常通过简化的统计或过程模型，探讨地理系统对单一驱动因子变化（如人口增长）的敏感性，忽略或者简化了不同因子的交互作用与不同系统间的反馈过程。随着地理系统模型和社会经济模型各自的发展，目前对地理系统结构和功能未来变化的预测研究，通常以社会经济模型对人类活动和环境变化的预测作为驱动力（Warszawski et al.，2014）。相较于早期研究，这一方法能够更好地认识不同社会经济因子及其交互作用对地理系统的影响。但是，由于社会经济模型中对地理系统的生物地球物理和生物地球化学过程的简化乃至忽略，这种分离社会经济模型和地理系统模型的方法学使得地理系统对社会经济活动的反馈很难被全面认识。因此，进一步将社会经济过程耦合至地理系统模型，是提升地理系统模型预测能力的一个重要方向（彭书时等，2018）。它将极大地促进人们对地理系统与社会经济系统相互作用的认识，同时也为人们全面评估不同工程学技术（如碳捕捉与储存及辐射管理等）对社会经济和人地系统的影响提供有效的手段，从而为人地关系可持续发展的政策制定提供更可靠的理论依据。

重点内容：①社会经济过程与生物地球物理和生物地球化学过程的耦合；②生物地球物理和生物地球化学过程对社会经济活动的反馈；③评估新的工程学技术对地理系统和人地关系的影响。

本章参考文献

蔡强国，刘纪根. 2003. 关于我国土壤侵蚀模型研究进展. 地理科学进展, 22(3): 242-250.

曹丽格，方玉，姜彤，等. 2012. IPCC 影响评估中的社会经济新情景（SSPs）进展. 气候变化研究进展, 8(1): 74-78.

陈报章，等. 2017. 陆地表层系统模型模拟与分析. 北京：科学出版社.

傅伯杰. 2014. 地理学综合研究的途径与方法：格局与过程耦合. 地理学报, 69(8): 1052-1059.

傅伯杰. 2017. 地理学：从知识、科学到决策. 地理学报, 72(11): 5-14.

傅伯杰，张立伟. 2014. 土地利用变化与生态系统服务：概念、方法与进展. 地理科学进展, 33(4): 441-446.

《黄秉维文集》编写组 . 2003. 地理学综合研究——黄秉维文集 . 北京 : 商务印书馆 .
冷疏影 , 宋长青 . 2005. 陆地表层系统地理过程研究回顾与展望 . 地球科学进展 , 20(6): 600-606.
李新 , 摆玉龙 . 2010. 顺序数据同化的 bayes 滤波框架 . 地球科学进展 , 25(5): 515-522.
穆兴民 , 李朋飞 , 高鹏 , 等 . 2016. 土壤侵蚀模型在黄土高原的应用述评 . 人民黄河 , 38(10): 100-110, 114.
彭书时 , 朴世龙 , 于家烁 , 等 . 2018. 地理系统模型研究进展 . 地理科学进展 , 37(1): 109-120.
钱学森 . 1991. 谈地理科学的内容及研究方法（在 1991 年 4 月 6 日中国地理学会地理科学讨论会上的发言）. 地理学报 , 46(3): 257-265.
孙鸿烈 . 2011. 我国水土流失问题与防治对策 . 中国水利 , (6): 16.
王光谦 , 薛海 , 刘家宏 . 2005. 坡面产沙理论模型 . 应用基础与工程科学学报 , (s1): 6-12.
杨梅 , 张广录 , 侯永平 . 2011. 区域土地利用变化驱动力研究进展与展望 . 地理与地理信息科学 , 27(1):95-100.
于贵瑞 , 王秋凤 , 方华军 . 2014. 陆地生态系统碳 - 氮 - 水耦合循环的基本科学问题、理论框架与研究方法 . 第四纪研究 , 34(4): 683-698.
郑度 , 陈述彭 . 2001. 地理学研究进展与前沿领域 . 地球科学进展 , 16(5): 599-606.
Alkama R, Cescatti A. 2016. Biophysical climate impacts of recent changes in global forest cover. Science, 351: 600-604.
Arora V K, Boer G J, Friedlingstein P, et al. 2013. Carbon-concentration and carbon-climate feedbacks in CMIP5 Earth System Models. Journal of Climate, 26: 5289-5314.
Bastrikov V, Macbean N, Bacour C, et al. 2018. Land surface model parameter optimisation using in situ flux data: comparison of gradient-based versus random search algorithms. Geoscientific Model Development, 11(12): 4739-4754.
Bonan G B. 2014. Connecting mathematical ecosystems, real-world ecosystems, and climate science. New Phytologist, 202: 731-733.
Bonan G B, Doney S C. 2018. Climate, ecosystems, and planetary futures: the challenge to predict life in Earth system models. Science, 359(6375): eaam8328.
Clark J S, Gelfand A E, 2006. A future for models and data in environmental science. Trends in Ecology and Evolution, 21(7): 375-380.
Collatz G J, Ball J T. Grivet C, et al. 1991. Physiological and environmental regulation of stomatal conductance, photosynthesis and transpiration: a model that includes a laminar boundary layer. Agricultural and Forest Meteorology, 54: 107-136.

Collatz G J, Ribas-Carbo M, Berry J. 1992. Coupled photosynthesis-stomatal conductance model for leaves of C_4 plants. Functional Plant Biology, 19:519-538.

Davidson E A, Howarth R W. 2007. Nutrients in synergy. Nature, 449:1000-1001.

Farquhar G D von Caemmerer S, Berry J A. 1980. A biochemical model of photosynthetic CO_2 assimilation in leaves of C_3 species. Planta, 149: 78-90.

Fisher J B, Badgley G, Blyth E. 2012. Global nutrient limitation in terrestrial vegetation. Global Biogeochemical Cycles, 26: GB3007.

Fisher J B, Huntzinger D N, Schwalm C R, et al. 2014. Modeling the terrestrial biosphere. Annual Review of Environment and Resources, 39: 91-123.

Foley J A, Prentice I C, Ramankutty N, et al. 1996. An integrated biosphere model of land surface processes, terrestrial carbon balance, and vegetation dynamics. Global Biogeochemical Cycles, 10: 603-628.

Foley J A, Ramankutty N, Brauman K A, et al. 2011. Solutions for a cultivated planet. Nature, 478: 337-342.

Friedlingstein P, Andrew R M, Rogelj J, et al. 2014. Persistent growth of CO_2 emissions and implications for reaching climate targets. Nature Geoscience, 7: 709-715.

Friedlingstein P, Cox P, Betts R, et al. 2006. Climate-carbon cycle feedback analysis: results from the (CMIP)-M-4 model intercomparison. Journal of Climate, 19: 3337-3353.

Frieler K, Lange S, Piontek F, et al. 2017. Assessing the impacts of 1.5 °C global warming – simulation protocol of the Inter-Sectoral Impact Model Intercomparison Project (ISIMIP2b). Geoscience Model Development, 10: 4321-4345.

Goll D S, Vuichard N, Maignan F, et al. 2017. A representation of the phosphorus cycle for ORCHIDEE (revision 4520). Geoscience Model Development, 10: 3745-3770.

Haberl H, Erb K H, Krausmann F, et al. 2007. Quantifying and mapping the human appropriation of net primary production in earth' s terrestrial ecosystems. Proceedings of the National Academy of Sciences of the United States of America, 104: 12942-12947.

Houghton R A, Nassikas A A. 2018. Negative emissions from stopping deforestation and forest degradation, globally. Global Biogeochemical Cycle, 24: 350-359.

Huang Y, Guenet B, Ciais P, et al. 2018. ORCHIMIC (v1.0), a microbe-mediated model for soil organic matter decomposition. Geoscience Model Development, 11: 2111-2138.

Hungate B A, Dukes J S, Shaw M R, et al. 2003. Nitrogen and climate change. Science, 302: 1512-1513.

Huntzinger D N, Michalak A M, Schwalm C, et al. 2017. Uncertainty in the response of terrestrial carbon sink to environmental drivers undermines carbon-climate feedback predictions. Scientific Reports, 7: 4765.

Hurtt G C, Frolking S, Fearon M G, et al. 2006. The underpinnings of land-use history: three centuries of global gridded land-use transitions, wood-harvest activity, and resulting secondary lands. Global Change Biology, 12: 1208-1229.

IPCC. 2013. Climate Change 2013: The Physical Science Basis. Contribution of Working Group I to the Fifth Assessment Report of the Intergovernmental Panel on Climate Change // Stocker T F, et al. Cambridge and New York: Cambridge Univercity Press: 33-115.

Janssens I A, Luyssaert S. 2009. Carbon cycle: Nitrogen' s carbon bonus. Nature Geoscience, 2:318-319.

Kattge J, Knorr W, Raddatz T, et al. 2009. Quantifying photosynthetic capacity and its relationship to leaf nitrogen content for global-scale terrestrial biosphere models. Global Change Biology, 15: 976-991.

Kriegler E, Petermann N, Krey V, et al. 2015. Diagnostic indicators for integrated assessment models of climate policy. Technological Forecasting and Social Change, 90: 45-61.

Krinner G, Viovy N, de Noblet-Ducoudré N, et al. 2005. A dynamic global vegetation model for studies of the coupled atmosphere-biosphere system. Global Biogeochemical Cycles, 19(1): 1-33.

Kuppel S, Peylin P, Maignan F, et al. 2014. Model-data fusion across ecosystems: from multisite optimizations to global simulations. Geoscientific Model Development, 7: 2581-2597.

Le Quéré C, Andrew R, Friedlingstein P. et al. 2018a. Global Carbon Budget 2017. Earth System Science Data, 10: 405-448.

Le Quéré C, Andrew R, Friedlingstein P, et al. 2018b. Global Carbon Budget 2018. Earth System Science Data, 10: 2141-2194.

Levis S, Badger A, Drewniak B, et al. 2018. CLMcrop yields and water requirements: avoided impacts by choosing RCP 4.5 over 8.5. Climatic Change, 146: 501-515.

Li B, Gasser T, Ciais P, et al. 2016. The contribution of China' s emissions to global climate forcing. Nature, 531: 357-361.

Luyssaert S, Jammet M, Stoy P C, et al. 2014. Land management and land-cover change have impacts of similar magnitude on surface temperature. Nature Climate Change, 4: 389-393.

McSweeney C F, Jones R G. 2016. How representative is the spread of climate projections from the 5 CMIP5 GCMs used in ISI-MIP?. Climate Services, 1: 24-29.

Monteith J L. 1972. Solar radiation and productivity in tropical ecosystems. Journal of Applied Ecology, 9: 747-766.

Nagarajan K, Judge J, Graham W D, et al. 2011. Particle filter-based assimilation algorithms for improved estimation of root-zone soil moisture under dynamic vegetation conditions. Advances in Water Resources, 34 (4): 433-447.

Noh S J, Tachikawa Y, Shiiba M, et al. 2011. Applying sequential Monte Carlo methods into a distributed hydrologic model: lagged particle filtering approach with regularization. Hydrological Earth System Science, 15: 3237-3251.

O' Neill B, Kriegler E, Ebi K L, et al. 2017. The roads ahead: narratives for shared socioeconomic pathways describing world futures in the 21st century. Global Environmental Change, 42: 169-180.

Oleson K W, Lawrence D M, Bonan G B, et al. 2010. Technical description of version 4.0 of the Community Land Model (CLM). （No. NCAR/TN-478+STR）. University Corporation for Atmospheric Research. doi:10.5065/D6FB50WZ.

Pan Y, Birdsey R A, Fang J, et al. 2011. A large and persistent carbon sink in the world' s forests. Science, 333(6045): 988-993.

Peñuelas J, Sardans J, Rivas-Ubach A, et al. 2012. The human-induced imbalance between C, N and P in Earth' s life system. Global Change Biology, 18: 3-6.

Piao S, Friedlingstein P, Ciais P, et al. 2007. Changes in climate and land use have a larger direct impact than rising CO_2 on global river runoff trends. Proceedings of the National Academy of Sciences of the United States of America, 104: 15242-15247.

Piao S L, Fang J Y, Ciais P, et al. 2008. The carbon balance of terrestrial ecosystems in China. Nature, 458: 1009-1013.

Piao S, Huang M, Liu Z, et al. 2018. Lower land-use emissions responsible for increased net land carbon sink during the slow warming period. Nature Geoscience, 11(10): 739.

Pokhrel P, Yilmaz K K, Gupta H V. 2012. Multiple-criteria calibration of a distributed watershed model using spatial regularization and response signatures. Journal of Hydrology, 418-419: 49-60.

Potter C S, Randerson J T, Field C B, et al. 1993. Terrestrial ecosystem production: a process model based on global satellite and surface data. Global Biogeochemical Cycles, 7: 811-841.

Rabin S S, Melton J R, Lasslop G, et al. 2017. The Fire Modeling Intercomparison Project (FireMIP), phase 1: experimental and analytical protocols. Geoscientific Model Development, 20: 1175-

1197.

Richardson A D, Williams M, Hollinger D Y, et al. 2010. Estimating parameters of a forest ecosystem C model with measurements of stocks and fluxes as joint constraints. Oecologia, 164: 25-40.

Ricke K L, Moreno-Cruz J B, Schewe J, et al. 2015. Policy thresholds in mitigation. Nature Geoscience, 9: 5.

Robinson D T, Di Vittorio A, Alexander P, et al. 2018. Modelling feedbacks between human and natural processes in the land system. Earth System Dynamic, 9: 895-914.

Rosenzweig C, Elliott J, Deryng D, et al. 2014. Assessing agricultural risks of climate change in the 21st century in a global gridded crop model intercomparison. Proceedings of the National Academy of Sciences of the United States of America, 111: 3268-3273.

Saunois M, Bousquet P, Poulter B, et al. 2016. The global methane budget 2000-2012. Earth System Science Data, 8: 697-751.

Sellers P J. 1985. Canopy reflectance, photosynthesis and transpiration. International Journal of Remote Sensing, 6: 1335-1372.

Sellers P J. 1987. Canopy reflectance, photosynthesis, and transpiration, II. the role of biophysics in the linearity of their interdependence. Remote Sensing of Environment, 21: 143-183.

Sitch S, Friedlingstein P, Gruber N, et al. 2015. Recent trends and drivers of regional sources and sinks of carbon dioxide. Biogeosciences, 12: 653-679.

Smil V. 1999. Nitrogen in crop production: an account of global flows. Global Biogeochemical Cycles, 13: 647-662.

Tarnocai C, Canadell J G, Schuur E A G, et al. 2009. Soil organic carbon pools in the northern circumpolar permafrost region. Global Biogeochem Cycles, 23: GB2023.

Trudinger C M, Raupach M R, Rayner P J, et al. 2007. OptIC project: an intercomparison of optimization techniques for parameter estimation in terrestrial biogeochemical models. Journal of Geophysical Research, 112(G2):G02027.

Turner B L, Lambin E F, Reenberg A. 2007. The emergence of land change science for global environmental change and sustainability. Proceedings of the National Academy of Sciences of the United States of America, 104: 20666-20671.

Veldkamp T I E, Wada Y, Aerts J C J H, et al. 2017. Water scarcity hotspots travel downstream due to human interventions in the 20th and 21st century. Nature Communications, 8: 15697.

Verburg P H, Crossman N, Ellis E C, et al. 2015. Land system science and sustainable development of the earth system: a global land project perspective. Anthropocene, 12: 29-41.

Vrugt J A, ter Braak C J, Diks C, et al. 2013. Hydrologic data assimilation using particle Markov chain Monte Carlo simulation: theory, concepts and applications. Advances in Water Resources, 51: 457-478.

Vuichard N, Messina P, Luyssaert S, et al. 2019. Accounting for carbon and nitrogen interactions in the global terrestrial ecosystem model ORCHIDEE (trunk version, rev 4999): multi-scale evaluation of gross primary production. Geoscientific Model Development, 12(11): 4751-4779.

Wang X, Ciais P, Li L, et al. 2017. Management outweighs climate change on affecting length of rice growing period for early rice and single rice in China during 1991-2012. Agricultural and Forest Meteorology, 233: 1-11.

Wang Y P, Law R M, Pak B. 2010. A global model of carbon, nitrogen and phosphorus cycles for the terrestrial biosphere. Biogeosciences, 7: 2261-2282.

Warszawski L, Frieler K, Huber V, et al. 2014. The Inter-Sectoral Impact Model Intercomparison Project (ISI-MIP): project framework. Proceedings of the National Academy of Sciences of the United States of America, 111: 3228-3232.

Wieder W R, Grandy A S, Kallenbach C M, et al. 2014. Integrating microbial physiology and physio-chemical principles in soils with the MIcrobial-MIneral Carbon Stabilization (MIMICS) model. Biogeosciences, 11: 3899-3917.

Wu J, Albert L P, Lopes A P, et al. 2016. Leaf development and demography explain photosynthetic seasonality in Amazon evergreen forests. Science, 351: 972-976.

Xi Y, Peng S, Ciais P, et al. 2018. Contributions of climate change, CO_2, land-use change, and human activities to changes in river flow across 10 Chinese basins. Journal of Hydrometeorology, 19: 1899-1914.

Xu R, Prentice I C. 2008. Terrestrial nitrogen cycle simulation with a dynamic global vegetation model. Global Change Biology, 14: 1745-1764.

Zaehle S, Ciais P, Friend A D, et al. 2011. Carbon benefits of anthropogenic reactive nitrogen offset by nitrous oxide emissions. Nature Geoscience, 4: 601-605.

Zaehle S, Dalmonech D. 2011. Carbon-nitrogen interactions on land at global scales: current understanding in modelling climate biosphere feedbacks. Current Opinion in Environmental Sustainability, 3: 311-320.

Zaehle S, Friend A D. 2010. Carbon and nitrogen cycle dynamics in the O—CN land surface model: 1. model description, site-scale evaluation, and sensitivity to parameter estimates. Global

Biogeochemical Cycles, 24: GB1005.

Zeng Z, Piao S, Li L, et al. 2017. Climate mitigation from vegetation biophysical feedbacks during the past three decades. Nature Climate Change, 7: 432-436.

Zhu G F, Li X, Su Y H, et al. 2014. Simultaneous parameterization of the two-source evapotranspiration model by Bayesian approach: application to spring maize in an arid region of northwest China. Geoscience Model Development, 7: 1467-1482.

Zhu Z, Piao S, Myneni R B, et al. 2016. Greening of the earth and its drivers. Nature Climate Change, 6: 791-795.

Zimov S A, Davydov S P, Zimova G M, et al. 2006. Permafrost carbon: stock and decomposability of a globally significant carbon pool. Geophysical Research Letters, 33(20): L20502.

Zscheischler J, Reichstein M, von Buttlar J, et al. 2014. Carbon cycle extremes during the 21st century in CMIP5 models: future evolution and attribution to climatic drivers. Geophysical Research Letters, 41: 8853-8861.

关键词索引

Z